中学教科書ワーク　学習カード

ポケットスタディ
数学 1 年

1 自然数

次の数をすべて求めると？

(1)　3より小さい自然数

(2)　−3より大きい負の整数

---

2 絶対値

次の数の絶対値は？

(1)　−4

(2)　+4

JN085456

---

3 不等式

次の数の大小を，不等号を使って表すと？

(1)　−3，2

(2)　−5，4，0

---

4 2つの数の加法

次の計算をすると？

(1)　(−6)+(−4)

(2)　(−6)+(+4)

---

5 2つの数の減法

次の計算をすると？

(1)　(−6)−(−4)

(2)　(−6)−(+4)

---

6 加法・減法

次の式を，項を書き並べた式にすると？

−3−(−5)+(−1)

---

7 乗法・除法

次の計算をすると？

(1)　(−6)×(−2)

(2)　(−6)÷(+2)

---

8 累乗

次の計算をすると？

(1)　-4^2

(2)　$(-4)^2$

---

9 四則計算

次の計算をすると？

$-1+(-2)×(-3)^2$

正や負の数の区別をしよう！

答 (1) **1, 2**   (2) **−1, −2**

数 { 正の数 / 0 / 負の数

★自然数＝正の整数
★0は正でも負でもない

使い方

◎ミシン目で切り取り，穴をあけてリングなどを通して使いましょう。
◎カードの表面が問題，裏面が解答と解説です。

小<大   小<中<大

答 (1) **−3<2**   (2) **−5<0<4**

$a<b$…aはbより小さい。
$a>b$…aはbより大きい。

★(2)のように，3つ以上の数の大小は，不等号を同じ向きにして書く。

絶対値は数直線で考えよう！

答 (1) **4**   (2) **4**

絶対値は原点からの距離を表す。

距離が4   距離が4
−4   0   4

減法→その数の符号を変えて加える

答 (1) **−2**   (2) **−10**

(1) $(-6)-(-4)$
$=(-6)+(+4)$
$=-(6-4)$
$=-2$

(2) $(-6)-(+4)$
$=(-6)+(-4)$
$=-(6+4)$
$=-10$

同符号か異符号かを確認

答 (1) **−10**   (2) **−2**

(1) $(-6)+(-4)$
$=-(6+4)$
$=-10$

(2) $(-6)+(+4)$
$=-(6-4)$
$=-2$

乗除では，まず符号を決める

答 (1) **12**   (2) **−3**

$(+)×(+)→(+)$ $(+)÷(+)→(+)$
$(-)×(-)→(+)$ $(-)÷(-)→(+)$
$(+)×(-)→(-)$ $(+)÷(-)→(-)$
$(-)×(+)→(-)$ $(-)÷(+)→(-)$

$-(-●)→+●$ $+(-●)→-●$

答 **−3+5−1**

計算をすると，
$-3-(-5)+(-1)=-3+5-1$
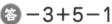
$=5-3-1$
$=5-4$
$=1$

正の項と負の項でまとめる。

累乗，（ ）の中→乗除の順に計算

答 **−19**

$-1+(-2)×(-3)^2$

累乗の計算が先

$=-1+(-2)×9$

乗法の計算が先

$=-1+(-18)=-19$

累乗→何を何個かけるか確認

答 (1) **−16**   (2) **16**

-4^2 →4を2個→ $-(4×4)=-16$

$(-4)^2$ →−4を2個→ $(-4)×(-4)=16$

10 文字式のきまり

文字式のきまりにしたがって表すと？

(1) $-2 \times x \times y$

(2) $a \times a \div b + 2 \times a$

11 式の値

$x = -3$ のとき，次の式の値は？

$-3 + 4x$

12 文字式の計算

次の計算をすると？

(1) $3x + 6 - x - 1$

(2) $-2x - 4 + 2x$

13 分配法則

次の計算をすると？

$-4(2x - 1)$

14 かっこのついた計算

次の式をかっこを使わない式で表すと？

$(3x + 1) - (4x + 2)$

15 不等式

ある数 x の４倍に３を加えた数が
２より大きいことを不等式で表すと？

16 方程式の解き方

次の方程式を解くと？

$2x - 5 = 1$

17 小数をふくむ方程式

方程式 $0.5x - 3 = 0.2x$ を
解くときに，
最初にするとよいことは？

18 分数をふくむ方程式

方程式 $\dfrac{1}{2}x + \dfrac{4}{3} = \dfrac{2}{3}x + \dfrac{3}{2}$ を
解くときに，
最初にするとよいことは？

19 比例式

次の比例式を解くと？

$2 : x = 3 : 5$

20 比例の式

yはxに比例し，
$x＝3$のとき$y＝-6$です。
yをxの式で表すと？

21 反比例の式

yはxに反比例し，
$x＝3$のとき$y＝-6$です。
yをxの式で表すと？

22 座標

右の点Aの座標は？

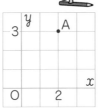

23 比例・反比例のグラフ

右の図で，次の式を
表すグラフは⑦〜⑦
の中のどれ？

$y＝2x$

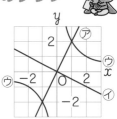

24 垂直と平行

長方形ABCDで，次の位
置関係を記号で書くと？

(1) 辺ABと辺BC
(2) 辺ABと辺DC

25 図形の移動

右の図で三角形⑦を1回
の移動で④に重ねるとき
の図形の移動方法は？

26 垂直二等分線

線分ABの
垂直二等分線の
作図のしかたは？

A ——————— B

27 角の二等分線の作図

∠AOBの
二等分線の作図
のしかたは？

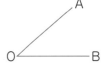

28 円の接線の作図

円周上の点Pを通る
接線の作図
のしかたは？

29 おうぎ形の弧の長さと面積

半径r，中心角$a°$の
おうぎ形の弧の長さℓ
と面積Sを求める式は？

反比例を表す式⇒$y=\dfrac{a}{x}$

答 $y=-\dfrac{18}{x}$

$y=\dfrac{a}{x}$ に $x=3$，$y=-6$ を代入すると，

$-6=\dfrac{a}{3}$ より，$a=-18$

比例を表す式⇒$y=ax$

答 $y=-2x$

$y=ax$ に $x=3$，$y=-6$ を代入すると，

$-6=a\times 3$ より，$a=-2$

比例のグラフ⇒直線　反比例のグラフ⇒双曲線

答 ㋐　比例 $\boxed{a>0}$　$\boxed{a<0}$

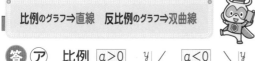

反比例 $\boxed{a>0}$　$\boxed{a<0}$

座標は，（x座標，y座標）で表す

答 A($\underset{\underset{x\,座標}{\uparrow}}{2}$，$\underset{\underset{y\,座標}{\uparrow}}{3}$)

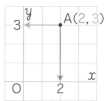

移動の性質を確認しよう

答 平行移動または対称移動

平行移動…一定の方向に一定の距離だけ動かす。

回転移動…ある点(回転の中心)で回転させる。

対称移動…ある直線(対称の軸)で折り返す。

垂直…⊥　平行…∥

答 (1)　AB⊥BC

　　(2)　AB∥DC

垂直…直角に交わる。

平行…交わらない。

角の二等分線…その角の2辺までの距離が等しい

答

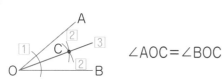

∠AOC=∠BOC

垂直二等分線…両端からの距離が等しい

答

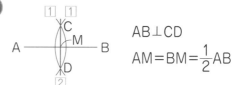

AB⊥CD

AM=BM=$\dfrac{1}{2}$AB

おうぎ形…円周や円の面積の$\dfrac{a}{360}$倍

答 弧の長さ $\ell=2\pi r\times\dfrac{a}{360}$

面積 $S=\pi r^2\times\dfrac{a}{360}=\dfrac{1}{2}\ell r$

（接点を通る円の半径）⊥（接線）

答

 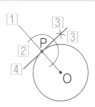

円の接線は，
「垂線の作図」を
利用してかく。

30 投影図

右の投影図で表される
立体の名前や
見取図は？

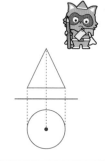

31 2直線の位置関係

右の立方体で,
次の位置関係は？

(1) **辺ABと辺HG**
(2) **辺ABと辺CG**

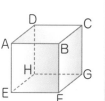

32 円柱の表面積

円柱の展開図で,
側面の形は？
右の図で, **表面積**を
求める式は？

側面積 S_1

底面積 S_2

33 円錐の表面積

円錐の展開図で,
側面の形は？
右の図で, **表面積**を
求める式は？

側面積 S_1

底面積 S_2

34 角錐・円錐の体積

底面積がSで高さがhの
角錐や円錐の体積を
求める式は？

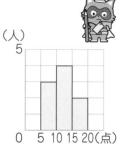

35 球

半径rの球の**体積**と
表面積を求める式は？

36 ヒストグラム

右のヒストグラムで
度数がいちばん多い
階級は？

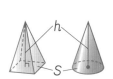

(人)

0 5 10 15 20(点)

37 相対度数

度数分布表が与えられているとき,
次の値の求め方は？

(1) **ある階級の相対度数**
(2) **ある階級の累積相対度数**

38 代表値

データを調べるときの**代表値**には
どんなものがある？

39 確率の考え方

王冠を1000回投げたら,
400回表が出ました。
このとき, 表が出る確率は
いくらと考えられる？

表向き

裏向き

同じ平面上にあるかを確かめる

答 (1) 平行　(2) ねじれの位置

$\begin{cases} 同じ平面上にある2直線 \\ \cdots 交わる・平行 \\ 平行でなく交わらない2直線 \\ \cdots ねじれの位置 \end{cases}$

立面図で柱か錐かを考えよう

答 円錐

見取図

投影図 $\begin{cases} 立面図（正面から見た図） \\ \cdots 三角形 \\ 平面図（真上から見た図） \\ \cdots 円 \end{cases}$

角錐や円錐は底面が1つである

答 おうぎ形　$S_1 + S_2$

側面積

表面積

底面積

長さが等しい

角柱や円柱は底面が2つである

答 長方形　$S_1 + S_2 × 2$

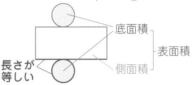

底面積

表面積

側面積

長さが等しい

球の体積と表面積… $\frac{4}{3}\pi r^3$　$4\pi r^2$

答 体積… $\dfrac{4}{3}\pi r^3$

表面積… $4\pi r^2$

体積は半径の3乗，表面積は半径の2乗に比例していることに注意する。

錐の体積は柱の体積の3分の1

答 $\dfrac{1}{3}Sh$

角錐や円錐の体積… $\dfrac{1}{3}×$底面積×高さ

↖ 角柱や円柱の体積

データの比較は相対度数を利用する

答 (1) $\dfrac{（その階級の度数）}{（度数の合計）}$

(2) 最初の階級から，ある階級までの相対度数を合計する。

階級は「○以上△未満」で表す

答 10点以上15点未満の階級

※右の図の赤線は
度数折れ線，または
度数分布多角形という。

確率→起こりやすさの程度を表す数

答 0.4

（表が出た回数）÷（投げた回数）
＝400÷1000＝0.4

代表値…平均値・中央値・最頻値など

答 平均値，中央値，最頻値

平均値…（個々のデータの値の合計）÷（データの総数）

中央値…データの値を順に並べたときの中央の値

最頻値…データの中でもっとも多く出てくる値

教育出版版 数学 1 年 もくじ

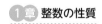

 **1節 整数の性質**
❶ 素数と素因数分解　❷ 素因数分解の活用

例①　素因数分解　　　　　　　　　　　　教 p.17, 18 →基本問題❷

48 を素因数分解しなさい。

考え方 商が素数になるまで，素数で次々にわっていく。

解き方
```
2) 48
2) 24
2) 12
2)  6
    3  ← 素因数
```

$48 = 2 \times 2 \times 2 \times 2 \times \boxed{①}$

> **たいせつ**
> 自然数…1，2，3，……のような1以上の整数。0をふくめない。
> 素数…1とその数自身の積の形でしか表せない自然数。
> 素因数…自然数をいくつかの素数の積で表すときの，1つ1つの数。
> 素因数分解…自然数を素因数だけの積の形に表すこと。

例②　累乗　　　　　　　　　　　　　　　教 p.18 →基本問題❸

次の数を素因数分解し，累乗の指数を使って表しなさい。

(1) 36　　　　　　　　　　　　　　　　(2) 81

解き方 (1)
```
2) 36
2) 18
3)  9
    3
```
$36 = 2 \times 2 \times 3 \times 3$
$= 2^2 \times \boxed{②}$

(2)
```
3) 81
3) 27
3)  9
    3
```
$81 = 3 \times 3 \times 3 \times 3$
$= \boxed{③}$

> **覚えておこう**
> 同じ数をいくつかかけたものを，その数の**累乗**といい，右上に小さく書いた数は，かけた個数を示し，これを累乗の**指数**という。

例③　素因数分解の活用　　　　　　　　　教 p.19, 20 →基本問題❺

次の問いに答えなさい。

(1) 54 と 126 をそれぞれ素因数分解しなさい。

(2) (1)の結果を使って，54 と 126 の最大公約数を求めなさい。

解き方 (1)
```
2) 54     2) 126
3) 27     3)  63
3)  9     3)  21
    3          7
```
⇒ $54 = 2 \times 3 \times \boxed{④} \times 3 = 2 \times \boxed{⑤}$

$126 = 2 \times 3 \times \boxed{⑥} \times 7 = 2 \times \boxed{⑦} \times 7$

(2) 2つの自然数の共通する素因数すべてをかける。

54 と 126 に共通する素因数は，2，3，$\boxed{⑧}$

だから，最大公約数は，

$2 \times 3 \times \boxed{⑧} = \boxed{⑨}$

  最大公約数は，公約数のうち最も大きいものだったね。

基本問題

解答 p.1

1 素数　20 から 50 までの自然数のうち，素数をすべて答えなさい。

教 p.16問3

偶数は，1とその数自身だけでなく，2も約数にもつね。

2 素因数分解　次の自然数を素因数分解しなさい。

教 p.18たしかめ1

(1)　45

(2)　56

(3)　72

(4)　250

3 累乗　次の数を素因数分解し，累乗の指数を使って表しなさい。

教 p.18問5

(1)　32

(2)　144

知ってると得

2乗のことを平方，3乗のことを立方ということもある。

(3)　135

(4)　252

4 素因数分解の活用　素因数分解を利用して，64 の約数を求めなさい。

教 p.19たしかめ1

5 素因数分解の活用　素因数分解を利用して，96 と 168 の最大公約数を求めなさい。

教 p.20たしかめ2

6 素因数分解の活用　90 にできるだけ小さな自然数をかけて，その積がある自然数の 2 乗になるようにします。どんな数をかければよいですか。

教 p.19, 20

左ページの例の答え　①3　②$3^2$　③$3^4$　④3　⑤$3^3$　⑥3　⑦$3^2$　⑧3　⑨18

確認のワーク　ステージ1

1節 正の数，負の数
1 符号のついた数

例1 符号のついた数　　　　　教 p.26 → 基本問題 1

0℃ を基準にして，次の温度を，正の符号，負の符号を使って表しなさい。

(1)　0℃ より 10℃ 高い温度　　　　(2)　0℃ より 12℃ 低い温度

考え方 0℃ より高いときは「＋」，低いときは「－」を使う。

正の符号　　　　　　　　　負の符号

解き方 (1)　0℃ より 10℃ 高いので，

① [　　] ℃

(2)　0℃ より 12℃ 低いので，

② [　　] ℃

＋10℃ は「プラス 10℃」と読み，
－12℃ は「マイナス 12℃」と読むよ。

例2 反対の性質をもつ数量　　　　教 p.27 → 基本問題 2 3

A地点を基準にして，A地点から 4 km 東の地点を ＋4 km と表すとき，A地点から 6 km 西の地点を，正の符号，負の符号を使って表しなさい。

考え方 A地点から「4 km 東の地点」と，A地点から「6 km 西の地点」は，反対の方向をもつ数量である。

＋4 km　　　　　　　　　　　　　負の符号「－」で表される。

解き方 A地点から西の地点だから，

③ [　　] km

西 ─┼──┼─●─┼──┼──┼─A─┼──┼──┼─●─┼──┼── 東
　　　　　　−6 km　　　　　　　　　　　＋4 km

← 6 km 西 →　A　← 4 km 東 →

ここが ポイント

反対の性質や方向をもつ数量は，基準を決めて，一方を正の符号を使って表すと，他方は負の符号を使って表される。

例3 正の数，負の数　　　　　教 p.29 → 基本問題 4

次の数を，正の符号，負の符号を使って表しなさい。

(1)　0 より 6 大きい数　　　　　　(2)　0 より 3 小さい数

考え方 正の数は正の符号＋
　　　　　0 より大きい数
　　　　　負の数は負の符号－　　　を使って表す。
　　　　　0 より小さい数

解き方 (1)　0 より 6 大きい数は，

正の数だから，④ [　　]

(2)　0 より 3 小さい数は，

負の数だから，⑤ [　　]

たいせつ

負の整数		正の整数（自然数）
…，−3，−2，−1	0	＋1，＋2，＋3，…
$-\dfrac{4}{9}$　　−0.8		＋3.8　　$+\dfrac{5}{7}$
負の数		正の数

数

注 0 は，正の数でも負の数でもない整数。

基本問題 .... 解答 p.1

1 符号のついた数　海面の高さを基準の **0 m** にして，次の地点の高さを正の符号，負の符号を使って表しなさい。

教 p.26 たしかめ2

(1)　海面より 760 m 高い地点

(2)　海面より 320 m 低い地点

> 海面より高いときは「＋」，低いときは「－」を使って表すよ。

2 反対の性質をもつ数量　次の数量を，正の符号，負の符号を使って表しなさい。

(1)　いまを基準にして，いまから 6 時間後の時刻を ＋6 時間と表すとき，いまから 1 時間前の時刻

教 p.27問2, p.28問5

知ってると得

反対の意味をもつ言葉

「後」 ⟷ 「前」
「多い」 ⟷ 「少ない」
「北へ」 ⟷ 「南へ」
「重い」 ⟷ 「軽い」
「黒字」 ⟷ 「赤字」
「収入」 ⟷ 「支出」

(2)　ある人数を基準にして，それより 20 人少ない人数を －20 人と表すとき，基準にした人数より 45 人多い人数

(3)　北へ 13 km 進むことを ＋13 km と表すとき，南へ 9 km 進むこと

3 反対の性質をもつ数量　次の□にあてはまる言葉や数量を答えなさい。

教 p.27問3, p.28問4, 6

(1)　A さんの体重を基準にして，それより 2 kg 重いことを ＋2 kg と表すとき，－7 kg は A さんの体重より [　　　　　] ことを表している。

(2)　300 円の赤字を －300 円と表すとき，＋650 円は [　　　　　] を表している。

(3)　人口が 100 人増加することを ＋100 人と表すとき，人口が増えも減りもしないことは [　　　　] と表される。

4 正の数，負の数　次の数を，正の符号，負の符号を使って表しなさい。　教 p.29 たしかめ5

(1)　0 より 28 小さい数

(2)　0 より 340 大きい数

(3)　0 より 0.9 小さい数

(4)　0 より $\dfrac{8}{15}$ 大きい数

確認のワーク **ステージ1** 1節　正の数，負の数
2 数の大小

例1 数直線

教 p.30 → 基本問題 1 2

下の数直線で，A〜Cの各点に対応する数を答えなさい。

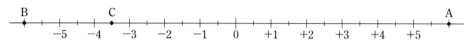

考え方 数直線では，0より右側の点に正の数，0より左側の点に負の数を対応させている。

解き方 点Aは ①[　　　]　　　　点Bは ②[　　　]
└─ +5より1だけ　　　　　└─ −5より1だけ
　　右側にある点　　　　　　　左側にある点

点Cは −3 と −4 の真ん中にあるので，③[　　　]

覚えておこう

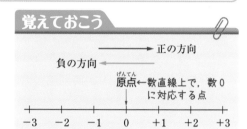
正の方向 →
← 負の方向
原点（げんてん）← 数直線上で，数0に対応する点

例2 数の大小

教 p.31 → 基本問題 5

次の各組の数の大小を，不等号を使って表しなさい。

(1)　−1，−4　　　　　　　　　　(2)　−5，+2，−3

考え方 数直線で考える。数直線上では右にある数ほど大きく，左にある数ほど小さい。

解き方 (1)

数直線上で −1 は −4 より右にあるから，−4 < −1 または −1 ④[　　] −4
└─ −1のほうが大きい

(2)

数直線上で +2 は −3 より右にあるから，⑤[　　　] のほうが大きい。

また，数直線上で −3 は −5 より右にあるから，−3 のほうが大きい。

これらをまとめて，不等号を使って表すと，

−5 ⑥[　] −3 ⑦[　] +2 または +2 ⑧[　] −3 ⑨[　] −5

> 3つの数の大小を不等号を使って表すときは，大きさの順に並べるよ。

例3 絶対値

教 p.32 → 基本問題 3 4

次の数の絶対値（ぜったいち）を答えなさい。　　(1)　+7　　　　　(2)　−2.3

解き方 (1)　+7 に対応する点の原点からの距離（きょり）は 7 だから，絶対値は ⑩[　　　]

(2)　−2.3 に対応する点の原点からの距離は 2.3 だから，絶対値は ⑪[　　　]

注 0 の絶対値は 0 である。

絶対値

数直線上で，ある数に対応する点と原点との距離。
例 −3 の絶対値も，+3 の絶対値も 3

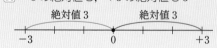
絶対値3　　絶対値3
−3　　0　　+3

1 数直線 下の数直線で，A〜Dの各点に対応する数を答えなさい。

2章

2 数直線 次の数に対応する点を，下の数直線上に表しなさい。

(1) -3 (2) $+4$ (3) $+0.5$ (4) $-\dfrac{5}{2}$

ここが ポイント

小数や分数はどの整数
の間にあるか考える。

3 絶対値 次の数の絶対値を答えなさい。

(1) $+100$ (2) -12

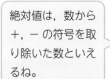
絶対値は，数から
＋，－の符号を取
り除いた数といえ
るね。

(3) $+5.7$ (4) $-\dfrac{1}{6}$

4 絶対値 絶対値が9である数を答えなさい。

5 数の大小 次の各組の数の大小を，不等号を使って表しなさい。

(1) $+1,\ -8$ (2) $-9,\ -3$

たいせつ

数の大小
① （負の数）<0<（正の数）
② 正の数は，その絶対値が
大きいほど大きい。
③ 負の数は，その絶対値が
大きいほど小さい。

(3) $-0.2,\ -2$ (4) $-\dfrac{3}{5},\ -\dfrac{3}{8}$

(5) $-6,\ +3,\ -7$ (6) $-5.7,\ 0,\ -4.2$

左ページの 例 の答え ①$+6$ ②-6 ③-3.5 ④$>$ ⑤$+2$ ⑥$<$ ⑦$<$ ⑧$>$ ⑨$>$ ⑩7 ⑪2.3

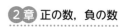

 **1節　正の数，負の数**

1 A地点を基準にして，2 m 北の地点を +2 m と表すとき，次の(1)，(2)はそれぞれどのような地点を表していますか。

(1) −8 m

(2) +10.5 m

2 次のことを負の数を使わないで表しなさい。

(1) −75 m 高い

(2) −2℃ 低い

(3) −3 kg の増加

(4) −1000 円の利益

3 70 L を基準にして，それよりも多い量を正の符号，少ない量を負の符号を使って表しなさい。

(1) 93 L

(2) 68.5 L

4 右の◻◻の中の数から，次の数をすべて選びなさい。

(1) 整数

(2) 正の数

(3) 負の数

(4) 自然数

$$-5, +3, +1.2, +26,$$
$$0, -0.8, +\frac{6}{5}, +300$$

5 下の㋐〜㋑について，次の問いに答えなさい。

㋐　0 より 2 大きい数

㋑　0 より 4 小さい数

㋒　0 より 3.6 大きい数

㋓　0 より $\frac{7}{5}$ 小さい数

(1) ㋐〜㋓の数を，正の符号，負の符号を使って表しなさい。

(2) 対応する点を，下の数直線上に表しなさい。

```
  +--+--+--+--+--+--+--+--+--+--+--+--+--+--+--+--+--+
 -4    -3    -2    -1     0    +1    +2    +3    +4
```

3 まず，基準の 70 L より何 L 多いか，何 L 少ないかを調べる。

5 数直線のいちばん小さい 1 目盛りは 1 を 5 等分しているので，$\frac{1}{5}$（=0.2）を表している。

6 次の各組の数の大小を，不等号を使って表しなさい。

(1) $+\dfrac{1}{10}$, $-\dfrac{1}{5}$, $-\dfrac{1}{2}$

(2) -2.5, $-\dfrac{7}{2}$, -3

7 次の問いに答えなさい。

(1) -0.01, -100, 0, $-\dfrac{1}{10}$ を小さいほうから順に並べなさい。

(2) -4.6 より大きく $\dfrac{12}{7}$ より小さい整数は何個ありますか。

(3) $-\dfrac{7}{3}$ より小さい整数のうち，最も大きい数を答えなさい。

(4) -6.5 より小さい整数のうち，絶対値の最も小さい数を答えなさい。

レベルUP (5) 絶対値が，$\dfrac{17}{4}$ より大きく，$\dfrac{41}{5}$ より小さい整数は何個ありますか。

8 右の ▢▢▢ の 5 つの数について，次の問いに答えなさい。

(1) 絶対値が等しいのはどれとどれですか。

$-\dfrac{1}{6}$, $+\dfrac{1}{2}$, -0.5, $-\dfrac{2}{3}$, $+\dfrac{1}{5}$

(2) 0 に最も近い数はどれですか。

入試問題を やってみよう！

① 次の⑦～⨯の中で，絶対値が最も大きいものを，記号で答えなさい。　〔沖縄〕

⑦ -4　　　⑦ 0　　　⑨ 3　　　⨯ $-\dfrac{9}{2}$

② 絶対値が 4 である数をすべて書きなさい。　〔北海道〕

6 3 つ以上の数の大小を表すときは，不等号の向きを同じにする。

7 (5) $\dfrac{17}{4}=4\dfrac{1}{4}$, $\dfrac{41}{5}=8\dfrac{1}{5}$ より，絶対値が 5 以上 8 以下の整数である。

2節 加法と減法
❶ 加法

教 p.36, 37 → 基本 問題 ❶

例❶ 正の数，負の数の加法

次の計算をしなさい。

(1) $(+4)+(+5)$　　　　　　(2) $(-4)+(-5)$

(3) $(+6)+(-8)$　　　　　　(4) $(-6)+(+8)$

考え方 (1)，(2)は同符号の2つの数の和の求め方，

　　　　たし算のことを「加法」という。加法の結果が「和」である。

(3)，(4)は異符号の2つの数の和の求め方で計算する。

解き方 符号を決めてから，絶対値の部分の計算をする。

(1) $(+4)+(+5)=\boxed{①}\ (4+5)$ 　符号を決める。

　 $=\boxed{②}$ 　絶対値の和を計算する。

(2) $(-4)+(-5)=\boxed{③}\ (4+5)=\boxed{④}$

(3) $(+6)+(-8)=\boxed{⑤}\ (8-6)$ 　符号を決める。

　 $=\boxed{⑥}$ 　絶対値の差を計算する。

(4) $(-6)+(+8)=+(8-6)=\boxed{⑦}$

👆 2つの数の和の求め方

同符号のとき

　　　　共通の符号

$(-7)+(-2)=-(7+2)$

　　2つの数の絶対値の和

異符号のとき

　　絶対値の大きい数の符号

$(-7)+(+2)=-(7-2)$

　　絶対値の大きいほうから
　　小さいほうをひいた差

例❷ 3つ以上の数の加法

教 p.37, 38 → 基本 問題 ❸

$(-8)+(+13)+(+9)+(-16)$ を計算しなさい。

考え方 いくつかの数を加えるときには，数の順序や組み合わせを変えて計算してもよい。

　加法の交換法則や結合法則を利用する。

解き方 $(-8)+(+13)+(+9)+(-16)$

　 $=\{(-8)+(-16)\}+\{(+13)+(+9)\}$ 　負の数どうし，正の数どうしを集める。

　 $=(\boxed{⑧})+(+22)$ 　負の数の和，正の数の和をそれぞれ求める。

　 $=\boxed{⑨}$

▶ たいせつ

加法の交換法則

$a+b=b+a$

加法の結合法則

$(a+b)+c=a+(b+c)$

左から順に計算してもいいけど，計算しやすい数の組み合わせを考えて，工夫して計算しよう。

別解 $(-8)+(+13)+(+9)+(-16)$

　 $=\{(-8)+(+9)\}+\{(+13)+(-16)\}$ 　絶対値が小さくなるように組み合わせを変える。

　 $=(\boxed{⑩})+(-3)$

　 $=\boxed{⑨}$

注 $\{\ \}$は$(\ )$と同じように，その中をひとまとまりとみて，先に計算する。

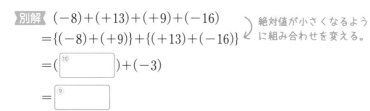

基本問題

解答 p.3

1 正の数，負の数の加法　次の計算をしなさい。

教 p.36たしかめ1, p.37問7, 8

(1)　$(+9)+(+4)$

(2)　$(-6)+(-2)$

(3)　$(-13)+(-8)$

(4)　$(+14)+(+6)$

(5)　$(+15)+(-18)$

(6)　$(-14)+(+21)$

知ってると得

異符号で絶対値が等しい
2つの数の和は0である。

異符号

例 $(+8)+(-8)=0$

絶対値が等しい

(7)　$(-20)+(+4)$

(8)　$(-22)+(+22)$

2 数と0の加法　次の問いに答えなさい。

教 p.37問9

(1)　次の計算をしなさい。

①　$(-9)+0$

②　$0+(-10)$

a がどんな数でも
$a+0=a$，$0+a=a$
が成り立つんだよ。

(2)　次の□に，あてはまる数や言葉を答えなさい。

①　どんな数に　□　を加えても，和はたされる数に等しい。

②　0にどんな数を加えても，和は　□　に等しい。

3 3つ以上の数の加法　次の計算をしなさい。

教 p.38問11

(1)　$(+2)+(-11)+(+14)+(-6)$

ここがポイント

和が0になる組み合わせ
を考えると，計算が簡単
になる。

(2)　$(-27)+(+9)+(+27)+(-18)$

(3)　$(+16)+(-8)+(-1)+(+1)+(-2)$

2章

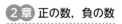
 ステージ **1**

2節　加法と減法
2 減法
3 加法と減法の混じった式の計算(1)

例 **1** 正の数，負の数の減法

教 p.39〜41 → 基本 問題 **1 2**

次の計算をしなさい。

(1)　$(-2)-(+9)$

(2)　$(+3)-(+7)$

(3)　$(-5)-(-12)$

(4)　$(+7)-(-6)$

考え方 減法(げんぽう)は，ひく数の符号を変えて，加法に直してから計算する。

ひき算のことを「減法」という。減法の結果が「差」である。

解き方

+9をひくことは，
−9をたすことと同じ。

(1)　$(-2)-(+9)=(-2)+($ ①　　　$)$

$=$ ②　　　

同符号の2つの数の和
だから，
$(-2)+(-9)=-(2+9)$

(2)　$(+3)-(+7)=(+3)+($ ③　　　$)$

$=$ ④　　　

異符号の2つの数の和
だから，
$(+3)+(-7)=-(7-3)$

−12をひくことは，
+12をたすことと同じ。

(3)　$(-5)-(-12)=(-5)+($ ⑤　　　$)$

$=$ ⑥　　　

(4)　$(+7)-(-6)=(+7)+(+6)$

$=$ ⑦　　　

2つの数の差の考え方

正の数をひく

減法を加法に直す

$(+2)-(+3)=(+2)+(-3)$

負の数に変える

負の数をひく

減法を加法に直す

$(+2)-(-3)=(+2)+(+3)$

正の数に変える

例 **2** 加法と減法の混じった式の計算

教 p.42 → 基本 問題 **4**

$(+4)-(+7)+(-16)-(-9)$ を，加法だけの式に直して計算しなさい。

考え方 加法と減法の混じった式は，加法だけの式に直し，交換法則や結合法則を使って，数の順序や組み合わせを変えて計算するとよい。

解き方　$(+4)-(+7)+(-16)-(-9)$

$=(+4)+($ ⑧　　　$)+(-16)+(+9)$

$=(+4)+(+9)+(-7)+(-16)$

$=($ ⑨　　　$)+(-23)$

$=$ ⑩　　　

加法だけの式に直す。
同符号の数を集める。
同符号の数の和を求める。

たいせつ

加法だけの式で，加法の記号＋で結ばれたそれぞれの数を，その式の項(こう)という。

正の数の項を正の項，負の数の項を負の項ということがあるよ。

基本問題 ··· 解答 p.4

1 減法を加法に直す　次の減法を，加法に直しなさい。 教 p.39問1, p.40問2

(1) $(+7)-(+8)$ （2）$(-11)-(-3)$

2 正の数，負の数の減法　次の計算をしなさい。 教 p.41問3

(1) $(+12)-(+19)$ （2）$(-7)-(+13)$

(3) $(-16)-(+5)$ （4）$(+8)-(-11)$

(5) $(-6)-(-15)$ （6）$(-13)-(-12)$

減法を加法に直した
ら，2つの数の和の
求め方を思い出そう。

2章

3 数と0の減法　次の問いに答えなさい。 教 p.41問4

(1) 次の計算をしなさい。

① $(-14)-0$ ② $0-(-7)$ ③ $0-(+4)$

(2) 次の□に，あてはまる数や言葉を答えなさい。

① どんな数から $\boxed{}$ をひいても，差はひかれる数に等しい。

② 0からある数をひくと，差は $\boxed{}$ の符号を変えた数になる。

4 加法と減法の混じった式の計算　次の式を，加法だけの式に直して計算しなさい。

(1) $(-8)-(-6)+(-5)$ 教 p.42たしかめ1

(2) $(+3)-(+9)-(-12)+(-7)$

(3) $(-1)+(+5)-(+11)-(-20)$

ここがポイント

加法と減法の混じった式の計算の手順

① 加法だけの式に直す。
② 同符号の数を集める
③ 正の数の和，負の数の和を求める。
④ （正の数の和）と（負の数の和）をたす。

2節　加法と減法
❸ 加法と減法の混じった式の計算(2)

例1 項を並べた式で表す　　　教 p.42, 43 → 基本 問題 ❶

$(+9)-(-3)+(-1)-(-7)$ を，加法だけの式に直してから，項を並べた式で表しなさい。

解き方　$(+9)-(-3)+(-1)-(-7)$

$=(+9)+(①\boxed{})+(-1)+(+7)$　　加法だけの式に直す。項を並べた式で表す。

$=9+②\boxed{}-1+7$

式のはじめの項が正の数の +9 だから，+ をはぶいて 9 と表すんだよ。

ここがポイント

加法だけの式では，加法の記号＋とかっこをはぶき，項を並べた式で表すことができる。

例　$(+4)+(-3)+(-8)+(+6)$
　　$=4\ -3\ -8\ +6$

注 式のはじめの項が正の数ならば，その数の符号 ＋をはぶいて表す。

例2 項を並べた式の計算　　　教 p.43 → 基本 問題 ❷

次の式を，項を並べた式とみて計算しなさい。

(1)　$-8+15$　　　　　　　(2)　$12-3+6-19$

考え方　(2)　項の組み合わせを考えて計算する。

解き方　(1)　$-8+15$

$=③\boxed{}$　　加法だけの式と考えると，$(-8)+(+15)=+(15-8)$
計算の結果が正の数のとき，符号をはぶく。

(2)　$12-3+6-19$

$=12④\boxed{}-3-19$　　同符号の数を集める。同符号の数の和を求める。

$=18-22$

$=⑤\boxed{}$

思い出そう

加法の交換法則や結合法則が成り立つので，加法だけの式では，どの2つの数から計算してもよい。

例3 項を並べた式で表す計算　　　教 p.43, 44 → 基本 問題 ❸

$-15-(-8)+(-6)$ を計算しなさい。

解き方　$-15-(-8)+(-6)$

$=-15⑥\boxed{}-6$　　項を並べた式に直す。

$=-15-6+8$　　同符号の数を集める。

$=⑦\boxed{}+8$　　同符号の数の和を求める。

$=⑧\boxed{}$

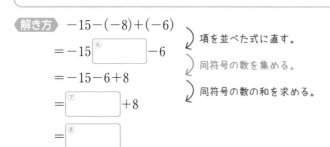
$-15-(-8)+(-6)$ は $-15+(+8)+(-6)$ と直せるから，　の部分がはぶけるね。

基本問題 ●● 解答 ▶ p.4

1 項を並べた式で表す　次の式を，加法だけの式に直してから，項を並べた式で表しなさい。

(1) $(+4)+(-9)-(-1)$

教 p.43たしかめ2

ここがポイント

加法と減法が混じったままの式で項を考えないこと。必ず，加法だけの式にしてから項を考える。

(2) $(-17)-(-3)+(-5)-(+8)$

2 項を並べた式の計算　次の式を，項を並べた式とみて計算しなさい。
教 p.43問1, たしかめ3

(1) $3-9$　　　　　(2) $-7-18$

3つ以上の項を並べた式の計算では，先に同符号の数の和を求めるといいよ。

(3) $-2+5-8$　　　　　(4) $9-15+19-6$

(5) $3-7-16+4$　　　　　(6) $-12-13+5-9$

3 項を並べた式で表す計算　次の式を計算しなさい。
教 p.44問2

(1) $14+(-3)-(-10)$　　　　　(2) $-26-(-21)-7$

ミス注意

かっこをはずすときの符号に注意。
$■+(-●)=■-●$
$■-(+●)=■-●$
$■-(-●)=■+●$

(3) $-38-(-17)+(-4)$　　　　　(4) $5+(-2)-(-8)+3$

(5) $13-(+7)-(-6)-12$　　　　　(6) $-4-(-3)-(-10)+6$

4 小数や分数をふくむ式の計算　次の計算をしなさい。
教 p.44たしかめ5, 問3

(1) $0.8-1.7$　　　　　(2) $3.4-(-2.8)-4.2$

(3) $-\dfrac{5}{8}+\dfrac{5}{6}$　　　　　(4) $\dfrac{4}{5}+\left(-\dfrac{8}{15}\right)-1$

左ページの 例 の答え　①+3　②3　③7　④+6　⑤-4　⑥+8　⑦-21　⑧-13

2章

 **2節　加法と減法**

1 次の計算をしなさい。

(1) $(+42)+(-53)$

(2) $(+16)-(-39)$

(3) $(-2.8)-(+1.9)$

(4) $-\dfrac{8}{15}+\left(-\dfrac{3}{10}\right)$

(5) $-12-27+29-23$

(6) $18+(-26)-15-(-29)$

(7) $2-\{3-(-1)\}$

(8) $-1.8-(-5.5)+3.2-(+1.3)$

(9) $\dfrac{1}{6}+\left(-\dfrac{2}{3}\right)-\dfrac{1}{2}-\left(-\dfrac{7}{12}\right)$

(10) $\dfrac{1}{5}-\left\{1.8-\left(0.9+\dfrac{7}{5}\right)\right\}$

2 次の問いに答えなさい。

(1) 2つの整数の和が -8 になる加法の式を1つつくりなさい。

(2) 2つの整数の差が -5 になる減法の式を1つつくりなさい。

3 1個のさいころを投げ，奇数の目が出たら，その目の数を絶対値とする正の数とし，偶数の目が出たら，その目の数を絶対値とする負の数とします。

　下の図は，1個のさいころを5回続けて投げたときに出たさいころの目を，左から順に表したものです。それぞれのさいころの目で決まる5つの数の和を求めなさい。

2 (1) 2つの整数が同符号ならば，2つの整数はどちらも負の数で，絶対値の和が8である。
　(2) まず和が -5 となる加法の式を考える。あとは，$-●$ をたすことは $+●$ をひくことと同じ，または $+●$ をたすことは $-●$ をひくことと同じであることを利用する。

❹ 右の表は，図書館の先週の本の貸し出し冊数を，月曜日に貸し出した冊数を基準にして，それより多い冊数を正の数，それより少ない冊数を負の数で表したものです。

曜　日	月	火	水	木	金
基準との差(冊)	0	−9	+6	−3	+8

(1) 月曜日に 14 冊の本を貸し出したとすると，貸し出し冊数が最も多い日は，本を何冊貸し出したかを求めなさい。

(2) 貸し出した冊数が最も多い日と最も少ない日の冊数の差は何冊ですか。

(3) 金曜日に貸し出した冊数を基準にして表をつくりなさい。

❺ 右の表は，A，B，C，D の 4 人があるゲームを 3 回行ったときの得点の結果です。このゲームでは，4 人の得点の合計が毎回 0 点になるように決められています。

	A	B	C	D
1 回目 (点)	+7	−8	+4	−3
2 回目 (点)	⑦	+15	−12	+6
3 回目 (点)	−11	−9	④	+1

(1) 表の⑦，④にあてはまる数を求めなさい。

(2) 3 回すべてのゲームの合計点が，最も高い人と最も低い人の得点の差を求めなさい。

❻ 2 つの自然数○，△はともに 48 の約数であり，○−△ を計算すると −12 になります。このような○，△について，○+△ を計算するとき，考えられる和をすべて求めなさい。

📝 入試問題を やってみよう！ ･････････････････････････

① 次の計算をしなさい。

(1) $2-(-7)$ 〔愛媛〕

(2) $-7+3-4$ 〔鳥取〕

(3) $\dfrac{1}{2}-\dfrac{4}{5}$ 〔兵庫〕

(4) $\dfrac{8}{9}+\left(-\dfrac{3}{2}\right)-\left(-\dfrac{2}{3}\right)$ 〔愛知〕

---

❹ (3) 金曜日の基準との差が 0 になるように，それぞれの曜日の基準との差から +8 をひけばよい。

❻ 48 の約数は，1，2，3，4，6，8，12，16，24，48 である。

 **3節　乗法と除法**
1 乗法(1)

例1 正の数，負の数の乗法 ─────────── 教 p.48 →基本問題①

次の計算をしなさい。

(1) $(-4)\times(-6)$ 　　　　　　　　 (2) $(+7)\times(-5)$

解き方 (1) 同符号の2つの数の積だから，

かけ算のことを「乗法」という。乗法の結果が「積」である。

符号を決める。

$(-4)\times(-6)=\boxed{①}\ (4\times6)$

$(-)\times(-)\to(+)$ 　 絶対値の積を計算する。

$=\boxed{②}$

(2) 異符号の2つの数の積だから，

$(+7)\times(-5)=\boxed{③}\ (7\times5)$

$(+)\times(-)\to(-)$

$=\boxed{④}$

👉 **2つの数の積の求め方**

同符号の2つの数の積

同符号 ➡ 積の符号 ＋

$(-5)\times(-6)=+(5\times6)$

2つの数の絶対値の積

異符号の2つの数の積

異符号 ➡ 積の符号 －

$(+5)\times(-6)=-(5\times6)$

2つの数の絶対値の積

例2 乗法の工夫 ─────────── 教 p.49, 50 →基本問題③

$(-2)\times(+8)\times(-5)$ を計算しなさい。

考え方 いくつかの数をかけるときには，数の順序や組み合わせを変えて計算してもよい。

乗法の交換法則や結合法則を利用する。

解き方 計算しやすい数の組み合わせを考える。

〈i〉 $(-2)\times(+8)\times(-5)$
$=(+8)\times(-2)\times(-5)$
$=(+8)\times\{(-2)\times(-5)\}$
$=(+8)\times(\boxed{⑤}\ )$
$=\boxed{⑥}$

〈ii〉 $(-2)\times(+8)\times(-5)$
$=(-2)\times\{(+8)\times(-5)\}$
$=(-2)\times(\boxed{⑦}\ )$
$=+80$

➡ **たいせつ**

乗法の交換法則
$a\times b=b\times a$

乗法の結合法則
$(a\times b)\times c=a\times(b\times c)$

例3 いくつかの数の積 ─────────── 教 p.50, 51 →基本問題④

$(-2)\times(+8)\times(-9)\times(-5)$ を計算しなさい。

解き方 $(-2)\times(+8)\times(-9)\times(-5)$

負の数が3個だから，積の符号は－

$=\boxed{⑧}\ (2\times8\times9\times5)$

絶対値の積

$=\boxed{⑨}$

👉 **積の符号と絶対値**

積の符号 ｛負の数が偶数個のとき⇒正の符号 ＋
　　　　　負の数が奇数個のとき⇒負の符号 －

積の絶対値…それぞれの数の絶対値の積

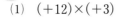 **基 本 問 題** .... 解答 p.6

1 正の数, 負の数の乗法　次の計算をしなさい。

(1) $(+12)\times(+3)$　　　　(2) $(+9)\times(-20)$

(3) $(-6)\times(+14)$　　　　(4) $(-7)\times(-21)$

(5) $(+0.8)\times(-3.5)$　　　(6) $\left(-\dfrac{7}{6}\right)\times(-18)$

2つの数の積の符号
同符号のとき
$(+)\times(+)\to(+)$
$(-)\times(-)\to(+)$
異符号のとき
$(+)\times(-)\to(-)$
$(-)\times(+)\to(-)$

2 章

2 0, 1, −1と数の乗法　次の問いに答えなさい。

(1) 次の計算をしなさい。

① $(+12)\times0$　　② $0\times(-17)$　　③ $(-8)\times1$　　④ $-(-14)$

(2) 次の□にあてはまる数や言葉を答えなさい。

① ［　　］とある数の積は，0になる。

② ［　　］とある数の積は，その数になる。

③ −1とある数の積を求めることは，その数の［　　］を変えることと同じである。

3 乗法の工夫　次の計算をしなさい。

(1) $(-4)\times(-73)\times(-25)$　　　　(2) $(+1.5)\times(+7)\times(-6)$

4 いくつかの数の積　次の計算をしなさい。 教 p.51問8

(1) $(+6)\times(-7)\times(-8)$　　　　(2) $(+3)\times(-9)\times(-7)\times(-4)$

(3) $\left(-\dfrac{1}{4}\right)\times(+15)\times(+8)$

(4) $(+8)\times(-12)\times(+2)\times(-3)$

(5) $(-17)\times(+19)\times0\times(+23)$

乗法だけの式では，0が1つでもあれば，積は0になるよ。

確認のワーク　ステージ1

3節　乗法と除法
❶ 乗法(2)　❷ 除法(1)

例❶ 累乗の表し方
教 p.51 → 基本問題❶

次の積を，累乗の指数を使って表しなさい。

(1) $(-3) \times (-3)$

(2) $(-6) \times (-6) \times (-6)$

考え方 負の数の場合も，同じ数の積は累乗の指数を使って表すことができる。

解き方 (1) $(-3) \times (-3) = \boxed{①}$ ← (-3) の右上にかけ合わせた個数の 2 を小さく書く。

(2) $(-6) \times (-6) \times (-6) = \boxed{②}$ ← (-6) の右上にかけ合わせた個数の 3 を小さく書く。

例❷ 累乗をふくむ乗法
教 p.51 → 基本問題❷❸

次の計算をしなさい。

(1) $(-4)^2$

(2) -4^2

(3) $2 \times (-3)^3$

考え方 (3) 累乗を先に計算する。

解き方 (1) $(-4)^2 = (\boxed{③}) \times (\boxed{④}) = 16$

└─ (-4) を 2 個かけ合わせることを表す。

ミス注意

$(-4)^2 = (-4) \times (-4)$
$-4^2 = -(4 \times 4)$

違いに注意！

(2) $-4^2 = -(4 \times 4) = \boxed{⑤}$

└─ 4 を 2 個かけ合わせることを表す。

(3) $2 \times (-3)^3 = 2 \times (-27) = \boxed{⑥}$

$(-3) \times (-3) \times (-3)$

例❸ 正の数，負の数の除法
教 p.52, 53 → 基本問題❹❺

次の計算をしなさい。

(1) $(-18) \div (-2)$

(2) $(-7) \div (+11)$

解き方 (1) 同符号の 2 つの数の商だから，

わり算のことを「除法」という。除法の結果が「商」である。

符号を決める。

$(-18) \div (-2) = \boxed{⑦} (18 \div 2)$

$(-) \div (-) \to (+)$

絶対値の商を計算する。

$= \boxed{⑧}$

(2) 異符号の 2 つの数の商だから，

わり切れない場合には，分数の形で表す。

$(-7) \div (+11) = \boxed{⑨} (7 \div 11) = \boxed{⑩}$

$(-) \div (+) \to (-)$

$\dfrac{-\bigcirc}{\triangle}, \dfrac{\bigcirc}{-\triangle}$ は，ふつう $-\dfrac{\bigcirc}{\triangle}$ と書く。

👉 **2 つの数の商の求め方**

同符号の 2 つの数の商

同符号 ➡ 商の符号 ＋

$(-30) \div (-6) = +(30 \div 6)$

2 つの数の絶対値の商

異符号の 2 つの数の商

異符号 ➡ 商の符号 －

$(-30) \div (+6) = -(30 \div 6)$

2 つの数の絶対値の商

基本問題

解答 p.7

1 累乗の表し方　次の積を，累乗の指数を使って表しなさい。

教 p.51たしかめ5

(1)　$(-5)\times(-5)\times(-5)$

(2)　$(-2)\times(-2)\times(-2)\times(-2)$

(3)　$(-0.7)\times(-0.7)$

(4)　$\left(-\dfrac{1}{4}\right)\times\left(-\dfrac{1}{4}\right)\times\left(-\dfrac{1}{4}\right)$

2 累乗をふくむ乗法　次の計算をしなさい。

教 p.51たしかめ6

(1)　$(-10)^2$

(2)　-10^2

(3)〜(6)は累乗の部分
をまず計算しよう。

(3)　$3\times(-2)^3$

(4)　$7\times(-2^3)$

(5)　$(-3^2)\times(-5^2)$

(6)　$(-6)^2\times(-3)$

3 累乗をふくむ乗法　$(-2)^□$ が次のような数になるのは，□にあてはまる数が偶数と奇数のど

ちらのときですか。

教 p.51問9

(1)　正の数

(2)　負の数

4 正の数，負の数の除法　次の計算をしなさい。

教 p.53たしかめ1, 2, 問3

(1)　$(+24)\div(+6)$

(2)　$(+96)\div(-8)$

2つの数の商の符号

同符号のとき

$(+)\div(+)\rightarrow(+)$

$(-)\div(-)\rightarrow(+)$

異符号のとき

$(+)\div(-)\rightarrow(-)$

$(-)\div(+)\rightarrow(-)$

(3)　$(-40)\div(-4)$

(4)　$(-75)\div(+5)$

(5)　$(-56)\div(-1)$

(6)　$0\div(-3)$

5 2つの数の除法と分数　次の計算をしなさい。

教 p.53問4

(1)　$(-15)\div(+8)$

(2)　$(+18)\div(-63)$

左ページの 例 の答え　①$(-3)^2$　②$(-6)^3$　③-4　④-4　⑤-16　⑥-54　⑦$+$　⑧$+9$　⑨$-$　⑩$-\dfrac{7}{11}$

確認のワーク　ステージ1　3節　乗法と除法
❷ 除法(2)

例1 分数をふくむ除法　教 p.54, 55 → 基本問題❶❷

次の計算をしなさい。

(1) $(-10) \div \left(-\dfrac{2}{5}\right)$　　　　(2) $\left(-\dfrac{5}{6}\right) \div \left(+\dfrac{2}{3}\right)$

考え方 わる数を逆数にして，乗法に直してから計算する。

解き方 (1) $-\dfrac{2}{5}$ の逆数は $-\dfrac{5}{2}$ だから，　$\left(-\dfrac{2}{5}\right) \times \left(-\dfrac{5}{2}\right) = +1$　← 逆数

$(-10) \div \left(-\dfrac{2}{5}\right)$

$= (-10) \times \boxed{①}$ 　わる数を逆数にして，乗法に直す。

$= \boxed{②} \left(\overset{5}{\cancel{10}} \times \dfrac{5}{\underset{1}{\cancel{2}}}\right)$ 　符号を決める。

$= \boxed{③}$ 　絶対値の積を計算する。

(2) $\left(-\dfrac{5}{6}\right) \div \left(+\dfrac{2}{3}\right)$

$= \left(-\dfrac{5}{6}\right) \times \boxed{④}$　← $\left(+\dfrac{2}{3}\right) \times \left(+\dfrac{3}{2}\right) = +1$　逆数

$= \boxed{⑤} \left(\dfrac{5}{\underset{2}{\cancel{6}}} \times \dfrac{\overset{1}{\cancel{3}}}{2}\right)$

$= \boxed{⑥}$

> **逆数**
>
> 正の数の場合と同じように，負の数の場合にも，2つの数の積が1であるとき，一方の数を他方の数の**逆数**という。
>
> **注** 0とどんな数との積も0で，+1にはならないから，0の逆数はない。

> 逆数の符号は，もとの数と同じだよ。
> もとの数の分母と分子を入れかえればいいね。

例2 乗法と除法の混じった式の計算　教 p.55 → 基本問題❸

$6 \div \left(-\dfrac{10}{3}\right) \times (-5)$ を計算しなさい。

考え方 乗法と除法の混じった式は，乗法だけの式に直してから計算する。

解き方 $6 \div \left(-\dfrac{10}{3}\right) \times (-5)$

$= 6 \times \left(\boxed{⑦}\right) \times (-5)$　← $\left(-\dfrac{10}{3}\right) \times \left(-\dfrac{3}{10}\right) = +1$ より，$-\dfrac{10}{3}$ の逆数は $-\dfrac{3}{10}$ 　わる数を逆数にして，乗法だけの式に直す。

符号を決める。（負の数が2個だから，積の符号は＋になる。）

$= +\left(\overset{3}{\cancel{6}} \times \dfrac{3}{\underset{5}{\cancel{10}}} \times \overset{1}{\cancel{5}}\right)$

$= \boxed{⑧}$　計算の結果が正の数のときは符号をはぶく。

> **思い出そう**
>
> **いくつかの数の積の符号**
> ・負の数が偶数個のとき
> ➡ 正の符号 ＋
> ・負の数が奇数個のとき
> ➡ 負の符号 －

次の数の逆数を求めなさい。

教 p.54たしかめ4

(1) $+\dfrac{5}{3}$ (2) $-\dfrac{4}{7}$

(3) -10 (4) -1

 次の除法を乗法に直して計算しなさい。

教 p.55問5

(1) $(+12)\div\left(-\dfrac{3}{4}\right)$ (2) $(-16)\div\left(-\dfrac{6}{7}\right)$

(3) $\left(-\dfrac{5}{7}\right)\div(+6)$ (4) $\left(+\dfrac{15}{4}\right)\div(-20)$

(5) $\left(+\dfrac{5}{12}\right)\div\left(+\dfrac{1}{4}\right)$ (6) $\left(-\dfrac{7}{6}\right)\div\left(+\dfrac{1}{18}\right)$

(7) $\left(-\dfrac{3}{8}\right)\div\left(-\dfrac{3}{2}\right)$ (8) $\left(+\dfrac{7}{3}\right)\div\left(-\dfrac{4}{9}\right)$

3 乗法と除法の混じった式の計算 次の計算をしなさい。

教 p.55問6

(1) $18\div(-8)\times\left(-\dfrac{4}{9}\right)$ (2) $(-16)\times\left(-\dfrac{9}{8}\right)\div(-3)$

(3) $(-40)\div\dfrac{5}{3}\div2$ (4) $\left(-\dfrac{3}{7}\right)\times21\div(-27)$

(5) $(-3^3)\div15\div\left(-\dfrac{3}{10}\right)$

(6) $14\div(-7)^2\times(-28)$

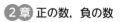

3節 乗法と除法
❸ 四則の混じった式の計算(1)

例 1 四則の混じった式の計算　　　　　　　教 p.56, 57 → 基本問題 ❶ ❷

次の計算をしなさい。

(1)　$12+2\times(-5)$

(2)　$56\div(-2)^3-(-3)$

(3)　$(-24)\div(8-10)$

(4)　$6\times(-7^2+44)$

解き方 (1)　$12+2\times(-5)$

$\qquad =12+(\boxed{①}\ )$ 〉 乗法 → 加法の順に計算する。

$\qquad =2$

(2)　$56\div(-2)^3-(-3)$

$\qquad =56\div(\boxed{②}\ )-(-3)$ 〉 累乗を先に計算する。

$\qquad =\boxed{③}\ +3$ 〉 除法 → 減法の順に計算する。

$\qquad =-4$

(3)　$(-24)\div(8-10)$

$\qquad =(-24)\div(\boxed{④}\ )$ 〉 かっこの中を先に計算する。

$\qquad =\boxed{⑤}$ 〉 除法を計算する。

(4)　$6\times(-7^2+44)$

$\qquad =6\times(\boxed{⑥}\ +44)$ 〉 かっこの中の累乗を先に計算する。

$\qquad =6\times(-5)$ 〉 かっこの中を計算する。

$\qquad =\boxed{⑦}$ 〉 乗法を計算する。

たいせつ

四則やかっこの混じった式の計算のしかた
加法，減法，乗法，除法をまとめて四則という。

・乗法や除法は，加法や減法よりも先に計算する。
　（乗法，除法 ⇒ 加法，減法の順）
・累乗のある式は，累乗を先に計算する。
・かっこのある式は，かっこの中を先に計算する。

式の左から計算しないで，式全体を見て，計算の順序を考えよう。

例 2 分配法則　　　　　　　　　　教 p.57 → 基本問題 ❸

分配法則を使って，次の計算をしなさい。

(1)　$35\times\left(\dfrac{3}{5}-\dfrac{5}{7}\right)$

(2)　$8\times(-36)+8\times136$

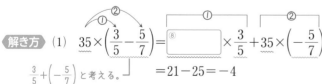

解き方 (1)　$35\times\left(\dfrac{3}{5}-\dfrac{5}{7}\right)=\boxed{⑧}\ \times\dfrac{3}{5}+35\times\left(-\dfrac{5}{7}\right)$

　　　　$\dfrac{3}{5}+\left(-\dfrac{5}{7}\right)$と考える。　　　$=21-25=-4$

(2)　$8\times(-36)+8\times136$ 〉 $a\times b+a\times c$ の形の式を $a\times(b+c)$ の形の式にする。

$\qquad =8\times(\boxed{⑨}\ +136)$

$\qquad =8\times\boxed{⑩}\ =800$

分配法則

正の数，負の数についても，次の計算法則が成り立つ。

$a\times(b+c)=a\times b+a\times c$

$(b+c)\times a=b\times a+c\times a$

基本問題

解答 p.8

1 加減と乗除 次の計算をしなさい。

教 p.56問1

(1) $7-6\times(-3)$

(2) $-18+8\div(-4)$

(3) $9-(-5)\times2+(-10)$

(4) $(-48)\div(-3)+(-11)\times2$

(5) $-8-(-6^2)\div9$

(6) $4\times(-3)^2+(-2)^3\times7$

乗除を加減より先に
計算しよう。
累乗があれば，累乗
を先に計算しよう。

2 かっこをふくむ式の計算 次の計算をしなさい。

教 p.57問2

(1) $15\div(-7+2)$

(2) $(-5)\times(-4-8)$

(3) $-8-(17-20)\times3$

(4) $27\div(-8+17)+14$

(5) $(-4)\times(-51+6^2)$

(6) $18\div\{10-(-4)^2\}$

ここがポイント

・かっこのある式は，かっこ
の中を先に計算する。
・かっこの中に累乗があれば，
累乗を先に計算する。

3 分配法則 分配法則を使って，次の計算をしなさい。

教 p.57問4, 問5

(1) $14\times\left(-\dfrac{15}{7}+\dfrac{1}{2}\right)$

(2) $\left(\dfrac{2}{9}-\dfrac{8}{15}\right)\times(-45)$

(3) $(-15)\times26+(-15)\times(-6)$

(4) $(-35)\times17+(-65)\times17$

確認のワーク　ステージ 1　3節　乗法と除法
❸ 四則の混じった式の計算(2)

例 1 数の集合　　　　　　　　　　　　　教 p.58 →基本問題 ❶

右の □ の中の数について，次の問いに答えなさい。

(1)　自然数の集合に入る数をすべて選びなさい。

(2)　整数の集合に入る数をすべて選びなさい。

$$2.3,\ 5,\ -\frac{1}{4},\ 0,$$
$$-9,\ \frac{11}{3},\ -3.4,\ 7$$

解き方 (1)　自然数は，1，2，3，… のような正の整数のことであるから，

　　　自然数の集合に入る数は，5，□①

(2)　整数は，正の整数（自然数），□②　，負の整数すべてをさすから，

　　　整数の集合に入る数は，5，0，□③　，7

▶ たいせつ

自然数全体の集まりを**自然数の集合**という。また，自然数の集合と 0，および，負の整数の集合を合わせたものを**整数の集合**という。整数の集合に加えて，分数や小数までふくめた数の集まりを，数全体の集合ということにする。

┌─ 数全体 ─────────────────
│　$\frac{5}{3}$，$\frac{1}{2}$，-0.2，$-\frac{7}{4}$，7.8，0.3
├─ 整数 ──────────────────
│　　　　　　　　　　　　　┌─ 自然数 ─┐
│　…，-3，-2，-1，0，│1，2，3，…│
│　　　　　　　　　　　　　└──────┘
└────────────────────────

例 2 数の集合と四則計算　　　　　　　　教 p.58, 59 →基本問題 ❷ ❸

下の㋐〜㋓の計算のうち，次の(1)，(2)にあてはまるものをすべて選び，記号で答えなさい。

　㋐　$a+b$　　㋑　$a-b$　　㋒　$a\times b$　　㋓　$a\div b$

(1)　a，b がどんな自然数であっても，計算の結果がいつでも自然数になる。

(2)　a，b がどんな整数であっても，計算の結果がいつでも整数になる。

考え方 a，b にいろいろな数をあてはめて考える。

解き方 (1)　㋐　$5+3=8$，$7+35=42$，$426+94=520$，… ➡ いつでも自然数

　　　㋑　$6-9=$ □④　← 自然数にならない。

　　　　　計算の結果が自然数にならないときが 1 つでもあれば，いつでも自然数になるとはいえない。

　　　㋒　$7\times8=56$，$12\times8=96$，$37\times6=222$，… ➡ いつでも自然数

　　　㋓　$3\div7=$ □⑤　← 自然数にならない。　　　答 □⑥

(2)　㋐　$(-2)+6=4$，$(-8)+(-7)=-15$，$15+(-8)=7$，… ➡ いつでも整数

　　　㋑　$7-13=$ □⑦　，$-8-(-13)=5$，$-20-10=-30$，… ➡ いつでも整数

　　　㋒　$5\times(-6)=-30$，$(-11)\times4=-44$，$(-16)\times(-5)=80$，… ➡ いつでも整数

　　　㋓　$(-5)\div(-9)=$ □⑧　← 整数にならない。　　　答 □⑨

解答 ▶ p.9

基本問題

1 数の集合　下の図の㋐，㋑，㋒に入る数を，▢の中の数からすべて選びなさい。

教 p.58

$$5.6, \quad -27, \quad -\dfrac{8}{3}, \quad 0, \quad 6, \quad -0.05,$$
$$\dfrac{9}{5}, \quad 230, \quad -3.75, \quad -13, \quad \dfrac{11}{14}$$

2章

2 数の集合と四則計算　次の(1)～(4)の計算結果は，右の㋐，㋑，㋒のどの数の集合に入りますか。記号で答えなさい。

教 p.58, 59

㋐	自然数の集合
㋑	整数の集合
㋒	数全体の集合

(1)　$-9+8$

(2)　$12-7$

(3)　$\dfrac{3}{4} \times \dfrac{1}{2}$

(4)　$-3 \div (-6)$

3 数の集合と四則計算　加法，減法，乗法，除法のそれぞれの計算が，その集合の範囲内でいつでもできるとは限らないのは，下の表の㋐～㋛のどれですか。すべて選び，記号で答えなさい。ただし，0でわる場合を除いて考えることにします。

教 p.59問8

	加法	減法	乗法	除法
自然数	㋐	㋑	㋒	㋓
整　数	㋔	㋕	㋖	㋗
数全体	㋘	㋙	㋚	㋛

加法はたし算，減法はひき算，乗法はかけ算，除法はわり算のことだったね。

覚えておこう

数の範囲を整数の集合から，数全体の集合へと広げていくことで，それまでできなかった除法がいつでもできるようになる。

確認のワーク **ステージ 1** 4節　正の数，負の数の活用
❶ 正の数，負の数の活用

例 1 正の数，負の数の活用　　　　　　　　　　教 p.61 → 基本問題❶

右の表は，ある都市の1月の第2週の月曜日から金曜日までの1日の最低気温を示したものです。この5日間の最低気温の平均を求めなさい。

曜　日	月	火	水	木	金
最低気温（℃）	−3	+1	−5	−2	+4

解き方　$\underset{\text{合計}}{\{(-3)+(+1)+(-5)+(-2)+(+4)\}}\div\underset{\text{個数}}{5}$

$=(\boxed{①})\div 5$

$=\boxed{②}$（℃）

思い出そう
（平均）＝（合計）÷（個数）

例 2 正の数，負の数の活用　　　　　　教 p.61, 62 → 基本問題❷❸❹

右の表は，Aさんの第1回から第4回までの数学のテストの点数です。

	第1回	第2回	第3回	第4回
得点（点）	73	82	81	76

(1)　第1回から第4回までのテストの点数を，80点を基準として，それより高い点数を正の数，低い点数を負の数で表した表をつくりなさい。

(2)　(1)でつくった表を使って，4回のテストの平均点を求めなさい。

考え方　(2)　平均は，（基準との差の平均）＋（基準の値）から求められる。

解き方　(1)　各回の得点を，80点より高い点数を正の数，80点より低い点数を負の数で表した表をつくると，右のようになる。

	第1回	第2回	第3回	第4回
基準との差（点）	−7	+2	③	④
	73−80	82−80	81−80	76−80

(2)　基準との差の平均は，

$\{(-7)+(+2)+(+1)+(-4)\}\div 4=(\underset{\text{基準との差の合計}}{\boxed{⑤}})\div 4=\boxed{⑥}$（点）

よって，4回のテストの平均点は，$\underset{\text{基準との差の平均}}{-2}+\underset{\text{基準の値}}{\boxed{⑦}}=\boxed{⑧}$（点）

基準との差を使わないで，平均点を求めると，
$(73+82+81+76)\div 4=312\div 4=78$（点）
だから，基準との差を使って求めた平均点と同じになっているね。

覚えておこう

基準の値をいくつにしても，平均は
（基準との差の平均）＋（基準の値）
から求められる。

基本問題 ······························· 解答 ▶ p.9

1 正の数，負の数の活用　右の表は，ある都市の2月の第3週の月曜日から土曜日までの1日の最低気温を示したものです。この6日間の最低気温の平均を求めなさい。 教 p.61

曜　日	月	火	水	木	金	土
最低気温（℃）	−3	0	+6	+7	+3	−1

2 正の数，負の数の活用　右の表は，A〜Eの5人の生徒の身長と，それぞれの生徒の身長を，160 cmを基準として，それより高い身長を正の数，それより低い身長を負の数で表したものです。 教 p.61, 62

	A	B	C	D	E
身長（cm）	167	154	153	161	150
基準との差（cm）	+7	−6	㋐	㋑	㋒

(1) ㋐，㋑，㋒にあてはまる値を求めなさい。

(2) 基準との差を使って，5人の身長の平均を求めなさい。

知ってると得

基準との差の平均が負の数
→平均＜基準の値
基準との差の平均が正の数
→平均＞基準の値

3 正の数，負の数の活用　重さの異なる缶が5個あります。この5個の缶の重さを，150 gを基準にして，それより重い重さを正の数，それより軽い重さを負の数で表すと，それぞれ −20 g，−15 g，+32 g，−4 g，+40 gとなります。5個の缶の重さの平均を求めなさい。 教 p.61, 62

4 正の数，負の数の活用　右の表は，A〜Fの6人の体重を，Bの体重を基準として，それより重い体重を正の数，軽い体重を負の数として表したものです。 教 p.61, 62

	A	B	C	D	E	F
基準との差（kg）	+5	0	−3	+11	−9	+8

(1) Bの体重を48 kgとすると，6人の体重の平均は何 kgですか。

(2)は，まずBの体重を求めよう。

(2) Eの体重を52 kgとすると，6人の体重の平均は何 kgですか。

解答 ▶ p.10

定着のワーク ステージ2

3節　乗法と除法
4節　正の数，負の数の活用

1 次の計算をしなさい。

(1) $1.2 \times (-5)$

(2) $\left(-\dfrac{4}{5}\right) \times \left(-\dfrac{5}{6}\right)$

(3) $\dfrac{4}{7} \times \left(-\dfrac{3}{8}\right) \times \dfrac{14}{9}$

(4) $(-6)^2 \times \left(-\dfrac{7}{18}\right)$

(5) $\left(-\dfrac{5}{12}\right) \div \dfrac{2}{9}$

(6) $\dfrac{1}{6} \div \left(-\dfrac{4}{15}\right) \times \left(-\dfrac{3}{10}\right)$

(7) $(-6) \div \left(-\dfrac{8}{3}\right) \div (-24)$

(8) $(-12) \div \left(-\dfrac{15}{4}\right) \times 5^2$

2 次の計算をしなさい。

(1) $10 - 4 \times 3$

(2) $-13 + 56 \div \{-1 - (-9)\}$

(3) $35 - (-15) \div (-3) \times 2^3$

(4) $-\dfrac{8}{9} - \left(-\dfrac{2}{3}\right)^2 \times (-2)$

3 分配法則を利用して，次の計算をしなさい。

(1) $(-18) \times \left(\dfrac{2}{9} - \dfrac{7}{6}\right)$

(2) $\dfrac{5}{7} \times \left(-\dfrac{31}{10}\right) + \dfrac{5}{7} \times \dfrac{3}{10}$

4 下の式の $\square$ には＋，×，÷の記号，$\bigcirc$ には＋，−の符号の中の1つがそれぞれ入ります。
計算の結果を最も小さい数にするには，$\square$，$\bigcirc$ にどの記号や符号を入れればよいですか。

$$\left(-\dfrac{1}{4}\right)\ \square\ \left(\bigcirc\ \dfrac{1}{3}\right)$$

2 計算の順序に注意しよう。　（　）の中，累乗 → 乗除 → 加減

3 $a \times (b+c) = a \times b + a \times c$，$(b+c) \times a = b \times a + c \times a$ を利用する。

4 $\square$ が＋なら$\bigcirc$は−，$\square$が×や÷なら$\bigcirc$は＋になる。あとは，3つの式を計算する。

5 a, b, c は異なる 3 つの数で，-6，2，5 のいずれかの数とします。次の式で，計算の結果が最も小さくなるのは，a，b，c がそれぞれいくつのときですか。

(1) $a \div b \div c$

(2) $a \times (b - c)$

6 A，B 2 人がじゃんけんをして，勝った人は 3 m 東へ，負けた人は 2 m 西へ，直線上を進むことにしました。最初に，A，B は同じ位置にいます。ただし，あいこの場合は回数に入れないものとします。

(1) 4 回じゃんけんをして，A が 1 回勝つと，A はもとの位置からどこの位置に進みますか。

^{レベル}UP (2) 10 回じゃんけんをして，B が 6 回勝つと，A，B 2 人の間は何 m 離れますか。

7 数の範囲が，負の数全体の集合の場合，計算がいつでもできるのは，加法，減法，乗法，除法のうちどれですか。

入試問題を やってみよう！ ∙∙∙∙∙∙∙∙∙∙∙∙∙∙∙∙∙∙∙∙∙∙∙∙∙∙∙∙∙∙∙∙∙∙∙∙

① 次の計算をしなさい。

(1) $4 + 2 \div \left(-\dfrac{3}{2} \right)$ 〔和歌山〕 (2) $-3^2 - (-2)^3$ 〔大分〕

② a，b を負の数とするとき，次の⑦〜㋩の式のうち，その値がつねに負になるものはどれですか。一つ選び，記号で答えなさい。 〔大阪〕

⑦ ab ㋑ $a + b$ ㋩ $-(a + b)$ ㋳ $(a - b)^2$

③ 右の表は，美咲^{みさき}さんのお父さんが，ある週の月曜日から金曜日までの 5 日間に，20 分間のウォーキングで歩いた歩数を曜日ごとに表したものです。

曜　日	月	火	水	木	金
歩数（歩）	2424	2400	2391	2420	2415

〔熊本〕

(1) お父さんがウォーキングで歩いた歩数の 1 日あたりの平均値を求めなさい。

(2) お父さんの 1 歩の歩幅が 60 cm のとき，お父さんが 5 日間のウォーキングで歩いた距離の合計は何 km か，求めなさい。

5 (1) 計算の結果の符号は負だから，絶対値が大きくなるようにする。

(2) a が正の数のときは $b - c$ を負の数にする。a が負の数のときは $b - c$ を正の数にする。

3 (1) 基準とする歩数を決め，基準との差の平均から求める。

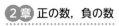
解答 ▶ p.11

実力判定テスト　ステージ **3**　正の数，負の数　　**40**分　／100

1 次の問いに答えなさい。　　　　　　　　　　　　　　　　　2点×4（8点）

(1) 絶対値が 4 以下の整数は何個ありますか。　　　　　　（　　　　　　　）

(2) 次の数で，小さいほうから 3 番目の数を答えなさい。

$$-\frac{1}{5},\ 1.3,\ -6,\ \frac{1}{4},\ -0.9,\ -0.4,\ 0.01$$　　（　　　　　　　）

(3) 次の各組の数の大小を，不等号を使って表しなさい。

① $-0.2,\ -2$　　　　　　　　② $\frac{3}{10},\ -0.3,\ -\frac{1}{3}$

（　　　　　　　）　　　　　　　　　　　（　　　　　　　）

2 次の計算をしなさい。　　　　　　　　　　　　　　　　　　3点×14（42点）

(1) $8+(-14)$　　　　　　　　　(2) $2-(-9)+15$

（　　　　　　　）　　　　　　　　　　　（　　　　　　　）

(3) $10-(+7.2)+(-13.5)$　　　　(4) $\frac{1}{3}-1+\frac{1}{2}-\frac{3}{4}$

（　　　　　　　）　　　　　　　　　　　（　　　　　　　）

(5) $(-8)\times(-9)$　　　　　　　(6) $1\div(-7)$

（　　　　　　　）　　　　　　　　　　　（　　　　　　　）

(7) $(-12)\div(-4^2)\div(-6)$　　　(8) $5-(-42)\div(-6)$

（　　　　　　　）　　　　　　　　　　　（　　　　　　　）

(9) $13-2\times\{4-(-3)\}$　　　　(10) $(-2)^3-(-5^2)\div(-5)$

（　　　　　　　）　　　　　　　　　　　（　　　　　　　）

(11) $-84\div\{12-(-4^2)\}$　　　　(12) $5\times\{-2\times(-6)^2+74\}$

（　　　　　　　）　　　　　　　　　　　（　　　　　　　）

(13) $\left(-\frac{5}{2}-\frac{1}{2}\right)\times\left(-\frac{1}{9}\right)$　　　(14) $\frac{3}{4}\times\left(-\frac{2}{3}\right)-\left(\frac{5}{6}-\frac{3}{4}\right)$

（　　　　　　　）　　　　　　　　　　　（　　　　　　　）

3 次の□にあてはまる数を求めなさい。　　　　　　　　　　2点×4（8点）

(1) $(-5)+(□)=0$　　　　　　　(2) $(-5)-□=-5$

（　　　　　　　）　　　　　　　　　　　（　　　　　　　）

(3) $(-5)\times□=0$　　　　　　　(4) $(-5)\div□=-5$

（　　　　　　　）　　　　　　　　　　　（　　　　　　　）

目標 ①～④は基本問題である。全問正解をめざしたい。また，⑤，⑥では基準との差を正しく読みとれるようにしよう。

自分の得点まで色をぬろう!

😣 がんばろう!		😊 もう一歩	😄 合格!

0　　　　　　　　　　60　　80　　100点

4 分配法則を使って，次の計算をしなさい。　　　　3点×2（6点）

(1) $\left(-\dfrac{4}{7}+\dfrac{2}{5}\right)\times 35$

(　　　　　　　　）

(2) $22\times\dfrac{1}{4}+(-20)\times\dfrac{1}{4}$

(　　　　　　　　）

5 右の表は，東京を基準にして各都市との時差を示したものです。　　　　4点×6（24点）

都市名	時差（時間）
ホノルル	−19
ニューヨーク	−14
ロンドン	−9
カイロ	−7
ペキン	−1
東　京	0
シドニー	+1
ウェリントン	+3

(1) 東京が20時のとき，次の各都市の時刻をそれぞれ求めなさい。

① ニューヨーク　　② カイロ

(　　　　　　）（　　　　　　）

③ ペキン　　　　　④ ウェリントン

(　　　　　　）（　　　　　　）

(2) ホノルルが3時のとき，東京は何時ですか。

(　　　　　　　　）

(3) カイロとシドニーの時差は，シドニーを基準とすると何時間ですか。

(　　　　　　　　）

6 右の表は，ある工場での先週の製品の生産個数を，火曜日の生産個数を基準にして，それより多い個数を正の数，それより少ない個数を負の数で表したものです。

曜　日	月	火	水	木	金
基準との差（個）	+4	0	−13	+9	+5

4点×2（8点）

(1) 月曜日の生産個数は，水曜日の生産個数より何個多いですか。

(　　　　　　　　）

(2) 火曜日の生産個数を500個として，月曜日から金曜日までの生産個数の平均を求めなさい。

(　　　　　　　　）

7 次の⑦～⑩の式で，a，b がどんな負の数であっても，計算の結果がいつでも正の数になるものをすべて選び，記号で答えなさい。　　　　（4点）

⑦ $(a+5)\times(b+2)$　　　　　④ $(a+5)\times(b-2)$

⑨ $(a-5)\times(b-2)$　　　　　⑤ $(a-5)\times(b+2)$

⑦ $(a+5)^2+2\times b$　　　　　⑪ $(a+5)^2-2\times b$

(　　　　　　　　）

アプリ【どこでもワーク計算編】をやって，さらに力をつけよう!

確認のワーク ステージ1　1節　文字を使った式
1 文字の使用　2 式の表し方(1)

例1 文字を使って数量を表す　教 p.73 →基本問題1

次の数量を，文字を使った式で表しなさい。

(1) 1個50円のみかんをa個買ったときの代金

(2) 長さ20mの針金をxm使ったときの残りの長さ

(3) 1個mgのおもり5個と1個ngのおもり2個をあわせた重さ

解き方 (1) (代金)=(1個の値段)×(個数) である。

みかんが，1個のとき ⇨ (50×1)円

2個のとき ⇨ (50×2)円

3個のとき ⇨ (50×3)円

$\vdots$　　　　$\vdots$

1, 2, 3, … のかわりに文字aを使うと，すべての場合をまとめて1つに表せるね。

答 (50×[①　　]) 円

(2) (残りの長さ)=(最初の長さ)−(使った長さ) である。
　　　　　　　　　　　 20 m　　　　　 x m

答 (20−[②　　]) m

(3) (重さ)=(1個の重さ)×(個数) である。

1個mgのおもり5個の重さ$(m×5)$gと，1個ngのおもり2個の重さ$(n×2)$gをたして表す。

答 (m×5+n×[③　　]) g

例2 積の表し方　教 p.74, 75 →基本問題2 3

次の式を，積の表し方の約束にしたがって表しなさい。

(1) $13×(x−2)$　　　(2) $b×a×7$　　　(3) $5−y×y×y×6$

解き方
　　　　　　1つの文字のように考える。

(1) $13×(x−2)=$[④　　]

　　　乗法の記号×をはぶく。

　　　　　　　　数は文字の前に書く。

(2) $b×a×7=$[⑤　　]

　　　　　　乗法の記号×をはぶく。

注 文字を使った式の積は，アルファベットの順に表すことが多い。

加法の記号＋
減法の記号− } は，はぶくことができない。

(3) $5−y×y×y×6=$[⑥　　]

　　　同じ文字の積は累乗の指数を使って表す。

たいせつ

積の表し方

1 文字の混じった乗法では，乗法の記号×をはぶく。

例 $120×x=120x$

2 文字と数の積では，数を文字の前に書く。

例 $y×30=30y$

3 同じ文字の積は，累乗の指数を使って表す。

例 $y×y×y=y^3$

3 個

基本問題 解答 p.12

1 文字を使って数量を表す　次の数量を，文字を使った式で表しなさい。 教 p.73問2, たしかめ2

(1) 1人5個ずつm人の子どもにあめを配るとき，必要なあめの個数

(2) 昨日の最高気温29℃よりt℃高い，今日の最高気温

文字「x」と乗法の記号「×」をきちんと区別して書こう。

(3) 1個x円のパンを3個買い，1000円を出したときのおつり

(4) 1周amの池のまわり3周分よりbm短い道のり

(5) 5人がけの長椅子x脚と6人がけの長椅子y脚にすわれる人数の合計

2 積の表し方　次の式を，積の表し方の約束にしたがって表しなさい。

(1) $1 \times m$

(2) $p \times (-9)$ 教 p.74たしかめ1, 2, p.75問1

(3) $x \times 0.2$

(4) $-0.5 \times c$

> **覚えておこう**
>
> $1 \times a,\ a \times 1$
> ➡ aと表す。
> $(-1) \times a,\ a \times (-1)$
> ➡ $-a$と表す。
> $0.1 \times a,\ a \times 0.1$
> ➡ $0.1a$と表す。
> 注 $0.1a$とは書かない。

(5) $-6 \times (y-7)$

(6) $\dfrac{5}{8} \times x$

(7) $y \times (-1) \times x$

(8) $a + 7 \times b$

(9) $2 \times \ell + m \times 0.1$

(10) $4 - (x+6) \times 3$

3 累乗の表し方　次の式を，累乗の指数を使って表しなさい。 教 p.75問2

(1) $m \times 8 \times m$

(2) $12 - x \times 4 \times x \times x$

左ページの例の答え ① a　② x　③ 2　④ $13(x-2)$　⑤ $7ab$　⑥ $5-6y^3$

確認のワーク **ステージ1** **1節 文字を使った式**
2 式の表し方(2) **3 数量の表し方**

例1 商の表し方

 教 p.76 → 基本問題 1

次の式を，商の表し方の約束にしたがって表しなさい。

(1) $(x-4)\div 3$ (2) $a\div(-7)$

1つの文字のように考える。

（1）$(x-4)\div 3 = \dfrac{①\boxed{}}{3}$ ← 分数の形で表すとき，( ) はつけない。

（2）$a\div(-7) = \dfrac{a}{-7} = ②\boxed{}$

↑ −の符号は分数の前に書く。

注 (1)は $\frac{1}{3}(x-4)$，(2)は $-\frac{1}{7}a$ と表してもよい。

たいせつ

商の表し方

除法の記号÷は使わないで，分数の形で書く。

例 $m\div 8 = \dfrac{m}{8}$

注 $m\div 8 = m\times\frac{1}{8}$ だから，$\frac{1}{8}m$ と表してもよい。

例2 記号 ×，÷ を使わない表し方

 教 p.76 → 基本問題 2

次の式を，文字を使った式の表し方にしたがって表しなさい。

(1) $7\times x\div 5$ (2) $3\times(a+2b)\div 8$

（1）$7\times x\div 5 = 7x\div 5 = \dfrac{③\boxed{}}{5}$

（2）$3\times(a+2b)\div 8 = 3(a+2b)\div 8 = \dfrac{④\boxed{}}{8}$

＋や−は，はぶくことができない。

記号×ははぶいて，記号÷は分数の形にするんだったね。

注 (1)は $\frac{7}{5}x$ と表してもよいが，$1\frac{2}{5}x$ とは表さない。(2)は，$\frac{3}{8}(a+2b)$ と表してもよい。

例3 数量の表し方

 教 p.77,78 → 基本問題 3 4

x L のお茶と y dL のお茶の合計の量を式で表しなさい。

考え方 2つのお茶の量を表す単位をそろえる。

解き方 単位を dL として表すと，x L は 1 L の x 倍だから，

$10\times x + y = ⑤\boxed{} + y$ 10 dL   答 (⑥) dL

↑ x L を dL の単位で表す。

単位を L として表すと，y dL は 1 dL の y 倍だから，

$x + 0.1\times y = x + ⑦\boxed{}$ 0.1 L   答 (⑧) L

↑ y dL を L の単位で表す。

注 $0.1y$ を $\frac{1}{10}y$ または $\frac{y}{10}$ と表してもよい。

思い出そう

1 L＝10 dL

1 dL＝0.1 L

   $=\frac{1}{10}$ L

基本問題 ········· 解答 ▶ p.13

1 商の表し方 次の式を，商の表し方の約束にしたがって表しなさい。 教 ▶ p.76 たしかめ 5

(1) $x \div 10$

(2) $13a \div 6$

(3) $(8k+3) \div 7$

(4) $m \div (-5)$

2 記号×，÷を使わない表し方 次の問いに答えなさい。 教 ▶ p.76 問3, 問4

(1) 次の式を，文字を使った式の表し方にしたがって表しなさい。

① $4 \times (p-6q) \div 3$

② $(-9) \times x \times x + y \div 2$

(2) 次の式を，×，÷ の記号を使って表しなさい。

① $6-5x$

② $3a+7b$

③ $\dfrac{2x+3y}{5}$

④ $\dfrac{a}{6}+5(b-2)$

> $\dfrac{m+n}{4}$ のような分数の形の式を÷の記号を使って表すときは，分子に（ ）を補って，$(m+n) \div 4$ とするよ。

3 数量の表し方 次の数量を式で表しなさい。 教 ▶ p.77 問1, 問2, p.78 問3

(1) 1辺が a cm の正方形の面積

(2) x kg の 75 % の重さ

(3) y km の道のりを 3 時間で歩いたときの時速

(4) 分速 t m で歩いている人が 50 分で進む道のり

> **思い出そう**
>
> (正方形の面積)＝(1辺)×(1辺)
> (比べられる量)
> 　＝(もとにする量)×(割合)
> 　※1%…0.01, 10%…0.1
> (速さ)＝(道のり)÷(時間)
> 　＝$\dfrac{(道のり)}{(時間)}$
> (道のり)＝(速さ)×(時間)

4 単位をそろえて式で表す 次の数量を式で表しなさい。 教 ▶ p.78 問4

(1) 3 m の針金から x cm の針金を切り取ったときの残りの長さ

> **▶ たいせつ**
>
> 単位が異なる2つ以上の数量の和や差を式で表すときは，単位をそろえる。

(2) x g の箱に y kg のみかんを入れたときの全体の重さ

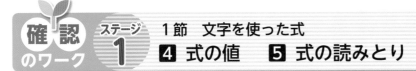

確認のワーク **ステージ 1**　1節　文字を使った式
4 式の値　　**5 式の読みとり**

例 1 式の値　　　　　　教 p.79, 80 → 基本 問題 1 2 3

$x=-2$ のとき，$6x+5$ の値を求めなさい。

解き方　$6x+5$

$=6\times x+5$ … ×の記号を使って表す。

$=6\times \boxed{①}+5$ … x に -2 を代入する。

　　負の数を代入するときは，（ ）をつける。

$=-12+5$

$=\boxed{②}$

覚えておこう

代入する…式の中の文字を数に置きかえることを，文字に数を代入するという。

式の値…代入して計算した結果のこと。

例 2 文字が2種類の式の値　　　教 p.80 → 基本 問題 4

$x=3$，$y=-2$ のとき，次の式の値を求めなさい。

(1) $7x-4y$　　　　　　　(2) $5xy-y^2$

解き方　(1)　$7x-4y=7\times x-4\times y$ ←── ×の記号を使って表す。

$\qquad =7\times 3-4\times \boxed{③}$

$\qquad\qquad$ 負の数を代入するときは，（ ）をつける。

$\qquad =21+8=\boxed{④}$

(2)　$5xy-y^2=5\times x\times y-y^2$ ←── $5xy$ は×の記号を使って表す。$-y^2$ はそのままでよい。

$\qquad =5\times 3\times(-2)-\boxed{⑤}$

$\qquad\qquad$ 負の数を代入するときは（ ）をつける。

$\qquad =-30-4=\boxed{⑥}$

文字が2種類になっても，求め方は同じだよ。

例 3 式の読みとり　　　　教 p.81 → 基本 問題 5 6

1辺が a cm，高さが b cm の正三角形で，次の式はどんな数量を表していますか。

(1) $3a$ cm　　　　　　　(2) $\dfrac{ab}{2}$ cm²

b cm
a cm

考え方　式を×や÷の記号を使って表してみる。

解き方　(1)　$3a=3\times a=a\times 3$ だから，正三角形の $\boxed{⑦}$ を表している。

　　　　　　　1辺の3倍の長さ

(2)　$\dfrac{ab}{2}=a\times b\div 2$ だから，正三角形の $\boxed{⑧}$ を表している。

（底辺）　（高さ）

基本問題 .... 解答 p.13

1 式の値 a が次の値のとき，$2a-9$ の値を求めなさい。 教 p.80問1

(1) $a=4$ (2) $a=-3$ (3) $a=-\dfrac{1}{2}$

2 式の値 x が次の値のとき，$\dfrac{18}{x}$ の値を求めなさい。 教 p.80問2

(1) $x=9$ (2) $x=-6$ (3) $x=0.5$

3 式の値 $a=-6$ のとき，次の式の値を求めなさい。 教 p.80問3

(1) $-a$ (2) a^2 (3) $-a^2$

4 文字が2種類の式の値 $a=8$，$b=-3$ のとき，次の式の値を求めなさい。  教 p.80たしかめ3

(1) $3a+2b$ (2) $2a^2-7b^2$

5 式の読みとり ある遊園地の入園料は，大人1人が x 円，子ども1人が y 円である。このとき，次の式はどんな数量を表していますか。 教 p.81問1

(1) $(x-y)$ 円   (2) $\{10000-(x+4y)\}$ 円

6 式の読みとり 次の問いに答えなさい。 教 p.82

(1) 十の位の数が a，一の位の数が8である2桁の自然数を，文字を使った式で表しなさい。

(2) n が整数のとき，次の⑦～⑤の中で，いつでも4の倍数になる式をすべて選び，記号で答えなさい。

⑦ $n+4$ ⑦ $4n$ ⑨ $8n$ ⑤ $\dfrac{1}{4}n+4$

1節　文字を使った式

1 次の式を，×，÷の記号を使わないで表しなさい。

(1) $x \times 7 \times a$

(2) $1 \times (-c)$

(3) $x \times (-3) + y$

(4) $(m-9) \times 4$

(5) $b \times b \times 2 \times a \times b$

(6) $8 - m \times m \times 3$

(7) $(a-b) \div 5$

(8) $a \times 3 \div 4$

(9) $x \times y \times x \div 2$

(10) $(p + q \times 6) \div 7$

(11) $n \times m \times (x-y) \times m$

(12) $a \times a \times a - b \div 8 \times b$

2 次の式を，×，÷の記号を使って表しなさい。

(1) $-5ab^3$

(2) $\dfrac{x^2}{7} - 4(y+2)$

(3) $\dfrac{a-3b}{4}$

3 次の数量を式で表しなさい。

(1) 1個120円のりんご a 個と，1本80円のバナナ b 本を買ったときの代金の合計

(2) 10 kg の代金が x 円である米の，1 kg あたりの値段

(3) 全校生徒 a 人の7割の人数

(4) x m の道のりを分速80 m で歩いたときにかかる時間

4 ある美術館で，1日に大人 x 人と学生 y 人が入館しました。入館料は，大人1人が800円，学生1人が400円です。このとき，次の式はどんな数量を表していますか。また，それぞれの単位を答えなさい。

(1) $x + y$

(2) $800x + 400y$

2 (2)(3) 分数は，記号÷を使って，(分子)÷(分母) の形に表せる。

3 (3) 1割…0.1 だから，7割…0.7

(4) (時間)＝(道のり)÷(速さ)　文字を使って表すときは，分数の形にする。

5 次の問いに答えなさい。

(1) $x = -2$ のとき，次の式の値を求めなさい。

① $\dfrac{2}{3}x + 1$　　　　② $50 - 6x^2$　　　　③ $-\dfrac{x^2}{2} + \dfrac{2}{x^3}$

(2) $a = -\dfrac{5}{6}$ のとき，次の式の値を求めなさい。

① $\dfrac{a}{15}$　　　　② $-\dfrac{18}{a}$　　　　③ $\dfrac{3}{20}a^2$

(3) $a = -\dfrac{1}{2}$，$b = \dfrac{1}{3}$ のとき，次の式の値を求めなさい。

① $-a + b$　　　　② $-\dfrac{1}{a} + \dfrac{1}{b}$　　　　③ $-a + b^2$

6 n が整数のとき，次の⑦～⑦の中で，いつでも奇数になる式を選びなさい。

⑦ $2n + 1$　　④ $2n + 2$　　⑦ $2(n - 1)$　　⑤ $4n + 3$　　⑦ $5n - 4$

入試問題をやってみよう！ ·······················

1 次の問いに答えなさい。

(1) $a = -3$ のとき，$2a^2$ の値を求めなさい。　　　　　　　　　　　　〔北海道〕

(2) $x = -1$，$y = \dfrac{7}{2}$ のとき，$x^3 + 2xy$ の値を求めなさい。　　　　　〔山口〕

2 商品Aは，1個120円で売ると1日あたり240個売れ，1円値下げするごとに1日あたり4個多く売れるものとします。　　　　　　　　　　　　　　　　　　〔岐阜〕

(1) 1個110円で売るとき，1日で売れる金額の合計はいくらになるかを求めなさい。

(2) x 円値下げするとき，1日あたり何個売れるかを，x を使った式で表しなさい。

〰〰〰〰〰〰〰〰〰〰〰〰〰〰〰〰〰〰〰〰〰〰〰〰〰〰〰〰〰〰〰〰〰〰〰〰

5 (2)①②，(3)② 除法の記号÷を使った式で表してから，文字に数を代入する。
　　負の数の累乗は，指数が偶数なら正の数，指数が奇数なら負の数になる。

6 n が整数のとき，$2n$ は偶数を表している。

確認のワーク　**ステージ1**　2節　文字を使った式の計算
1 項と係数　　**2 1次式の加法，減法**

例1 項と係数

教 p.84 →基本問題1

式 $3x-2y$ の項とその係数（けいすう）を答えなさい。

考え方　$3x-2y$ を加法だけの式に直す。

解き方　xの係数 ↓　　↓ yの係数

$3x-2y=3\ x+(-2y)$ より，
　　　　　　　└──項──┘

項は，①[　　　　　]，$-2y$

xの係数は，3　　　yの係数は，②[　　　　　]

> **覚えておこう**
> 式 $7x+(-4)$ で，
> 項…加法の記号 + で結ばれた $7x$ と -4 のこと。
> 係数…文字をふくむ項 $7x$ の 7 を x の係数という。

例2 式を簡単にする

教 p.85, 86 →基本問題2

次の計算をしなさい。　　(1) $2a+6a$　　(2) $5x-3-8x+7$

考え方　文字の部分が同じ項は，<u>分配法則</u>を使って，1つの項にまとめ，簡単にする。
$$ax+bx=(a+b)x$$

解き方　(1) $2\underset{\text{文字の部分が同じ}}{a}+6\underset{}{a}=(2+\underset{\text{係数のたし算をする。}}{③[\quad]})a=④[\quad\quad]$

(2) $\underline{5x}-3-\underline{8x}+7$　　文字が同じ項どうし，
　$=5x-8x-3+7$　　数の項どうしを集める。それぞれをまとめる。
　$=⑤[\quad\quad]+4$

> $-3x+4$
> 文字の項　数の項
> これ以上簡単にできないよ。

例3 1次式の加法，減法

教 p.86, 87 →基本問題3 4

次の計算をしなさい。　　(1) $(a+8)+(4a-1)$　　(2) $(3x-7)-(4x-5)$

考え方　(1) 文字が同じ項どうし，数の項どうしを集めて，それぞれまとめる。
　　(2) ひく式のすべての項の符号（ふごう）を変えて，ひかれる式に加える。

解き方　　たす式の各項の符号はそのまま。　　　　　ひく式の各項の符号を変える。

(1) $(a+8)+(4a-1)$　かっこをはずす。
　$=a+8+4a-1$
　$=a+4a+8-1$
　　$a=1\times a$ だから，$a+4a=(1+4)a$
　$=⑥[\quad\quad]$

(2) $(3x-7)-(4x-5)$　かっこをはずす。
　$=3x-7-4x+5$
　$=3x-4x-7+5$
　$=⑦[\quad\quad]$　　$(-1)\times x$ は $-x$ と書く。

別解　右のように縦に並べて書き，計算してもよい。

(1) 　$a+8$
　+)$4a-1$
　⑥[　　　　]

(2) 　$3x-7$
　−)$4x-5$
　⑦[　　　　]

基本問題 ⋯⋯⋯⋯⋯⋯⋯⋯⋯⋯⋯⋯⋯⋯⋯⋯⋯⋯⋯⋯⋯⋯⋯⋯⋯⋯⋯ 解答 p.15

1 項と係数　次の式の項を答えなさい。また，文字をふくむ項についてはその係数を答えな
さい。　　　　　　　　　　　　　　　　　　　　　　　　　　　　　教 p.84たしかめ1

(1)　$2x+3$

(2)　$a-7b$

(3)　$4m-n+10$

(4)　$7x+8y-3$

2 式を簡単にする　次の計算をしなさい。　　　　　　　　　教 p.85問1, p.86問2

(1)　$5x+6x$

(2)　$2a-\dfrac{9}{4}a$

(3)　$-3b-5b+13b$

(4)　$10x+3-2x$

(5)　$-y-7+2y+8$

(6)　$4a+5-7a+3$

3 1次式の加法，減法　次の問いに答えなさい。　　　教 p.86たしかめ3, p.87たしかめ4

(1)　$8x-5$ に $-3x+2$ を加えた和を求めなさい。

たいせつ

1次式…1次の項だけで表された
　　　　文字を1つだけふくむ項
式や，1次の項と数の項の和で
表された式のこと。

(2)　$-a+9$ から $4a+3$ をひいた差を求めなさい。

4 1次式の加法，減法　次の計算をしなさい。　　　　　教 p.86問3, p.87問4

(1)　$(a-2)+(5a+7)$

(2)　$(8x+5)+(-6x-8)$

ここが ポイント

かっこのはずし方
+（ ）のとき
➡（ ）の中の各項の
　符号はそのまま。
−（ ）のとき
➡（ ）の中の各項の
　符号を変える。

(3)　$\left(-\dfrac{3}{5}x-9\right)+\left(-\dfrac{4}{5}x+11\right)$

(4)　$(2a+10)-(6a-1)$

(5)　$(7x+4)-(8+5x)$

(6)　$\left(\dfrac{2}{7}x-3\right)-\left(-\dfrac{4}{7}x-10\right)$

左ページの
例 の答え ① $3x$　② -2　③ 6　④ $8a$　⑤ $-3x$　⑥ $5a+7$　⑦ $-x-2$

 **ステージ 1** 2節 文字を使った式の計算 **3** 1次式と数の乗法，除法
3節 文字を使った式の活用 **1** 文字を使った式の活用

例1 1次式と数の乗法

教 p.88, 89 →基本問題1

次の計算をしなさい。 (1) $(-3x)\times(-7)$ (2) $-4(2x+9)$

解き方 (1) $(-3x)\times(-7)$ $-3x=(-3)\times x$
$=(-3)\times x\times(-7)$

数どうしの積

$=(-3)\times(-7)\times x=$ ①□ x

(2) $-4(2x+9)$

$=(-4)\times$ ②□ $+(-4)\times9=$ ③□

思い出そう

同符号の2つの数の積の符号…正
異符号の2つの数の積の符号…負

たいせつ

項が1つの1次式と数の乗法では，数どうしの積に文字をかける。
項が2つの1次式と数の乗法では，分配法則 $a(b+c)=ab+ac$ を使って計算する。

例2 1次式と数の除法

教 p.90, 91 →基本問題2

次の計算をしなさい。 (1) $8x\div6$ (2) $(28a-20)\div4$

考え方 1次式を数でわる除法では，分数の形にするか，わる数の逆数をかけて計算する。

解き方 (1) $8x\div6=\dfrac{8x}{6}$ ← 分数の形にする。

$=\dfrac{8\times x}{6}=$ ④□

別解 $8x\div6=8x\times\dfrac{1}{6}$ ← わる数の逆数をかける。

$=8\times\dfrac{1}{6}\times x=$ ⑤□

(2) $(28a-20)\div4=\dfrac{28a-20}{4}$

$=\dfrac{28a}{4}-\dfrac{20}{4}$

$=$ ⑥□

別解 $(28a-20)\div4=(28a-20)\times\dfrac{1}{4}$

$=28a\times\dfrac{1}{4}-20\times\dfrac{1}{4}$

$=$ ⑥□

例3 いろいろな式の計算

教 p.91 →基本問題3

次の計算をしなさい。 (1) $3(2x-1)-2(x-4)$ (2) $\dfrac{5x-9}{8}\times16$

解き方 (1) $3(2x-1)-2(x-4)$ 分配法則を使ってかっこをはずす。
$=6x-3-2x+8$
$=6x-2x-3+8$
$=$ ⑦□

(2) $\dfrac{5x-9}{8}\times16$ 約分する。$\dfrac{5x-9}{\underset{1}{8}}\times\overset{2}{16}$

$=(5x-9)\times2$

$=$ ⑧□

基本問題

解答 p.16

1 1次式と数の乗法　次の計算をしなさい。

教 p.88問1, p.89問3, 問4

(1) $7x \times 4$

(2) $10b \times \left(-\dfrac{3}{5}\right)$

(4)は，
$(-1) \times (8a-3)$
と考えよう。

(3) $(6x-12) \times \dfrac{2}{3}$

(4) $-(8a-3)$

2 1次式と数の除法　次の計算をしなさい。

教 p.90問5, p.91問6

(1) $-15x \div 10$

(2) $(-16a) \div \left(-\dfrac{4}{7}\right)$

ここが ポイント

分数でわるときは，
わる数を逆数にしてか
ける。

(3) $(12a+6) \div (-3)$

(4) $(28x-21) \div 7$

3 いろいろな式の計算　次の計算をしなさい。

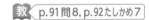
教 p.91問8, p.92たしかめ7

(1) $3(7a-4)-2(9a-6)$

(2) $-\dfrac{3}{4}(8x-4)+\dfrac{1}{3}(6x-15)$

(3) $\dfrac{x-5}{6} \times 18$

(4) $(-35) \times \dfrac{2a-3}{5}$

4 文字を使った式の活用　下の図のように碁石を並べて図形をつくります。x 番目の図形をつくるとき，碁石は何個必要になりますか。
教 p.94, 95

(1)

1番目　　2番目　　3番目

(2)

1番目　　　2番目　　　3番目

左ページの 例 の答え ① 21　② $2x$　③ $-8x-36$　④ $\dfrac{4x}{3}$　⑤ $\dfrac{4}{3}x$　⑥ $7a-5$　⑦ $4x+5$　⑧ $10x-18$

 **4節 数量の関係を表す式**
❶ 数量の関係を表す式

例**1** 等しい関係を表す式 ───── 教 p.96, 97 ➡ 基本問題❶

次の数量の関係を等式で表しなさい。

(1) 1000円で1個 x 円の品物を4個買ったときのおつりは y 円となる。

(2) 分速50mで x 分間歩き，その後，分速210mで y 分間走ると，進んだ道のりの合計は900mになる。

解き方 (1) 数量の関係を図を使って表すと，

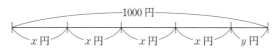

金額について，次の関係がある。

$\underset{1000\,円}{(出したお金)} - \underset{(x×4)\,円 → 4x\,円}{(品物4個の代金)} = \underset{y\,円}{(おつり)}$

よって，[① _____] $= y$

注 (品物4個の代金)＝(出したお金)−(おつり) と考えて，
数量の関係を $4x = 1000 - y$ と表すこともできる。

(2) 数量の関係を図を使って表すと，

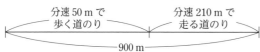

道のりについて，次の関係がある。

$\underset{x\,分間歩く\,…(50×x)\,m → 50x\,m}{(分速50mで歩く道のり)} + \underset{y\,分間走る\,…(210×y)\,m → 210y\,m}{(分速210mで走る道のり)} = \underset{900\,m}{(全体の道のり)}$

よって，[② _____] $= 900$

> 等式
>
> 等号 ＝ を使って，数量の等しい関係を表した式のこと。
> 例 $\underbrace{1000 - 4x}_{\text{左辺}} = \underbrace{y}_{\text{右辺}}$
> 両辺

例**2** 大小関係を表す式 ───── 教 p.97, 98 ➡ 基本問題❷❸

500mLのジュースを3つのコップに x mLずつ入れようとしたら，ジュースが足りなくなりました。このとき，数量の関係を不等式で表しなさい。

考え方 500mLのジュースとコップ3つ分に入るジュースの量の大小関係を考える。

解き方 ジュースの量について，次の関係がある。

$\underset{500\,mL}{(はじめにあった量)} < \underset{(x×3)\,mL → 3x\,mL}{(コップ3つ分に入る量)}$

よって，$500 <$ [③ _____]

大小関係は不等号を使った式で表すよ。

> 不等式
>
> 不等号 ＞，＜，≧，≦ を使って，数量の大小関係を表した式のこと。
> 例 $\underbrace{500}_{\text{左辺}} < \underbrace{3x}_{\text{右辺}}$
> 両辺

基本問題 解答 p.17

1 等しい関係を表す式　次の数量の関係を等式で表しなさい。 教 p.97たしかめ1

(1)　a 枚の折り紙を 1 人に 5 枚ずつ x 人に配ろうとすると，3 枚足りない。

(2)　5 個で x 円のりんごは，8 個で y 円のりんごより，1 個あたり 10 円高い。

(3)　5 でわると商が a で余りが 2 になる数は b である。

> **思い出そう**
> $92 \div 5 = 18$ 余り 2
> たしかめの式は，
> $\underset{\text{わる数}}{5} \times \underset{\text{商}}{18} + \underset{\text{余り}}{2} = \underset{\text{わられる数}}{92}$

(4)　ある数 x の 7 倍から 6 をひいた数は，y に 5 を加えた数と等しい。

3章

(5)　x km を時速 40 km で進み，その後，y km を時速 60 km で進んだら，全部で 8 時間かかった。

2 大小関係を表す式　x 個のクッキーがあって，n 人の子どもがいます。このとき，次の不等式はどんなことを表していますか。 教 p.98問2

(1)　$x < 4n$

(2)　$x - 3n \geqq 16$

3 大小関係を表す式　次の数量の関係を不等式で表しなさい。 教 p.98問3

(1)　x m のひもから 5 m 切り取ると，残りは 2 m より短くなった。

(2)　ある数 x から 3 をひくと，もとの数の 2 倍より小さくなる。

(3)　a 円持って買い物に行き，800 円の本を買ったところ，300 円以上余った。

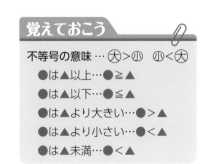

> **覚えておこう**
> 不等号の意味 … 大 > 小　小 < 大
> ●は▲以上…●≧▲
> ●は▲以下…●≦▲
> ●は▲より大きい…●>▲
> ●は▲より小さい…●<▲
> ●は▲未満…●<▲

(4)　x km の道のりを，自転車に乗って時速 12 km で走ったら，かかった時間は 2 時間未満だった。

左ページの例の答え　① $1000 - 4x$　② $50x + 210y$　③ $3x$

定着のワーク ステージ 2

2節 文字を使った式の計算
3節 文字を使った式の活用　4節 数量の関係を表す式

❶ 次の式の項を答えなさい。また，文字をふくむ項についてはその係数を答えなさい。

(1)　$x-8$

(2)　$-3x+7y$

(3)　$\dfrac{2}{5}a-\dfrac{1}{3}b$

❷ 次の2つの式を加えた和を求めなさい。また，左の式から右の式をひいた差を求めなさい。

(1)　$2a+3,\ -6a+1$

(2)　$-8x-10,\ -7x+10$

❸ 次の　　　に適切な1次式を書き入れなさい。

(1)　$\left(\right)+\left(\right)=-x+3$

(2)　$\left(\right)-\left(\right)=5a+8$

❹ 次の計算をしなさい。

(1)　$(-8a)\times(-0.5)$

(2)　$42x\div\left(-\dfrac{14}{3}\right)$

(3)　$-3(-x+6)$

(4)　$-(6b-10)$

(5)　$\left(\dfrac{5}{6}a+\dfrac{3}{4}\right)\times12$

(6)　$(21a-56)\div7$

(7)　$-16\times\dfrac{-2x+1}{8}$

(8)　$(12x-20)\div\dfrac{4}{5}$

(9)　$-8x+7-9-5x$

(10)　$-5a-(-2a+1)$

(11)　$5(4x-10)-2(7x-15)$

(12)　$\dfrac{3}{5}(20x-5)-\dfrac{1}{6}(18-12x)$

❷ それぞれの式にかっこをつけ，＋でつないで加法，－でつないで減法をつくる。

❸ (1)　$-x+3$ で，x の係数は -1，数の項は3だから，2つの1次式の x の係数の和が -1，数の項の和が3になるようにする。

5 次の数量の関係を等式または不等式で表しなさい。

(1) 5 kg の荷物 x 個と 8 kg の荷物 y 個の合計の重さは 80 kg である。

(2) x 円のシャツを 2 割引きで買ったときの代金は y 円である。

UP (3) ある遊園地の先週の入場者数は x 人で，今週の入場者数は先週より a 割増えて 5000 人以上になった。

6 右の図のように，部屋の壁（かべ）に色紙を，画びょうを使って留めました。このとき，n 枚の色紙を留めるのに必要な画びょうの個数について，次の問いに答えなさい。

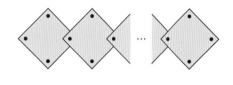

(1) 画びょうの個数を次の式で表しました。この式は，どのように考えたかを説明しなさい。
$$4n-(n-1)$$

(2) $4n-(n-1)$ を計算しなさい。また，この計算した式も画びょうの求め方を表しています。その求め方を説明しなさい。

入試問題を やってみよう！ --------------------------------

1 次の計算をしなさい。

(1) $4(2x-1)-3(2x-3)$ 〔鳥取〕 (2) $\dfrac{x-2}{2}+\dfrac{2x+1}{3}$ 〔富山〕

2 右の図のように，1 辺の長さが 5 cm の正方形の紙 n 枚を，重なる部分がそれぞれ縦 5 cm，横 1 cm の長方形となるように，1 枚ずつ重ねて 1 列に並べた図形をつくり

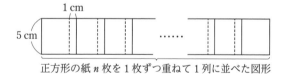

正方形の紙 n 枚を 1 枚ずつ重ねて 1 列に並べた図形

ます。正方形の紙 n 枚を 1 枚ずつ重ねて 1 列に並べた図形の面積を n を使って表しなさい。

〔三重〕

3 ある博物館の入館料は，大人 1 人が x 円，子ども 1 人が y 円です。大人 2 人と子ども 3 人の入館料の合計が 4000 円以下であるとき，この数量の関係を，不等式を使って表しなさい。

〔山口〕

6 (1) $4n=4\times n$ は，1 枚の色紙を 4 個の画びょうで留めると考えたとき，
n 枚の色紙を留めるのに必要な画びょうの個数であり，
$n-1$ は色紙が重なっている部分の数である。

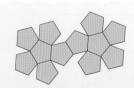

解答 p.19

実力判定テスト　ステージ3　文字と式

40分　　/100

1 次の式を，文字を使った式の表し方にしたがって表しなさい。　3点×4（12点）

(1) $a \times 5 - 4 \times b$

(2) $b \times (-5) \times b \times c \times b$

(　　　　　　　）　　　　　　　（　　　　　　　）

(3) $(x - 15) \div 7$

(4) $(x \times x - y \times 5) \div 4$

(　　　　　　　）　　　　　　　（　　　　　　　）

2 次の数量を式で表しなさい。　4点×4（16点）

(1) 縦と横が a cm で，高さが h cm の直方体の体積

(　　　　　　　）

(2) 1個 x 円のケーキを6個買って，80円の箱に入れてもらったときの代金の合計

(　　　　　　　）

(3) 1200 m 離れた駅へ行くのに，分速 200 m で t 分間走ったときの残りの道のり

(　　　　　　　）

(4) x 円の品物が8％値上がりしたときの値段

(　　　　　　　）

3 次の場合に，それぞれの式の値を求めなさい。　4点×2（8点）

(1) $a = -\dfrac{3}{4}$ のとき，$7 - 8a^2$ の値

(　　　　　　　）

(2) $x = -9$，$y = 4$ のとき，$\dfrac{1}{3}x^2 - \dfrac{16}{y}$ の値

(　　　　　　　）

4 次の計算をしなさい。　4点×4（16点）

(1) $-x + 9x$

(2) $\dfrac{a}{2} - \dfrac{7}{6} + \dfrac{a}{4} + \dfrac{5}{12}$

(　　　　　　　）　　　　　　　（　　　　　　　）

(3) $(y - 6) + (5 - 2y)$

(4) $\left(\dfrac{x}{3} + \dfrac{1}{4}\right) - \left(\dfrac{7}{3}x - \dfrac{3}{4}\right)$

(　　　　　　　）　　　　　　　（　　　　　　　）

目標 文字の扱いや文字を使った計算のしかたに慣れよう。**1**，**2**，**4**，**5**，**7** は確実に得点できるように練習しておこう。

自分の得点まで色をぬろう!
😟 がんばろう! 😐 もう一歩 😊 合格!
0　　　　　　　60　　80　　100点

5 次の計算をしなさい。　　　　　　　　　　　　　　　　　　4点×6（24点）

(1)　$45x \div \dfrac{5}{7}$

(2)　$(12m - 36) \times \left(-\dfrac{5}{12}\right)$

（　　　　　　　　　）　　　　　　　　　　　（　　　　　　　　　）

(3)　$(-54y + 27) \div (-3)$

(4)　$(-18) \times \dfrac{4a + 3}{6}$

（　　　　　　　　　）　　　　　　　　　　　（　　　　　　　　　）

(5)　$2(7a - 6) - 5(-3 + a)$

(6)　$-8\left(\dfrac{1}{4}x + 3\right) + 9\left(\dfrac{2}{3}x + 1\right)$

（　　　　　　　　　）　　　　　　　　　　　（　　　　　　　　　）

6 右の図のように，碁石を左側と右側に3個ずつ，上側と下側に a 個ずつ並べて長方形をつくっていきます。全体の碁石の個数を次の(1)，(2)のように表しました。それぞれどのように考えましたか。図に考え方を示し，説明しなさい。　6点×2（12点）

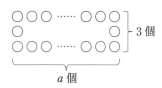

(1)　$2(a + 1)$ 個

（

　　　　　　　　　）

(2)　$\{2(a - 2) + 3 \times 2\}$ 個

（

　　　　　　　　　）

7 次の数量の関係を等式または不等式で表しなさい。　　　4点×3（12点）

(1)　1 m の値段が a 円のリボンを 5 m，1 m の値段が b 円のリボンを 4 m 買ったときの代金の合計は 700 円である。

（　　　　　　　　　）

(2)　分速 x m で，1時間20分歩いたときの道のりは y m 未満になる。

（　　　　　　　　　）

(3)　1辺が a cm の正方形の周の長さは，1辺が b cm の正三角形の周の長さより 10 cm 以上長い。

（　　　　　　　　　）

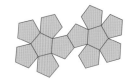

 アプリ【どこでもワーク計算編】をやって，さらに力をつけよう!

1節　方程式とその解き方

❶ 方程式とその解　　❷ 等式の性質

例 1 方程式とその解

教 p.107 → 基本 問題 ❶ ❷

-1，0，1，2 のうち，方程式 $4x-1=3$ の解になるものを求めなさい。

考え方 方程式 $4x-1=3$ の x に -1，0，1，2 を代入し，

まだわかっていない数を表す文字 x をふくむ等式のこと。

<u>左辺の値と右辺の値が等しくなる x の値を見つける。</u>

方程式の解（方程式を成り立たせる文字の値）

解き方 方程式が成り立つ x の値を調べる。

等式の中の文字にある値を代入して，
左辺の値と右辺の値が等しくなるときのこと。

> **たいせつ**
>
> x の値によって成り立ったり成り立たなかったりする等式を，x についての方程式といい，方程式を成り立たせる文字の値を，その方程式の解という。

x の値	左辺の値		右辺の値
-1	$4\times(-1)-1=-5$	$<$	3
0	$4\times0-1=$ ①⬚	②⬚	3
1	$4\times$ ③⬚ $-1=$ ④⬚	⑤⬚	3
2	$4\times2-1=7$	$>$	3

> 左辺の値と右辺の値のあいだに $=$ が入るものを見つけよう。

よって，方程式 $4x-1=3$ の解は ⑥⬚ である。

例 2 等式の性質を使う解き方

教 p.108〜110 → 基本 問題 ❸

次の方程式を解きなさい。

(1)　$x-4=5$　　　　　　　　(2)　$2x=-8$

考え方 方程式を解くには，等式の性質を使って，$x=\square$ に変形すればよい。

方程式の解を求めること。

解き方 (1)　$x-4=5$

左辺を x だけにするために，等式の性質①を使う。

両辺に ⑦⬚ を加えると，$x-4+$ ⑧⬚ $=5+$ ⑨⬚

$x=9$

> **等式の性質**
>
> $A=B$ ならば
> 1　$A+C=B+C$
> 2　$A-C=B-C$
> 3　$AC=BC$
> 4　$\dfrac{A}{C}=\dfrac{B}{C}$ （$C\neq0$）
>
> 　　C が 0 でないことを表す。
>
> 5　$B=A$

(2)　$2x=-8$

左辺の係数を 1 にするために，等式の性質4を使う。

両辺を ⑩⬚ でわると，$\dfrac{2x}{⑪⬚}=\dfrac{-8}{⑫⬚}$

$x=-4$

左辺の係数を 1 にするために，等式の性質3を使う。

別解 両辺に $\dfrac{1}{2}$ をかけると，$2x\times\dfrac{1}{2}=-8\times\dfrac{1}{2}$

$x=-4$

基本問題 解答 p.20

① 方程式とその解 -1, 0, 1, 2, 3 のうち，次の方程式の解になるものを求めなさい。

(1) $6x-1=-7$ (2) $-2x+1=5x-13$  教 p.107 たしかめ 1

② 方程式とその解 次の方程式のうち，解が 4 であるものはどれですか。また，解が -3 であるものはどれですか。すべて選び，記号で答えなさい。 教 p.107 問 2

㋐ $2x+1=-5$ ㋑ $-7x+15=1$ ㋒ $10-3x=-2$

㋓ $9x+36=0$ ㋔ $8+2x=x+12$ ㋕ $5x+6=2x-3$

③ 等式の性質を使う解き方 次の方程式を解きなさい。 教 p.110 問 2，問 3

4
章

(1) $x-2=8$ (2) $x+12=7$

(3) $x+5=-1$ (4) $x-3=-4$

等式の性質を使って，$x=\square$ の形に変形しよう。

(5) $-4+x=-10$ (6) $3+x=9$

(7) $\dfrac{1}{8}x=2$ (8) $-\dfrac{x}{3}=6$

(9) $3x=-6$ (10) $-35x=-7$

(11) $\dfrac{4}{5}x=-8$ (12) $\dfrac{3}{7}x=9$

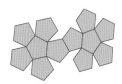

左ページの **例** の答え ①-1 ②$<$ ③$1$ ④$3$ ⑤$=$ ⑥$1$ ⑦$4$ ⑧$4$ ⑨$4$ ⑩2 ⑪2 ⑫2

確認のワーク ステージ1　1節　方程式とその解き方
❸ 方程式の解き方　❹ いろいろな方程式(1)

例1 移項の考えを使った解き方　教 p.111, 112 →基本問題❶❷

次の方程式を解きなさい。

(1)　$7x=-3x+40$　　(2)　$8x+5=5x-4$　　(3)　$5x-6=9x+22$

考え方 移項して，左辺を x をふくむ項だけ，右辺を数の項だけにする。

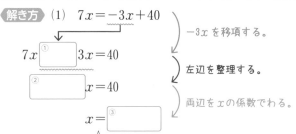

移項
等式の一方の辺にある項を，その符号を変えて他方の辺に移すこと。
例 $x-2=5$　　$x+3=7$
　　$x=5+2$　　$x=7-3$
※移項は，等式の性質①や②を使って等式を変形する手順を省略したもの。

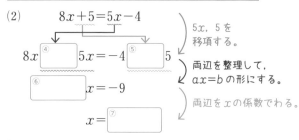

移項するとき，符号を変えることを忘れないようにしよう。

例2 かっこをふくむ方程式　教 p.113 →基本問題❸

方程式 $7x-5(x+2)=8$ を解きなさい。

考え方 かっこをふくむ方程式は，分配法則 $a(b+c)=ab+ac$ を使って，かっこをはずしてから解く。

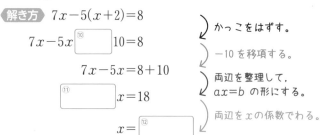

ミス注意
かっこをはずすとき，符号のミスをしないように注意する。
誤答例 $-5(x+2)=-5x-10$
[正しい計算]
　$-5(x+2)=-5x-10$

基本問題

解答 p.21

1 移項の考えを使った解き方① 次の方程式を解きなさい。

教 p.112問2

(1) $3x-8=4$

(2) $5x+6=-4$

解を求めたら，それをもとの方程式の左辺と右辺のxに代入し，両辺の値が等しくなることを確かめよう。

(3) $-4x=3x+35$

(4) $x=-3x+2$

(5) $5x-39=-8x$

(6) $-32-2x=2x$

2 移項の考えを使った解き方② 次の方程式を解きなさい。

教 p.112問5

4章

(1) $2x-9=x+2$

(2) $3x+4=-2x+24$

(3) $-4y+2=-6y-10$

(4) $8-5x=-x+12$

x以外の文字が方程式に使われることもあるよ。

(5) $x-9=8x-23$

(6) $9+7x=1+3x$

(7) $23-16a=2a+5$

(8) $8x-3=4x+2$

3 かっこをふくむ方程式 次の方程式を解きなさい。

教 p.113問1

(1) $3(x-2)+4=7$

(2) $4x+6=-5(x-3)$

(3) $7-(2x-5)=-4(x-1)$

(4) $3(2x-5)-(x-6)=-9$

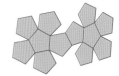

確認のワーク ステージ 1 1節 方程式とその解き方
4 いろいろな方程式(2)

例 1 係数に小数がある方程式   教 p.113, 114 → 基本問題 1

方程式 $0.4x-1.5=0.1x$ を解きなさい。

考え方 係数に小数がある方程式は，両辺に 10 や 100 などをかけて，係数を整数にしてから解くとよい。

解き方
$$0.4x-1.5=0.1x$$
両辺に 10 をかける。
$$(0.4x-1.5)\times\boxed{①}=0.1x\times10$$
$$\boxed{②}-15=x$$
$$4x-x=15$$
$$\boxed{③}=15$$
$$x=\boxed{④}$$

> **たいせつ**
> 小数に 10, 100, 1000 をかけると，小数点の位置が 0 の数だけ右へ移る。
> $0.7\times10=7.0$

例 2 係数に分数がある方程式   教 p.114, 115 → 基本問題 2

次の方程式を解きなさい。

(1) $\dfrac{1}{3}x+2=\dfrac{1}{2}x$

(2) $\dfrac{x+2}{3}=\dfrac{x}{5}$

考え方 係数に分数がある方程式は，両辺に分母の公倍数をかけて，係数を整数にしてから解くとよい。

このような変形を「分母をはらう」という。

解き方 (1) $\dfrac{1}{3}x+2=\dfrac{1}{2}x$

3 と 2 の最小公倍数 6 をかけて，分母をはらう。

$$\left(\dfrac{1}{3}x+2\right)\times6=\dfrac{1}{2}x\times6$$
$$\dfrac{1}{3}x\times6+2\times6=\boxed{⑤}$$
$$2x+12=3x$$
$$2x-3x=-12$$
$$-x=-12$$
$$x=\boxed{⑥}$$

(2) $\dfrac{x+2}{3}=\dfrac{x}{5}$

3 と 5 の最小公倍数 15 をかけて，分母をはらう。

$$\dfrac{x+2}{3}\times15=\dfrac{x}{5}\times15$$
$$(x+2)\times\boxed{⑦}=3x$$
$$5x+10=3x$$
$$5x-3x=-10$$
$$2x=-10$$
$$x=\boxed{⑧}$$

 分母をはらうときは，分母の最小公倍数を使うといいよ。

思い出そう
公倍数…いくつかの自然数に共通な倍数
最小公倍数…公倍数の中で，最小のもの

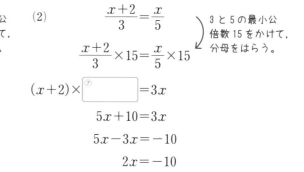

基本問題 ••• 解答 p.22

1 係数に小数がある方程式　次の方程式を解きなさい。 教 p.114問2

(1)　$1.5x+0.3=0.9x-2.1$　　　　　(2)　$0.8x-0.6=-0.4x+1$

(3)　$4x+1.2=5.6x+6$

> **たいせつ**
>
> x についての **1** 次方程式の解き方
> 　　（x の 1 次式）$=0$ の形に変形できる方程式
> ① 係数に小数や分数があるときは、
> 　両辺に適切な数をかけて整数にする。
> 　かっこがあればはずす。
> ② 移項して、文字がある項どうし、
> 　数の項どうしを集める。
> ③ 両辺を整理して、$ax=b$ の形にする。
> ④ 両辺を x の係数 a でわる。

(4)　$0.27x+0.07=0.15x-0.05$

(5)　$-0.12x+1=0.02x+0.3$

4章

2 係数に分数がある方程式　次の方程式を解きなさい。 教 p.114問2

(1)　$\dfrac{1}{6}x+2=\dfrac{1}{3}x$　　　　　(2)　$\dfrac{x}{2}-4=\dfrac{x}{6}-3$

(3)　$\dfrac{x}{3}+1=\dfrac{2}{5}x+3$　　　　　(4)　$\dfrac{3}{4}x+4=\dfrac{x}{2}+1$

(5)　$\dfrac{x-3}{4}=\dfrac{1}{3}x$　　　　　(6)　$\dfrac{2}{5}x-3=\dfrac{x-7}{3}$

(7)　$\dfrac{2x-1}{6}=\dfrac{x-8}{4}$　　　　　(8)　$\dfrac{-x+6}{2}=x-3$

左ページの 例 の答え　① 10　② $4x$　③ $3x$　④ 5　⑤ $3x$　⑥ 12　⑦ 5　⑧ -5

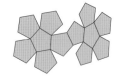

 **1節　方程式とその解き方**

1 次の方程式のうち，解が -1 であるものをすべて選び，記号で答えなさい。

⑦　$3x+4=5x+2$　　　　　　　　⑦　$4x+13=6-3x$

⑨　$-7(x-5)=8(1-2x)$　　　　　⑤　$\dfrac{x}{6}-\dfrac{1}{3}=x+\dfrac{1}{2}$

2 (1)，(2)の方程式を，次のように等式の性質を使って解きました。□に ＋，－，×，÷ のいずれかを入れて完成させなさい。

(1)　　　　　　$7x=-2x+18$

　　$7x\boxed{}2x=-2x+18\boxed{}2x$

　　　　　　　$9x=18$

　　$9x\boxed{}9=18\boxed{}9$

　　　　　　　$x=2$

(2)　　　　　　$\dfrac{3}{4}x+1=-2$

　　$\dfrac{3}{4}x+1\boxed{}1=-2\boxed{}1$

　　　　　　　$\dfrac{3}{4}x=-3$

　　$\dfrac{3}{4}x\boxed{}\dfrac{4}{3}=-3\boxed{}\dfrac{4}{3}$

　　　　　　　$x=-4$

3 次の方程式を解きなさい。

(1)　$3x-2=6x+10$　　　　　　　(2)　$x+8=-6x+29$

(3)　$13x+23=-8x+9$　　　　　　(4)　$11x-7(x-5)=3$

(5)　$2(2x-5)-(9x-4)=-36$　　　(6)　$4(3x+4)=3(2x+3)$

(7)　$0.05x-0.3=0.4x-1$　　　　　(8)　$0.03(8-3x)=0.2(4.5-x)$

❸ 移項するときは，符号を変えることを忘れないようにする。

(8)　両辺に 100 をかけると，$0.03(8-3x)\times100=0.2(4.5-x)\times100$

　　$0.03\times100\times(8-3x)=0.2\times10\times(4.5-x)\times10$　　$3(8-3x)=2(45-10x)$ と計算できる。

4 次の方程式を解きなさい。

(1) $\dfrac{5}{6}x+2=\dfrac{4}{9}x-5$

(2) $\dfrac{x-1}{3}=\dfrac{2x+1}{5}$

(3) $\dfrac{x-1}{2}+\dfrac{x}{3}=1$

(4) $\dfrac{8}{3}(x+1)-\dfrac{x}{2}=-\dfrac{5}{3}$

(5) $\dfrac{3+2x}{4}-\dfrac{5-x}{6}=-\dfrac{49}{12}$

(6) $2.7x-\dfrac{3}{2}=\dfrac{3x-4}{5}$

5 次の問いに答えなさい。

(1) x についての方程式 $4x+1=6x+5a$ の解が -2 であるとき，a の値を求めなさい。

(2) x についての2つの方程式 $7-2x=5$ と $a-3x=2x$ が同じ解をもつとき，a の値を求めなさい。

(3) x についての方程式 $\dfrac{1}{2}(x+a)=1+\dfrac{1}{3}(a-x)$ の解が $\dfrac{1}{2}$ であるとき，a の値を求めなさい。

入試問題を やってみよう！

1 次の方程式を解きなさい。

(1) $6x-7=4x+11$ 〔大阪〕

(2) $2(3x+2)=-8$ 〔沖縄〕

(3) $\dfrac{2x+9}{5}=x$ 〔熊本〕

(4) $x-7=\dfrac{4x-9}{3}$ 〔千葉〕

4 (6) $2.7=\dfrac{27}{10}$ だから，10，2，5 の最小公倍数 10 を両辺にかけて分母をはらう。

5 (1) 方程式の x に -2 を代入して，a についての方程式とみて解く。

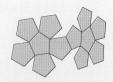

確認のワーク ステージ1

2節 方程式の活用
1 方程式の活用(1)

例1 代金の問題

教 p.117, 118 → 基本問題 **1** **2**

1000円札を持って買い物に行きました。350円のいちご1パックと，りんごを2個買って1000円札を出したら，おつりが310円になりました。りんご1個の値段を求めなさい。

解き方

| わかっている数量 出したお金…1000円 |
| いちご1パックの値段…350円　おつり…310円 |
| いちごの数量…1パック　りんごの個数…2個 |

求める数量
りんご1個の値段
➡ x 円 …①

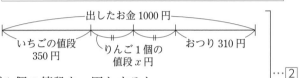

…②

りんご1個の値段を x 円とすると，

$$\boxed{}^{①}-(350+\boxed{}^{②})=310$$

(出したお金)−(代金の合計)=(おつり)

これを解くと，$1000-350-2x=310$

$$-2x=-340$$

$$x=\boxed{}^{③}$$ …③

➡たいせつ

文章題を方程式で解決する手順
① わかっている数量と求める数量を明らかにして，求める数量を文字で表す。
② 数量の間の関係を見つけて，方程式をつくる。
③ 方程式を解く。
④ 方程式の解が問題に適しているかどうかを確かめる。

りんご1個の値段を170円とすると，代金の合計は690円で，1000円札を出したときのおつりは310円になるので，170円は問題に適している。　**答** 170円 …④

例2 過不足の問題

教 p.120 → 基本問題 **3** **4**

何人かの子どもにあめを配ります。あめを1人に6個ずつ配ると7個足りなくなり，5個ずつ配ると2個余ります。このとき，子どもの人数を求めなさい。

考え方 子どもの人数を x 人として，右のような図を使い，数量の間の関係を見つける。

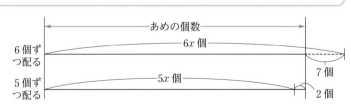

解き方 子どもの人数を x 人とすると，

$$6x-7=\boxed{}^{④}$$ ← あめの個数を2通りの式で表して方程式をつくる。

| 6個ずつ x 人に配るのに必要なあめ $6x$ 個より7個少ない。 | 5個ずつ x 人に配るのに必要なあめ $5x$ 個より2個多い。 |

これを解くと，　$x=\boxed{}^{⑤}$

注 子どもの人数は自然数だから，方程式の解が分数や小数，負の数であれば問題に適していない。

子どもの人数 $\boxed{}^{⑥}$ は問題に適している。　**答** $\boxed{}^{⑦}$

基本問題 解答 p.23

1 代金の問題　あるパン屋さんで，カレーパン 4 個と 280 円のフランスパンを 1 本買ったところ，代金の合計は 880 円でした。カレーパン 1 個の値段を，次の手順で求めなさい。

(1) 何を x で表すかを決めなさい。 教 p.118たしかめ 1

(2) 等しい関係にある数量を見つけて，方程式をつくりなさい。

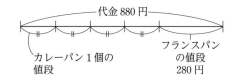

代金 880 円

カレーパン 1 個の値段

フランスパンの値段 280 円

(3) (2)でつくった方程式を解きなさい。

(4) (3)で求めた解が問題に適しているかどうかを確かめて，カレーパン 1 個の値段を求めなさい。

2 代金の問題　A さんは 990 円，B さんは 620 円を持って買い物に行きました。2 人とも同じハンカチを購入したところ，A さんの残金は B さんの残金の 2 倍になりました。購入したハンカチの値段を求めなさい。 教 p.120問 2

3 過不足の問題　何人かの子どもに色紙を配ります。色紙を 1 人に 7 枚ずつ配ると 2 枚足りなくなり，5 枚ずつ配ると 8 枚余ります。 教 p.120例題2, 問3

(1) 子どもの人数を求めなさい。

(2) 色紙の枚数を求めなさい。

4 過不足の問題　希望者何人かで，演劇を見に行くことになりました。費用を集めるのに，参加希望者から，1 人 600 円ずつ集めると 1500 円不足し，1 人 700 円ずつ集めると 1300 円余ります。このとき，参加希望者数を求めなさい。 教 p.120問 4

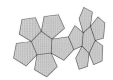

左ページの例の答え　① 1000　② $2x$　③ 170　④ $5x+2$　⑤ 9　⑥ 9 人　⑦ 9 人

確認のワーク　ステージ1　2節　方程式の活用
1 方程式の活用(2)　2 比例式とその活用

例1 速さの問題

教 p.121〜123 → 基本問題 1 2

妹は，家を出発して 800 m 離れた駅に向かいました。その 5 分後に，姉が家を出発して妹を追いかけました。妹の歩く速さを分速 40 m，姉の歩く速さを分速 60 m とすると，姉は家を出発してから何分後に妹に追い着きますか。

解き方 姉が家を出発してから x 分後に妹に追い着くとすると，

（道のり）＝（速さ）×（時間）だね。

40 m/min は分速 40 m と同じ意味　　妹は姉より 5 分多く歩いている。

	速さ (m/min)	時間 (分)	道のり (m)
妹	40	$x+$ ①	$40($ ② $)$
姉	60	x	$60x$

③ 　　 $=60x$ ← 姉が妹に追い着くとき，
（妹が進んだ道のり）＝（姉が進んだ道のり）
となることから，方程式をつくる。

これを解くと，　　　　　　　$x=$ ④

このとき，姉が歩いた道のりは，$60×10=600\,(\mathrm{m})$ だから，姉が家を出発してから 10 分後に妹に追い着くことは，問題に適している。

駅まで 800 m だから，駅に着く前に，姉は妹に追い着いている。

答 ⑤

例2 比例式

教 p.124 → 基本問題 4

比例式 $x:8=5:4$ を解きなさい。

解き方　$x:8=5:4$
$x×4=8×5$ 　$a:b=c:d$ ならば $ad=bc$
$x=$ ⑥ $×5$
$x×4=8×5$
$x=$ ⑦

> **たいせつ**
> 比例式
> $a:b=c:d$ のような $a:b$ と $c:d$ の比の値が等しい。2 つの比が等しいことを表す式のこと。

例3 比の問題

教 p.125 → 基本問題 5

あるケーキ屋さんで，チーズケーキとプリンの 1 個の値段の比は 12:5 で，プリン 1 個の値段は 150 円です。このとき，チーズケーキ 1 個の値段を求めなさい。

解き方 チーズケーキ 1 個の値段を x 円とすると，

⑧ ：⑨ $=12:5$

チーズケーキ　プリン1個
1個の値段　　の値段

これを解くと，

$x=$ ⑩

チーズケーキ 1 個の値段 360 円は問題に適している。

答 ⑪

基本問題 ··· 解答 p.24

① 速さの問題 ふもとから山頂まで，同じ道を往復しました。登りは分速 **40 m**，下りは分速 **60 m** で歩いたところ，登りにかかった時間は下りにかかった時間より **50 分**長くなりました。

(1) ふもとから山頂までの道のりを x m として，方程式をつくりなさい。

教 p.121～123

思い出そう

$$(時間)＝\frac{(道のり)}{(速さ)}$$

(2) ふもとから山頂までの道のりを求めなさい。

② 速さの問題 弟は，家を出発して 800 m 離れた駅に向かいました。その 7 分後に兄が家を出発して弟を自転車で追いかけました。弟の歩く速さを分速 80 m，兄の自転車の速さを分速 220 m とすると，弟が駅に着くまでに，兄は弟に追い着くことができますか。

教 p.121～123

4章

③ 比の値 次の⑦～㋤の比の中から，比の値が等しいものを見つけて，比例式で表しなさい。

教 p.124たしかめ1

⑦ 4：3 ⑦ 18：15 ⑦ 30：10 ㋤ 30：25

たいせつ

比の値

$a：b$ で表された比で，
$a÷b$ の商 $\frac{a}{b}$ のこと。

④ 比例式 次の比例式を解きなさい。

(1) $x：15＝4：5$

(2) $14：x＝7：3$

(3) $2：3＝x：7$

(4) $(x－2)：4＝1：2$

(5) $4：(x＋3)＝1：3$

(6) $x：(x＋24)＝5：8$

教 p.125問2

比例式の性質

$a：b＝c：d$
ならば
$ad＝bc$

⑤ 比の問題 Aの箱にはビーズが 100 個，Bの箱にはビーズが 53 個入っていましたが，Aの箱からビーズをいくつか取り出してBの箱に移したところ，A，Bの箱に入っているビーズの個数の比は 5：4 になりました。Aの箱からBの箱にビーズを何個移したか求めなさい。

教 p.126問3

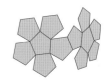

解答▶ p.25

2節　方程式の活用

❶ 次の問いに答えなさい。

(1)　みかんとりんごを買いに行き，みかんをりんごより2個多く買いました。みかんは1個80円，りんごは1個140円で，代金の合計は1040円でした。りんごの個数を求めなさい。

(2)　姉と弟の持っているお金の合計は1400円です。持っているお金から，姉は380円，弟は240円使ったので，姉の残金は弟の残金の2倍になりました。姉が最初に持っていたお金を求めなさい。

(3)　A地点とB地点の間を，行きは時速12kmで走り，帰りは時速4kmで歩いて往復したら，2時間40分かかりました。A，B間の道のりを求めなさい。

❷ 十の位の数が4の2桁の自然数Aがあります。Aの十の位の数と一の位の数を入れかえた数Bは，Aより18大きい数になります。次の問いに答えなさい。

(1)　Aの一の位の数を x とします。AとBをそれぞれ x を使った式で表しなさい。

(2)　(1)の結果を用いて，方程式をつくりなさい。

(3)　(2)でつくった方程式を解いて，自然数Aを求めなさい。

❸ 修学旅行の部屋割りを決めるのに，1室を6人ずつにすると最後の1室は4人になり，1室の人数を1人ずつ増やすとちょうど3室余ります。生徒の人数を求めなさい。

(1)　部屋の数を x 室として，方程式をつくりなさい。

(2)　生徒の人数を x 人として，方程式をつくりなさい。

(3)　生徒の人数を求めなさい。

❶ (3)　2時間40分を時間の単位に直して方程式をつくる。
❸ (2)　1室を6人ずつにしたとき，最後の1室も6人となるように生徒の人数を2人増やして考えると，部屋の数が x の式で表される。

4 3600 円を A，B，C の 3 人で分けます。A は B の $\frac{1}{3}$ より 200 円多く，また C は A の 2 倍より 300 円少なくなるようにしたいと考えています。A，B，C それぞれ何円にすればよいですか。

5 次の比例式を解きなさい。

(1) $x : 18 = 4 : 9$

(2) $9 : x = 15 : 7$

(3) $8 : (x+5) = 4 : 3$

(4) $x : (x-12) = 9 : 5$

6 兄は 1800 円，弟は 1300 円を持って買い物に行きました。兄は弟より 300 円多く使ったので，残金の比が 4 : 3 になりました。兄と弟はそれぞれ何円使いましたか。

入試問題を やってみよう！ ┈┈┈┈┈┈┈┈┈┈┈┈

1 100 円の箱に，1 個 80 円のゼリーと 1 個 120 円のプリンをあわせて 24 個つめて買ったところ，代金の合計は 2420 円でした。このとき，買ったゼリーの個数を求めなさい。　〔千葉〕

2 クラスで調理実習のために材料費を集めることになりました。1 人 300 円ずつ集めると材料費が 2600 円不足し，1 人 400 円ずつ集めると 1200 円余ります。このクラスの人数は何人か，求めなさい。　〔愛知〕

3 A の箱に赤玉が 45 個，B の箱に白玉が 27 個入っています。A の箱と B の箱から赤玉と白玉の個数の比が 2 : 1 となるように取り出したところ，A の箱と B の箱に残った赤玉と白玉の個数の比が 7 : 5 になりました。B の箱から取り出した白玉の個数を求めなさい。　〔三重〕

4 B の金額を x 円とすると，A，C の金額が x の式で表しやすくなる。
6 兄の使った金額を x 円として，兄と弟の残金をそれぞれ x の式で表し，比例式をつくる。

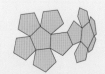

4 章

ステージ **3** 方程式

解答 p.26

40分 /100

1 次の方程式のうち，解が -8 であるものをすべて選び，記号で答えなさい。 （4点）

㋐ $3x-2=-26$ ㋑ $-4x=-32$ ㋒ $7x-29=4x-5$ ㋓ $\dfrac{3x-4}{4}=\dfrac{5x-2}{6}$

（　　　　　　　）

2 方程式 $6x-5=-23$ は，右の①，②のように変形できます。このように変形できる理由を，①，②それぞれについて説明しなさい。 4点×2（8点）

①（　　　　　　　　　　　　　　）

②（　　　　　　　　　　　　　　）

$$6x-5=-23$$
$$6x=-18 \quad ①$$
$$x=-3 \quad ②$$

3 次の方程式を解きなさい。 3点×4（12点）

(1) $x+7=-2$

（　　　　　　　）

(2) $x-13=-9$

（　　　　　　　）

(3) $18x=2$

（　　　　　　　）

(4) $-\dfrac{3}{8}x=6$

（　　　　　　　）

4 次の方程式を解きなさい。 5点×6（30点）

(1) $5x-6=3x+4$

（　　　　　　　）

(2) $-6x-9=-4x+5$

（　　　　　　　）

(3) $3(x-1)=-x+9$

（　　　　　　　）

(4) $1.5+0.3x=0.05x$

（　　　　　　　）

(5) $\dfrac{1}{3}x=\dfrac{1}{7}x+4$

（　　　　　　　）

(6) $\dfrac{-x+8}{6}=\dfrac{3x-4}{2}$

（　　　　　　　）

5 次の比例式を解きなさい。 5点×2（10点）

(1) $x:42=2:7$

（　　　　　　　）

(2) $(x-2):32=7:8$

（　　　　　　　）

6 x についての方程式 $5x-9=-3x-a$ の解が -2 であるとき，a の値を求めなさい。

（6点）

（　　　　　　　　　）

7 あるグループで画用紙を配ります。1人に5枚ずつ配ると2枚不足し，1人に4枚ずつ配ると8枚余ります。

6点×2（12点）

(1) グループの人数を x 人として，方程式をつくりなさい。

（　　　　　　　　　）

(2) (1)でつくった方程式を解いて，グループの人数と画用紙の枚数を求めなさい。

（人数　　　　　　，画用紙　　　　　）

8 12 km 離れたA地点，B地点があります。兄はA地点から時速6 km でB地点に向かい，弟はB地点から時速4 km でA地点に向かいました。兄，弟がそれぞれの地点を同時に出発したとき，2人は何時間何分後に出会いますか。

（6点）

（　　　　　　　　　）

9 ある中学校の1年生は，男子が女子より20人多くいます。また，男子は31％，女子は40％，全体では35％の生徒がめがねをかけています。女子の人数を求めなさい。

（6点）

（　　　　　　　　　）

10 2つの水そう A，B があり，A には32 L，B には28 L の水が入っています。B に水を加えたあと，B に加えた水の量の2倍の量の水をAに加えたら，A の水の量とBの水の量の比は5：4になりました。B に加えた水の量は何L ですか。

（6点）

（　　　　　　　　　）

 アプリ【どこでもワーク計算編】をやって，さらに力をつけよう！

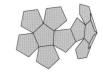

4章

1節　関数
❶ 関数

例**1** 関数　　　　　　　　　教 p.134, 135 →基本問題❶❷

次の(1), (2)で, y は x の関数（かんすう）であるといえますか。

(1)　1本 90 円の鉛筆（えんぴつ）x 本の代金 y 円

(2)　底辺の長さが x cm である平行四辺形の面積 y cm²

解き方　(1)　たとえば, 鉛筆の数を 6 本と決めると,

> x の値を 6 と決めると,

代金は $90 \times$ ①[　　　] $= 540$ より, 540 円と決まる。

> y の値は 540 と決まる。

よって, y は x の ②[　　　　　] であるといえる。

> **y は x の関数**
> 2 つの変数（へんすう）x, y があって, いろいろな値をとる文字 x の値を決めると, それに対応する y の値がただ 1 つ決まるときの関係。

(2)　たとえば, 底辺の長さを 6 cm と決めても,

> x の値を 6 と決めても,

高さがわからないので, 平行四辺形の面積は 1 つに決まらない。

> y の値は 1 つに決まらない。

よって, y は x の関数であると ③[　　　　　]。

例**2** 変域　　　　　　　　　教 p.136 →基本問題❸

10 L の水が入った水そうから 1 分間に 2 L ずつ水を出します。水を出し始めてから x 分後の, 水そうの水の量を y L として, 変数 x, y の変域（へんいき）を, 不等号を使ってそれぞれ表しなさい。

考え方　x の変域は, 水そうが空になるまでの時間から考える。
> 変数 x のとりうる値の範囲

解き方　x と y の関係を表に表すと, 下のようになる。

水を出し始めてからの時間 x（分）	0	1	2	3	4	④[　]
水そうの水の量 y（L）	10	8	⑤[　]	4	2	0

> 水そうが空になるまでの時間
> −2　−2　−2　−2　−2
> 水そうの水は 1 分間に 2 L ずつ減る。

上の表から, 変数 x の変域は 0 以上 5 以下であることがわかる。

これを不等号を使って表すと, $0 \leqq x \leqq$ ⑥[　]

> x は 0 以上　　　x は 5 以下

また, y L は水そうの水の量だから, 変数 y の変域は 0 以上 10 以下である。

> 空のときの水そうの水の量　　　水を出す前の水そうの水の量

これを不等号を使って表すと, ⑦[　] $\leqq y \leqq$ ⑧[　]

> $10 \leqq y \leqq 0$ としないように注意する。

基本問題 解答 ▶ p.28

1 関数 次の(1)〜(4)で，y は x の関数であるといえますか。 教 p.135問1

(1) 周の長さが x cm である正方形の面積 y cm²

(2) 気温が x °C のときの，湿度 y %

(3) 家から駅までの 800 m の道のりのうち，x m を歩いた
ときの残りの道のり y m

> **ここが ポイント**
> x の値を決めると，それに対応する y の値が，
> ［ ただ1つ決まる
> ➡ y は x の関数である
> 1つに決まらない
> ➡ y は x の関数でない

(4) 右のような電報料金が設定されている通信会社で，
x 文字の電報を打ったときの電報料金 y 円

25 文字まで	660 円
25 文字を超える場合，以降 5 文字ごとに右の金額を加算する。	90 円

2 関数 次の問いに答えなさい。 教 p.135問2, 問3

(1) ひし形の周の長さを決めるには，どんな数量が決まればよいか答えなさい。また，その
関係を，文字 x，y などを使わずに，「〜は…の関数である」といういい方で表しなさい。

(2) 鉄道の乗車距離は鉄道運賃の関数であるといえますか。

3 変域 x の変域が次の(1)〜(4)のとき，x の変域を，不等号を使ってそれぞれ表しなさい。
また，数直線上に表しなさい。 教 p.136たしかめ2

(1) −3 以上

(2) 7 未満

(3) −1 以上 5 以下

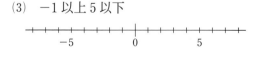

(4) −6 以上 −2 未満

左ページの 例 の答え ①6 ②関数 ③いえない ④5 ⑤6 ⑥5 ⑦0 ⑧10

5章

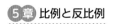

2節 比例

1 比例の式

例 1 比例の式
教 p.137, 138 → 基本問題 1 2 3

関数 $y=4x$ について，次の問いに答えなさい。

(1) y は x に比例するといえますか。いえる場合には，比例定数を答えなさい。

(2) x の値が2倍，3倍，4倍，……になると，対応する y の値はどのように変わりますか。

(3) $x \neq 0$ のとき，対応する x と y の商 $\dfrac{y}{x}$ の値を求めなさい。

解き方 (1) 関数 $y=4x$ は，$y=ax$ で，$a=4$ の場合だから，y は x に ①[   ] するといえる。

このとき，比例定数は ②[   ] である。

> 👉 **y は x に比例する**
> y が x の関数で，
> $y=ax$ （a は0でない定数）
> 　　　　　変化しない決まった数
> という式で表されるときをいい，a を比例定数という。

(2) x と y の関係を表にまとめると，次のようになる。

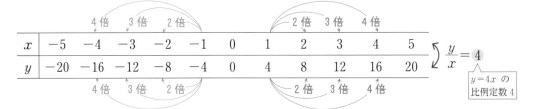

上の表より，$x>0$ のときも，$x<0$ のときも，x の値が2倍，3倍，4倍，……になると，対応する y の値も2倍，③[   ]倍，④[   ]倍，……になることがわかる。

(3) 対応する x と y の商 $\dfrac{y}{x}$ の値はどこも ⑤[   ] になっている。 ← $x>0$ でも，$x<0$ でもいえる。
比例定数

例 2 比例の式を求める
教 p.140 → 基本問題 4

y は x に比例し，$x=-4$ のとき $y=36$ です。このとき，y を x の式で表しなさい。

考え方 $y=ax$ の比例定数 a の値を求めればよい。

解き方 y は x に比例するから，比例定数を a とすると，

$y=$ ⑥[   ] と表すことができる。

$x=-4$ のとき $y=36$ だから，

{ $y=ax$ に $x=-4$, $y=36$ を代入する。

$36=a\times$ ⑦[   ]

$a=$ ⑧[   ] ← 負の数を代入するときは（　）をつける。

したがって，求める式は，$y=$ ⑨[   ]

> **ここがポイント**
> y は x に比例する。
> ↓
> $y=ax$ と表す。

基本問題 ＝＝＝＝＝＝＝＝＝＝＝＝＝＝＝＝＝＝＝＝＝＝＝＝＝＝＝＝＝ 解答 ▶ p.28

1 比例する量　次の(1)～(3)について，y を x の式で表し，y が x に比例するものには〇，比例しないものには×を書きなさい。また，比例する場合には，比例定数を答えなさい。

(1)　縦の長さが $5\,\mathrm{cm}$ の長方形の横の長さ $x\,\mathrm{cm}$ と面積 $y\,\mathrm{cm}^2$　教 p.138 たしかめ 1

(2)　長さが $150\,\mathrm{cm}$ のリボンから $x\,\mathrm{cm}$ 切り取ったときの残りの
　　長さ $y\,\mathrm{cm}$

ここが ポイント

式の形が　　比例定数

$y = ax$

y は x に**比例する。**

(3)　$1\,\mathrm{m}$ の重さが $30\,\mathrm{g}$ の針金 $x\,\mathrm{m}$ の重さ $y\,\mathrm{g}$

2 比例の式　$y = -6x$ について，次の問いに答えなさい。　教 p.139 問 2

(1)　y は x に比例するといえますか。いえる場合には比例定数を答えなさい。

(2)　下の表の □ をうめて，x と y の関係をまとめなさい。

x	-4	-3	-2	-1	0	1	2	3	4
y	24	①	②	6	0	③	-12	-18	④

(3)　x の値が 2 倍，3 倍，4 倍，……になると，対応する y の値はどのように変わりますか。

(4)　$x \neq 0$ のとき，対応する x と y の商 $\dfrac{y}{x}$ の値を求めなさい。

3 比例の式　次の式で表される x と y の関係のうち，y が x に比例するものをすべて選び，記号で答えなさい。また，比例定数も答えなさい。　教 p.137～139

㋐　$y = \dfrac{x}{4}$　　　㋑　$y = x - 3$　　　㋒　$y = -\dfrac{12}{x}$　　　㋓　$y = -2x$

4 比例の式を求める　次の(1)，(2)について，y を x の式で表しなさい。また，$x = -8$ のときの y の値を求めなさい。　教 p.140 問 3

(1)　y は x に比例し，$x = 3$ のとき $y = 15$

(2)　y は x に比例し，$x = 4$ のとき $y = -6$

左ページの 例 の答え　① 比例　② 4　③ 3　④ 4　⑤ 4　⑥ ax　⑦ (-4)　⑧ -9　⑨ $-9x$

5章

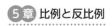
 2節 比例

2 座標　**3** 比例のグラフ(1)

例1 座標

次の問いに答えなさい。

(1) 右の図の点Aの座標を答えなさい。

(2) 右の図に，次の点をとりなさい。

　　B(4，−3)

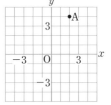

解き方 (1)　図の点Aの位置を表すときは，

A から x 軸，y 軸に垂直な直線をひき，
　　　横の数直線　縦の数直線

x 軸，y 軸と交わる点の目盛りを読む。

点Aのx座標　　　　　点Aのy座標

よって，A(① 　，② 　)
　　　　　　点Aの座標

座標の表し方

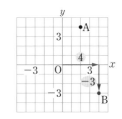

点 A の y 座標　原点　あわせて座標軸　x 軸　y 軸　点 A の x 座標

(2)　B(4，−3)は，原点から x 軸の正の方向に 4 進み，
　　　　　　　　　　　　　　　　右の方向

そこから y 軸の正の方向に −3，つまり y 軸の負の方向に ③
　　　　　　　　　　　　　　　下の方向

進んだところにある点を表している。

注 座標軸を使って，点の位置を座標で表すようにした平面を「座標平面」という。

例2 比例のグラフ

関数 $y=\dfrac{1}{2}x$ で，x の値を細かくとっていくと，x と y の値の組を座標とする点の集まりはどうなりますか。

解き方　関数 $y=\dfrac{1}{2}x$ について，x と y の関係を表にまとめると，次のようになる。

x	⋯	−4	−3	−2	−1	0	1	2	3	4	⋯
y	⋯	④	$-\dfrac{3}{2}$	⑤	⑥	0	$\dfrac{1}{2}$	⑦	$\dfrac{3}{2}$	2	⋯

上の表の x と y の値の組を座標とする点をとると，左下の図のようになる。

x の値を細かくとっていくと，x と y の値の組を座標とする点の集まりは ⑧ になる。

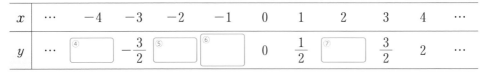

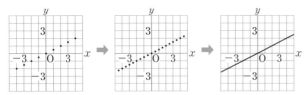

この原点を通る直線が，関数 $y=\dfrac{1}{2}x$ のグラフだよ。

基本問題 ⋯⋯⋯⋯⋯⋯⋯⋯⋯⋯⋯⋯⋯⋯⋯⋯⋯ 解答 p.29

1 座標 右の図の点 A，B，C，D，E，F の座標を答えなさい。

教 p.142 たしかめ1

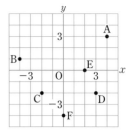

知ってると得

x 軸上の点 ➡ y 座標が 0
y 軸上の点 ➡ x 座標が 0

2 座標 次の問いに答えなさい。

教 p.142 たしかめ2,問1

(1) 右の図に，次の点をとりなさい。

A(5, 3)　　　　B(−3, −4)　　C(−1, 4)

D(3, −1)　　　E(0, 2)　　　　F(−2, 0)

(2) (1)の点Aについて，次の点を右の図にとり，
その座標を答えなさい。

① x 軸について対称な点 P

② y 軸について対称な点 Q

③ 原点について対称な点 R

👉 **対称な点の座標**

3 比例のグラフ 関数 $y=-\dfrac{3}{2}x$ について，次の問いに答えなさい。

教 p.144

(1) 下の表の □ をうめて，関数 $y=-\dfrac{3}{2}x$ の x と y の関係をまとめなさい。

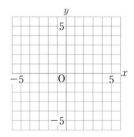

x	…	−4	−2	0	2	4	…
y	…	①	3	0	②	−6	…

(2) 上の表の x と y の値の組を座標とする点を，右上の図にとりなさい。

(3) x の値を細かくとっていくと，x と y の値の組を座標とする点の集まりはどうなりますか。

4 関数 $y=ax$ の x と y の値の増減 関数 $y=\dfrac{1}{2}x$，$y=-\dfrac{3}{2}x$ のそれぞれについて，次の問いに答えなさい。

教 p.145問3,問4

(1) x の値が増加すると，y の値は増加しますか，それとも減少しますか。

(2) x の値が1ずつ増加すると，y の値はどのように変化しますか。

左ページの 例 の答え ①2 ②4 ③3 ④−2 ⑤−1 ⑥−$\dfrac{1}{2}$ ⑦1 ⑧直線

確認のワーク　ステージ**1**　2節　比例
❸ **比例のグラフ⑵**

例**1** 比例のグラフのかき方　　　　　　　　教 p.146 → 基本問題❶❷

次の関数のグラフをかきなさい。　　(1)　$y=3x$　　(2)　$y=-\dfrac{2}{3}x$

考え方　関数 $y=ax$ のグラフをかくには，原点のほかに
　　　　　　（y は x に比例する。）
グラフが通る点を1つとり，その点と原点を通る直線を
ひけばよい。

たいせつ
関数 $y=ax$ のグラフは，
原点を通る直線である。

解き方　(1)　$x=1$ のとき，$y=$ ①□ だから，$y=3x$

　　のグラフは，点（②□，③□）を通る。

　　したがって，④□と点(1, 3)を通る直線をひく。

(2)　$x=3$ のとき，$y=$ ⑤□ だから，$y=-\dfrac{2}{3}x$ の
　　（x の値とそれに対応する y の値の組がともに整数になるようにするとよい。）
　　グラフは，点(3, −2)を通る。

　　したがって，原点と点(3, −2)を通る直線をひく。

答

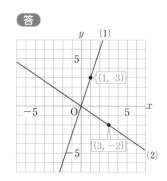

例**2** グラフから比例の式を求める　　　　　　教 p.146 → 基本問題❸

次の問いに答えなさい。

(1)　右の図の①は点(5, 2)を通る比例のグラフです。y を
　　x の式で表しなさい。

(2)　右の図の②は，比例のグラフです。y を x の式で表しな
　　さい。

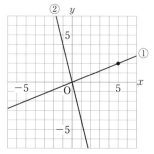

解き方　求める式を $y=ax$ …㋐ とする。

ここがポイント
関数のグラフが
　原点を通る直線
になるとき，関数の式は
$y=ax$ と表される。

(1)　グラフは点(5, 2)を通るから，㋐に $x=$ ⑥□，

　　$y=2$ を代入すると，$2=a\times5$　　$a=$ ⑦□

　　よって，求める式は，$y=\dfrac{2}{5}x$

(2)　グラフは点(1, −4)を通るから，㋐に $x=1$，$y=-4$ を代入すると，

　　⑧□ $=a\times1$　　$a=$ ⑨□　　　よって，求める式は，$y=$ ⑩□

基本問題 ････････････････････････････････ 解答 p.29

1 関数 $y=ax$ のグラフ　下の図の㋐～㋓は，比例のグラフです。比例定数が負の数になるグラフをすべて選び，記号で答えなさい。

教 p.145問5

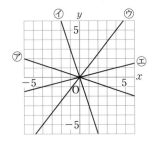

たいせつ

関数 $y=ax$ のグラフ…原点を通る直線

| $a>0$ | | $a<0$ | |

2 比例のグラフのかき方　次の関数のグラフを，下の図にかき入れなさい。　教 p.146問7

(1)　$y=\dfrac{5}{4}x$

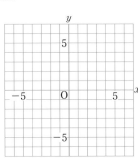

(2)　$y=\dfrac{2}{3}x$

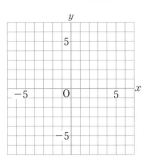

(3)　$y=-2.5x$

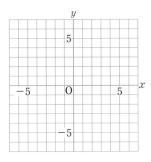

(4)　$y=-\dfrac{1}{4}x$

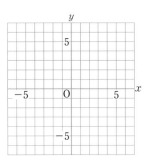

3 グラフから比例の式を求める　右の図の(1)～(4)は，比例のグラフです。それぞれについて，y を x の式で表しなさい。

教 p.146問8

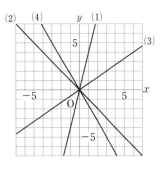

覚えておこう

$y=ax$ のグラフが点 $(1,\ ●)$ を通るとき，$a=●$ となる。
グラフから●が読みとれないときは，グラフが通る点のうち，x 座標，y 座標がともに整数である点の座標を読みとる。

左ページの 例 の答え　①3　②1　③3　④原点　⑤-2　⑥5　⑦$\dfrac{2}{5}$　⑧-4　⑨-4　⑩$-4x$

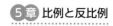

解答 ▶ p.30

1節　関数
2節　比例

1 次の㋐〜㋔のうち，y が x の関数であるものをすべて選び，記号で答えなさい。

㋐　1辺の長さが x cm の正三角形の周の長さ y cm

㋑　縦の長さが x cm の長方形の面積 y cm²

㋒　誕生日が同じで 3 歳違いの兄の年齢 x 歳と弟の年齢 y 歳

㋓　身長が x cm の人の体重 y kg

㋔　自然数 x の約数の個数 y 個

2 x の変域が次の(1)，(2)のとき，x の変域を，不等号を使ってそれぞれ表しなさい。また，数直線上に表しなさい。

(1)　0 より大きく 2 より小さい

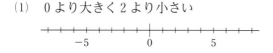

(2)　−3 以上 −1 以下

3 北へ向かって分速 1.2 km で走っている車が，O 地点を通過してから x 分後に，O 地点から北へ y km の地点にいます。ただし，北を正の方向とします。

(1)　y を x の式で表しなさい。

(2)　y は x に比例するといえますか。いえる場合には比例定数を答えなさい。

(3)　変数 x が −2 以上 8 以下の範囲の値をとるとき，x，y の変域を，不等号を使ってそれぞれ表しなさい。

4 y は x に比例するとき，次の(1)，(2)のそれぞれについて，答えなさい。

(1)　$x=5$ のとき $y=-35$ です。y を x の式で表しなさい。

(2)　$x=-16$ のとき $y=4$ です。$y=-12$ となる x の値を求めなさい。

3 (3)　$x=-2$ のときの y の値，$x=8$ のときの y の値から，y の変域を求める。

4 y は x に比例するから，$y=ax$（a は比例定数）とおく。これに 1 組の x，y の値を代入して，比例定数 a を求める。

5 次の問いに答えなさい。

(1) 右の図の点 A，B，C の座標を答えなさい。

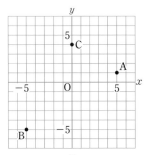

(2) 右の図に，次の点をとりなさい。

D(2，7)　　　　　　　　E(6，−4)

F(−2，5)　　　　　　　G(−3，0)

 6 次の関数のグラフを，右の図にかき入れなさい。

(1)　$y=4x$　　　　　　(2)　$y=-\dfrac{5}{4}x$

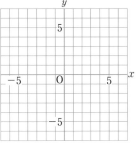

 7 右の図の(1)，(2)は，比例のグラフです。それぞれについて，
y を x の式で表しなさい。

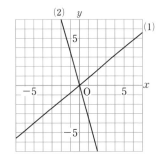

5章

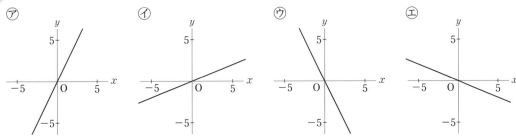

1 y は x に比例し，$x=3$ のとき $y=-6$ となります。$x=-5$ のとき，y の値を求めなさい。

〔北海道〕

2 関数 $y=-2x$ のグラフを次の⑦〜⊆の中から１つ選び，その記号を答えなさい。　〔佐賀〕

⑦　　　　　　　　　⑦　　　　　　　　　⑤　　　　　　　　　⊆

6 比例のグラフをかくには，原点と x 座標と y 座標が整数である原点以外の点をとり，この
２点を通る直線をひけばよい。$y=\dfrac{b}{a}x$ のグラフは，原点と点 $(a，b)$ を通る直線となる。

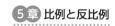
　3節　反比例
❶ 反比例の式

例 **1** 反比例の式

教 p.148〜150 → 基本問題 ❶ ❷ ❸

関数 $y = \dfrac{18}{x}$ について，次の問いに答えなさい。

(1) y は x に反比例するといえますか。いえる場合には，比例定数を答えなさい。

(2) x の値が 2 倍，3 倍，4 倍，……になると，対応する y の値はどのように変わりますか。

(3) 対応する x と y の積 xy の値について，どんなことがいえますか。

解き方 (1) $y = \dfrac{18}{x}$ は，$y = \dfrac{a}{x}$ で，$a = 18$ の場合だから，

y は x に ①[　　　] するといえる。

このとき，比例定数は ②[　　　] である。

> **y は x に反比例する**
> y が x の関数で，
> $$y = \frac{a}{x} \quad (a は 0 でない定数)$$
> という式で表されるときをいい，a を比例定数という。

(2) x と y の関係を表にまとめると，次のようになる。

4 倍　3 倍　2 倍　　　　2 倍　3 倍　4 倍

x	-5	-4	-3	-2	-1	0	1	2	3	4	5
y	-3.6	-4.5	-6	-9	-18	/	18	9	6	4.5	3.6

$xy = 18$

$\dfrac{1}{4}$ 倍　$\dfrac{1}{3}$ 倍　$\dfrac{1}{2}$ 倍　　$x=0$ のとき
は考えない。　　$\dfrac{1}{2}$ 倍　$\dfrac{1}{3}$ 倍　$\dfrac{1}{4}$ 倍

> $y = \dfrac{18}{x}$ の
> 比例定数 18

上の表より，$x > 0$ のときも，$x < 0$ のときも，x の値が 2 倍，3 倍，4 倍，……になると，

対応する y の値は ③[　　　] 倍，④[　　　] 倍，$\dfrac{1}{4}$ 倍，……になることがわかる。

(3) 対応する x と y の積 xy の値はどこも ⑤[　　　] になっている。 ← $x>0$ でも，$x<0$ でもいえる。

比例定数

例 **2** 反比例の式を求める

教 p.150 → 基本問題 ❹

y は x に反比例し，$x = -3$ のとき $y = 8$ です。このとき，y を x の式で表しなさい。

考え方 $y = \dfrac{a}{x}$ の比例定数 a の値を求めればよい。

解き方 y は x に反比例するから，比例定数を a とすると，

$y =$ ⑥[　　　] と表すことができる。 < $y = \dfrac{x}{a}$ と間違えないように！

> **ここがポイント**
> y は x に反比例する。
> ↓
> $$y = \frac{a}{x} \quad と表す。$$

$x = -3$ のとき $y = 8$ だから，⑦[　　　] $= \dfrac{a}{-3}$

$y = \dfrac{a}{x}$ に $x=-3$，$y=8$ を代入する。

よって，$a =$ ⑧[　　　]　したがって，求める式は，$y =$ ⑨[　　　]

解答 p.31

基本問題

1 反比例する量　次の(1)〜(3)について，y を x の式で表し，y が x に反比例するものには〇，反比例しないものには×を書きなさい。また，反比例する場合には，比例定数を答えなさい。

(1) 2 L のジュースを x 人に等分したときの 1 人分の量 y L

教 p.148 たしかめ 1

ここがポイント

式の形が

$$y = \frac{a}{x} \longleftarrow 比例定数$$

↓

y は x に反比例する。

(2) 時速 50 km で x 時間進むときの道のり y km

(3) 面積が 15 cm² の平行四辺形の底辺の長さ x cm と高さ y cm

2 反比例の式　$y = -\dfrac{24}{x}$ について，次の問いに答えなさい。

教 p.149 問 3

(1) y は x に反比例するといえますか。いえる場合には比例定数を答えなさい。

(2) 下の表の □ をうめて，x と y の関係をまとめなさい。

x	-4	-3	-2	-1	0	1	2	3	4
y	6	①	②	24	/	③	-12	-8	④

(3) x の値が 2 倍，3 倍，4 倍，……になると，対応する y の値はどのように変わりますか。

(4) 対応する x と y の積 xy の値について，どんなことがいえますか。

3 反比例の式　次の式で表される x と y の関係のうち，y が x に反比例するものをすべて選び，記号で答えなさい。また，比例定数も答えなさい。

教 p.148〜150

㋐　$y = \dfrac{x}{8}$　　　　㋑　$y = -\dfrac{6}{x}$　　　　㋒　$xy = 15$　　　　㋓　$x + y = -10$

4 反比例の式を求める　次の(1)，(2)について，y を x の式で表しなさい。また，$x = -6$ のときの y の値を求めなさい。

教 p.150 問 4

(1) y は x に反比例し，$x = 9$ のとき $y = 4$

知ってると得

反比例で，比例定数 a は対応する x と y の積 xy の値からも求められる。

(2) y は x に反比例し，$x = 10$ のとき $y = -3$

左ページの 例 の答え　①反比例　②18　③$\dfrac{1}{2}$　④$\dfrac{1}{3}$　⑤18　⑥$\dfrac{a}{x}$　⑦8　⑧-24　⑨$-\dfrac{24}{x}$

5 章

3節　反比例
❷ 反比例のグラフ

教 p.151, 152 → 基本 問題 ❶ ❷ ❸

例 1 反比例のグラフ

関数 $y=\dfrac{4}{x}$ のグラフをかきなさい。

解き方 関数 $y=\dfrac{4}{x}$ について，x と y の関係を表にまとめると，次のようになる。
y は x に反比例する。

x	$\cdots$	-4	-3	-2	-1	0	1	2	3	4	$\cdots$
y	$\cdots$	①	$-\dfrac{4}{3}$	②	-4	/	③	2	$\dfrac{4}{3}$	④	$\cdots$

上の表の x と y の値の組を座標とする点をとると，図1のようになる。x の値を細かくとっていくと，x と y の値の組を座標とする点の全体は，図3のようななめらかな曲線になる。

グラフは x 軸，y 軸に限りなく近づくが交わることはない。

図1　　→　図2　　→　図3

この曲線が，関数 $y=\dfrac{4}{x}$ のグラフだよ。

ミス注意
右の図のような折れ線
にしてはいけない。
↓
なめらかな曲線にする。

たいせつ
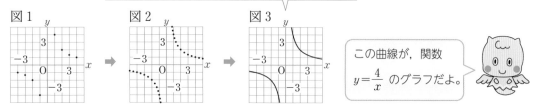
関数 $y=\dfrac{a}{x}$ のグラフ…
原点について対称な双曲線
なめらかな2つの曲線

例 2 グラフから反比例の式を求める

教 p.154 → 基本 問題 ❹

反比例のグラフが点 $(2, 8)$ を通るとき，y を x の式で表しなさい。

解き方 求める式を $y=\dfrac{a}{x}$ とする。グラフは点 $(2, 8)$ を通るから，
反比例の式

この式に $x=2$，$y=$ ⑤ を代入すると，

⑥ $=\dfrac{a}{2}$　　$a=$ ⑦

よって，求める式は，$y=$ ⑧

反比例では，x と y の積は一定
で，比例定数 a に等しいよ。
だから，a の値は，
　　$a=2\times 8$
として求めることもできるね。

基 本 問 題

解答 ▶ p.31

1 反比例のグラフ 関数 $y = -\dfrac{4}{x}$ について，次の問いに答えなさい。

教 p.151, 152

(1) 下の表の □ をうめて，関数 $y = -\dfrac{4}{x}$ の x と y の関係をまとめなさい。

x	…	-4	-2	-1	0	1	2	4	…
y	…	1	①	②	/	-4	③	④	…

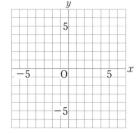

(2) 上の表の x と y の値の組を座標とする点を，右の図にとって，

関数 $y = -\dfrac{4}{x}$ のグラフをかきなさい。

2 関数 $y = \dfrac{a}{x}$ の x と y の値の増減 関数 $y = \dfrac{4}{x}$，$y = -\dfrac{4}{x}$ のそれぞれについて，次の問いに答えなさい。

教 p.152問2, 問3

(1) $x > 0$ のとき，x の値が増加すると，y の値は増加しますか，それとも減少しますか。

(2) $x < 0$ のとき，x の値が増加すると，y の値は増加しますか，それとも減少しますか。

5 章

3 反比例のグラフ 次の関数のグラフを，右の図にかきなさい。

教 p.151〜154

(1) $y = \dfrac{8}{x}$

(2) $y = -\dfrac{10}{x}$

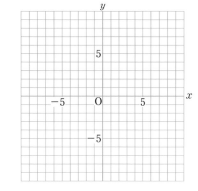

4 グラフから反比例の式を求める 右の図は，反比例のグラフです。
(1)，(2)について，y を x の式で表しなさい。

教 p.154問5

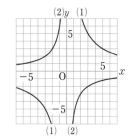

x 座標，y 座標がともに整数である
グラフ上の点を読みとろう。

左ページの
例 の答え ① -1 ② -2 ③ 4 ④ 1 ⑤ 8 ⑥ 8 ⑦ 16 ⑧ $\dfrac{16}{x}$

 **4節　比例と反比例の活用**
1 比例と反比例の活用

例1 比例の関係を使う  教 p.156 → 基本問題 ❶ ❷

　重さが 570 g のコピー用紙の束があります。これと同じコピー用紙 20 枚の重さをはかると 76 g であるとき，束になっているコピー用紙の枚数を求めなさい。

（考え方）コピー用紙の重さは，枚数に比例することを利用する。

（解き方）x 枚分のコピー用紙の重さを y g とすると，y は x に比例するから，比例定数を a として，$y = ax$ と表すことができる。

20 枚分のコピー用紙の重さは 76 g だから，

$x = \boxed{①}$，$y = \boxed{②}$ を代入すると，

$76 = a \times \boxed{③}$　　$a = \dfrac{19}{5}$　　よって，式は $y = \dfrac{19}{5}x$

（思い出そう）
y は x に比例する。
→ 式の形は $y = ax$

これを求める

x (枚)	20	
y (g)	76	570

この式に $y = 570$ を代入すると，$570 = \dfrac{19}{5}x$　　$x = 570 \times \dfrac{5}{19} = \boxed{④}$　　答 $\boxed{⑤}$

コピー用紙の束の重さが 570 g

（別解）$570 \div 76 = 7.5$（倍）

　y の値が 7.5 倍になるのは，x の値が 7.5 倍になるときだから，$20 \times 7.5 = \boxed{④}$（枚）

例2 反比例の関係を使う 教 p.158 → 基本問題 ❸

　右の図のようなモビールで，支点の左側に丸い形のかざりをつるし，右側に四角形のかざりをつるします。丸い形のかざりは支点から 10 cm のところにつるしたままにして，左右がつり合うときの四角形のかざりの重さと支点からの距離を調べたら，下の表のようになりました。□ にあてはまる値を求めなさい。

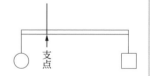
支点

支点からの距離 (cm)	4	8	16	32
四角形のかざりの重さ (g)	40	20	10	

（考え方）「支点からの距離」と「四角形のかざりの重さ」の積を計算すると，

$4 \times 40 = 160$，$8 \times 20 = 160$，$16 \times 10 = 160$ となり，どれも 160 で一定になる。

このことから，丸い形のかざりをつるしたままにして，左右がつり合うとき，

「四角形のかざりの重さ」は「支点からの距離」に反比例するといえる。

（解き方）支点からの距離が x cm のときの四角形のかざりの重さを y g とすると，

　y は x に反比例し，対応する x と y の積の値は $\boxed{⑥}$ だから，式は $y = \dfrac{\boxed{⑦}}{x}$

　この式に $x = 32$ を代入すると，$y = \dfrac{160}{\boxed{⑧}} = \boxed{⑨}$　　答 $\boxed{⑩}$

基本問題 ‥‥‥‥‥‥‥‥‥‥‥‥‥‥‥‥‥‥‥‥‥‥‥‥‥‥‥‥‥‥‥‥‥‥‥ 解答 p.32

1 比例の関係を使う　下の表は，ばねに x g のおもりをつるしたときのばねの伸びる長さを y mm として，x と y の関係を調べたものです。　　　 教 p.156例題1, p.157問1

x (g)	0	5	10	15	20	……	40
y (mm)	0	6	12	18	24	……	48

(1)　右の図に点をとり，x と y の関係を表すグラフをかきなさい。

(2)　y を x の式で表しなさい。

(3)　35 g のおもりをつるすとき，ばねの伸びる長さを求めなさい。

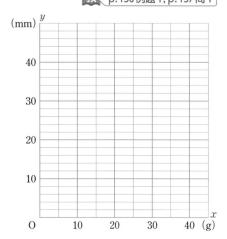

2 グラフから読みとる　兄は走って，弟は自転車に乗って，同時に家を出発し，家から 1200 m 離れた図書館に行きました。右の図は，出発してから x 分後の家からの道のりを y m として，2 人の進んだようすをグラフに表したものです。　　　 教 p.157, 158問2

(1)　2 人が図書館に着くのは，それぞれ出発してから何分後ですか。

(2)　弟が図書館に着いたとき，兄は図書館まであと何 m のところにいますか。

(3)　兄と弟が 200 m 離れるのは，出発してから何分後かを求めなさい。

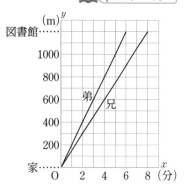

3 反比例の関係を使う　歯車 A と B がかみ合っています。歯車 A の歯数は 24 で，毎秒 15 回転しています。歯車 B の歯数は x で，毎秒 y 回転するとします。　　　 教 p.158例1, 問4

(1)　y を x の式で表しなさい。

(2)　歯車 B の歯数が 18 のとき，歯車 B は毎秒何回転しますか。

(3)　歯車 B が毎秒 8 回転するとき，その歯数を求めなさい。

左ページの 例 の答え　①20　②76　③20　④150　⑤150枚　⑥160　⑦160　⑧32　⑨5　⑩5

5章

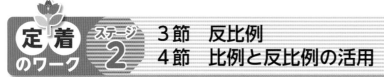

解答 ▶ p.32

3節　反比例
4節　比例と反比例の活用

1 次の(1)〜(4)について，y を x の式で表し，y が x に比例するものには○，反比例するものには△，どちらでもないものには×を書きなさい。また，比例する場合，反比例する場合には比例定数を答えなさい。

(1)　面積が $12\,\mathrm{cm}^2$ の三角形の底辺 $x\,\mathrm{cm}$ と高さ $y\,\mathrm{cm}$

(2)　1000 円を持って買い物をしたときの，使った金額 x 円と残った金額 y 円

(3)　時速 4 km で歩いたとき，$x\,\mathrm{km}$ の道のりを進むのにかかる時間 y 時間

(4)　毎分 6 L の割合で 15 分水を入れると満水になる水そうに，毎分 $x\,\mathrm{L}$ の割合で水を入れたとき満水になるまでにかかる時間 y 分

2 y は x に反比例し，$x = -6$ のとき $y = \dfrac{2}{3}$ です。

(1)　y を x の式で表しなさい。

(2)　$x = \dfrac{1}{2}$ のときの y の値を求めなさい。

(3)　$y = -\dfrac{1}{4}$ となる x の値を求めなさい。

3 次の問いに答えなさい。

(1)　反比例のグラフが 2 点 $(-4,\ 10)$，$(5,\ p)$ を通るとき，p の値を求めなさい。

(2)　次の関数のグラフを右の図にかきなさい。

① $y = \dfrac{12}{x}$ 　　　　② $y = -\dfrac{16}{x}$

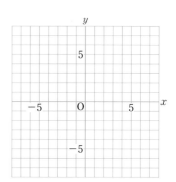

3 (1)　反比例の式を求めてから，p の値を求める。
　　　または，反比例では，対応する x と y の積の値が一定になることに着目して，
　　　$-4 \times 10 = 5 \times p$ を解いてもよい。

4 右の図のような長方形 ABCD があります。点Pは，秒速 1 cm で辺 BC 上を B から C まで動きます。点PがBを出発してからx秒後の三角形 ABP の面積を y cm² として，次の問いに答えなさい。

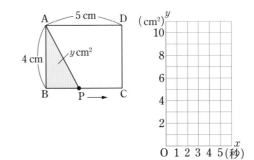

(1) y を x の式で表しなさい。

(2) x，y の変域をそれぞれ求めなさい。

(3) x と y の関係を表すグラフを，右の図にかきなさい。

(4) 三角形 ABP の面積が 6 cm² になるのは何秒後ですか。

5 次の問いに答えなさい。

(1) びんの中に同じ種類のクリップがたくさん入っています。クリップを 12 個取り出し，重さを測ったら 16 g ありました。クリップの入ったびんの重さは 2 kg で，びんだけの重さは 200 g でした。びんの中にクリップは何個入っていましたか。

(2) 箱に入っているすべての碁石を長方形の形に並べます。縦に 15 個ずつ並べると，横に 18 個ずつ並びます。縦に x 個ずつ並べると，横に y 個ずつ並ぶとするとき，y を x の式で表しなさい。

5章

![入試問題を やってみよう！]

1 右の図のように，関数 $y = \dfrac{a}{x}$ …⑦ のグラフ上に 2 点 A，B があり，関数⑦のグラフと関数 $y = 2x$ …⑥ のグラフが，点Aで交わっています。点Aの x 座標が 3，点Bの座標が $(-9, p)$ のとき，次の各問いに答えなさい。 〔三重〕

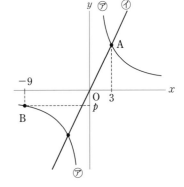

(1) a，p の値を求めなさい。

(2) 関数⑦について，x の変域が $1 \leqq x \leqq 5$ のときの y の変域を求めなさい。

5 (1) クリップの重さは，個数に比例することを利用して求める。
(2) 箱に入っている碁石の数は変わらないので，対応する x と y の積 xy の値は一定であることを利用する。

実力判定テスト　ステージ **3**　比例と反比例　　　　　　　　　　　　解答 p.34

40分　　　　/100

1 次の㋐～㋣のうち，y が x の関数であるものをすべて選び，記号で答えなさい。　（4点）

㋐　面積が $x\,\mathrm{cm^2}$ である長方形の周の長さ $y\,\mathrm{cm}$

㋑　半径が $x\,\mathrm{cm}$ である円の面積 $y\,\mathrm{cm^2}$

㋒　100 g あたり x 円の肉を 1000 円分買うとき，買える肉の重さ $y\,\mathrm{g}$

㋓　自然数 x の倍数 y

（　　　　　　　　　　）

2 下の㋐～㋣の表について，次の問いに答えなさい。　　　　　　　4点×4（16点）

㋐
x	…	-3	-2	-1	0	1	2	3	…
y	…	-12	-8	-4	0	4	8	12	…

㋑
x	…	-3	-2	-1	0	1	2	3	…
y	…	3	2	1	0	1	2	3	…

㋒
x	…	-3	-2	-1	0	1	2	3	…
y	…	8	12	24	/	-24	-12	-8	…

㋓
x	…	-3	-2	-1	0	1	2	3	…
y	…	-5	-6	-7	/	7	6	5	…

(1)　y が x に比例するものを 1 つ選び，y を x の式で表しなさい。

（　　　　　，式　　　　　　　）

(2)　y が x に反比例するものを 1 つ選び，y を x の式で表しなさい。

（　　　　　，式　　　　　　　）

3 次の問いに答えなさい。　　　　　　　　　　　　　　　5点×4（20点）

(1)　y は x に比例し，$x=5$ のとき $y=-15$ です。

　①　y を x の式で表しなさい。　　　　②　$x=-8$ のときの y の値を求めなさい。

（　　　　　　　　）　　　　　　（　　　　　　　　）

(2)　y は x に反比例し，$x=-2$ のとき $y=15$ です。

　①　y を x の式で表しなさい。　　　　②　$x=-6$ のときの y の値を求めなさい。

（　　　　　　　　）　　　　　　（　　　　　　　　）

よく出る 4 次の関数のグラフを，下の図にかき入れなさい。 5点×4（20点）

(1) $y = \dfrac{7}{2}x$

(3) $y = -\dfrac{5}{6}x$

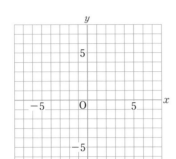

(2) $y = -\dfrac{18}{x}$

(4) $y = \dfrac{18}{x}$

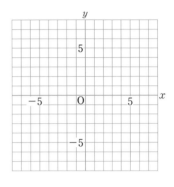

5 次の(1)，(2)について，y を x の式で表し，p の値を求めなさい。 5点×4（20点）

(1) 比例のグラフが2点 $(-3,\ p)$，$(6,\ 2)$ を通る。

（式   ，p の値   ）

(2) 反比例のグラフが2点 $(-2,\ 3)$，$(p,\ -6)$ を通る。

（式   ，p の値   ）

6 Aさんはスタート地点を出発して，1800 m 先のゴールへ向かって一定の速さで走ったところ，ゴールに着くまでに12分かかりました。出発してから x 分後のスタート地点からの道のりを y m として，次の問いに答えなさい。

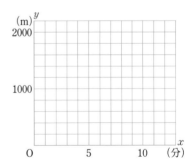

(1) y を x の式で表しなさい。 5点×4（20点）

（   ）

(2) x と y の関係を表すグラフを，右の図にかきなさい。

(3) スタート地点を出発して8分後にAさんはスタート地点から何 m の地点にいましたか。

（   ）

(4) スタート地点から1000 m の地点を，Aさんはスタート地点を出発してから何分何秒後に通過しましたか。

（   ）

アプリ【どこでもワーク計算編・図形編】をやって，さらに力をつけよう！

確認のワーク　ステージ1　1節　平面図形の基礎
1 点と直線　2 円

例1 点と直線

教 p.170〜173 → 基本問題 1 2

右の図について，次の問いに答えなさい。

(1) 直線 AB 上にある点で，A，B 以外の点を答えなさい。

(2) 線分 AB 上にある点で，A，B 以外の点を答えなさい。

(3) アの角を，角の記号と P，Q，R を使って表しなさい。

(4) 直線 AB と直線 ℓ の交点を求めなさい。

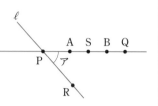

解き方 (1)，(2) 直線と線分の意味から考える。　　答 (1) ①［　　　］　(2) ②［　　　］

(3) アの角は，PQ と PR が辺だから，記号 ∠ を使って，③［　　　］と表される。
　　点 P から一方だけにのびた 2 直線 PQ，PR がつくる角。　　　　　　「角 QPR」と読む。
　　　　　　　　　　　　　　角を表す記号

(4) 交点は，2 つの線が交わる点のことだから，直線 AB と直線 ℓ の交点は ④［　　　］である。
　　　　　直線を，ℓ などのアルファベットの小文字 1 つを使って表すことがある。

覚えておこう

直線・線分・半直線

直線……両方に限りなくのびたまっすぐな線

線分……直線の一部分で，直線上の 2 点ではさまれた部分

半直線…直線の一部分で，直線上の 1 点から一方に限りなくのびたもの

直線 AB
A　　B

線分 AB
A　　B

半直線 AB
A　　B

角の表し方

下の図の辺 AB，AC がつくる角は，∠BAC，∠CAB，∠A，∠a などと表される。

頂点　辺　B
　　　a
A　辺　C

例2 円

教 p.174, 175 → 基本問題 4 5

次の問いに答えなさい。

(1) 1 点からの距離が等しい点の集まりを何といいますか。

(2) 弦 AB が最も長くなるのは，どんな点を通るときですか。

(3) 弦 AB が円の中心を通るとき，弧 AB に対する中心角は何度ですか。

解き方 (1) たとえば，点 O から 1 cm の距離にある点を多数かくと，右の図のようになるので，⑤［　　　］

(2) 弦 AB が ⑥［　　　］になる場合で，円の中心 O を通るときである。

(3) 右の図で，∠a が中心角だから，⑦［　　　］

たいせつ

円 O…点 O を中心とする円

弧…円周の一部分

弦…円周上の 2 点を結ぶ線分

弧 AB
弦 AB
中心角　O

接点　接線

円と直線が 1 点だけを共有するとき，円と直線は**接する**という。

基本問題 ⋯⋯⋯⋯⋯⋯⋯⋯⋯⋯⋯⋯⋯⋯ 解答 ▶ p.35

1 直線, 線分, 半直線 右の図のように, 平面上に4点A, B, C, Dがあります。このとき, 次の直線, 線分, 半直線を図にかき入れなさい。 教 p.170たしかめ1

(1) 直線AB　　(2) 線分CD　　(3) 半直線AD

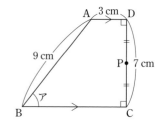

2 角, 線分の長さ, 2直線の位置関係 右の図の台形ABCDで, 点Pは辺CDの真ん中の点です。 教 p.171〜173

(1) アの角を, 角の記号とA, B, Cを使って表しなさい。

(2) 線分CPと線分PDの長さの関係を, 記号を使って表しなさい。

(3) 次の辺の位置関係を, 記号を使って表しなさい。
　① 辺ADと辺DC　　　② 辺ADと辺BC

> **覚えておこう**
> **AB＝CD** … 線分ABと線分CDの長さが等しい。
> **AB⊥CD** … ABとCDが垂直
> **AB∥CD** … ABとCDが平行

3 距離 **2**の図で, 次の距離を求めなさい。 教 p.173

(1) 頂点Aと辺DCとの距離

(2) 辺AD, 辺BC間の距離

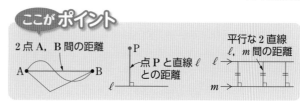

ここが**ポイント**

2点A, B間の距離　　点Pと直線ℓとの距離　　平行な2直線 ℓ, m 間の距離

4 円 右の図の円Oに, 次の図形をかきなさい。 教 p.174

(1) 弧AB　　　　(2) 弦CD

(3) $\overset{\frown}{EF}$ に対する中心角

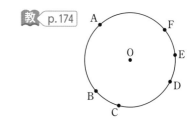

5 円の接線 右の図で, 直線PA, PBがそれぞれ円Oの接線であるとき, $\overset{\frown}{AB}$ に対する中心角の大きさを求めなさい。 教 p.175問3

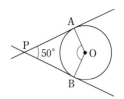

> 👆 **円の接線**
> 円の接線は, 接点を通る半径に垂直である。
> 半径　接線　接点　ℓ

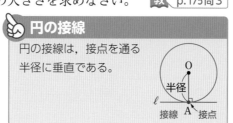

左ページの例の答え　①点P, 点S, 点Q　②点S　③∠QPR(∠RPQ)　④点P　⑤円　⑥直径　⑦180°

確認のワーク　ステージ**1**　**2節　作図**
1 基本の作図

例1 垂直二等分線の作図 ────────── 教 p.177, 178 → 基本問題 ❶

右の図で，線分 AB の垂直二等分線を作図しなさい。

A ●————————● B

考え方 ひし形は，対角線を対称の軸とする線対称な図形であることを利用する。

四角形 AQBP がひし形

　　　➡AB⊥PQ，AM＝BM

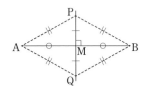

解き方 ① 点Aを中心とする円をかく。

② 点Bを中心として，①と等しい半径の円をかき，それらの交点を P，Q とする。

四角形 AQBP はひし形となる。

③ 直線①[　　　]をひく。

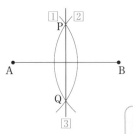

垂直二等分線

線分 **AB** の垂直二等分線
線分 AB の中点を通り，
線分 AB 上にあって，AM＝BM
となる点 M のこと。
AB に垂直な直線のこと。

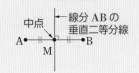

定規とコンパスだけで図をかくことを「作図」というよ。

例2 角の二等分線の作図 ────────── 教 p.179, 180 → 基本問題 ❷

右の図で，∠XOY の二等分線を作図しなさい。

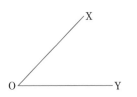

考え方 OA＝OB，AP＝BP となる四角形 OBPA は，線分 OP を対称の軸とする線対称な図形であることを利用する。

右の図で，OA＝OB，AP＝BP ➡ ∠XOP＝∠YOP

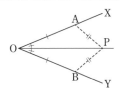

解き方 ① 点Oを中心とする②[　　　]をかき，辺 OX，OY との交点をそれぞれ A，B とする。

② 点 A，B をそれぞれ中心とする等しい③[　　　]の円をかき，それらの交点をPとする。

③ 直線④[　　　]をひく。

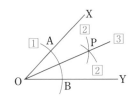

角の二等分線

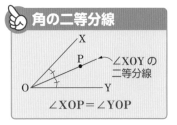

∠XOP＝∠YOP

基 本 問 題 ……………………………………… 解答 p.35

1 垂直二等分線の作図 右の図の △ABC で，次の作図を
しなさい。 教 p.178たしかめ1

(1) 辺 AB の垂直二等分線 (2) 辺 AB の中点M

△ABC は
三角形 ABC
のことだよ。

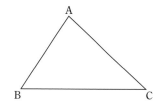

2 角の二等分線の作図 下の図で，∠XOY の二等分線をそれぞれ作図しなさい。

(1) (2) 教 p.180たしかめ2

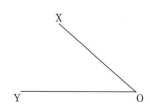

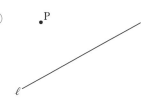

3 垂線の作図 次の作図をしなさい。 教 p.182たしかめ3, 問3

(1) 下の図で，点Pを通る直線 ℓ の垂線

① ②

覚えておこう

直線上の点を通る
垂線の作図

直線上にない点を通る
垂線の作図
(その1) (その2)

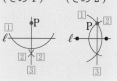

(2) 右の図の △ABC で，次の辺を底辺
とみたときの高さを示す線分

① 辺 AB

② 辺 BC

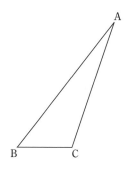

左ページの
例の答え ①PQ ②円 ③半径 ④OP

確認のワーク ステージ 1 **2節 作図 ❷ いろいろな作図**

例1 基本の作図の利用

教 p.183 → 基本問題 ❶

右の図は，ある円の一部です。この円の中心Oを作図しなさい。

考え方 円の中心は，円周上のどの点からも等しい距離にある。また，2点A，Bからの距離が等しい点は，線分ABの垂直二等分線上にあるから，円の中心は，その円の弦の垂直二等分線上にある。

解き方 ① 円周上に，適当な3点A，B，Cをとる。

② 線分ABの① [＿＿＿＿＿＿＿＿] を作図する。

2点A，Bからの距離が等しい。

③ 線分BCの① [＿＿＿＿＿＿＿＿] を作図する。

2点B，Cからの距離が等しい。

④ ②，③の② [＿＿＿＿＿] をOとする。

3点A，B，Cからの距離が等しい。

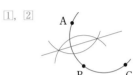

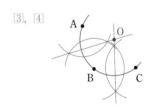

例2 いろいろな角の作図

教 p.184, 185 → 基本問題 ❷

右の図で，30°の∠AOBを作図しなさい。

考え方 正三角形の角が60°であることを利用する。

解き方 ① 60°の∠COAを作図する。

② ∠COAの③ [＿＿＿＿＿] を作図し，OBとする。

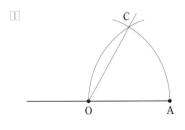

知ってると得

75°を作図するときは，次のように考える。

$75° = 60° + 15° = 90° - 15°$

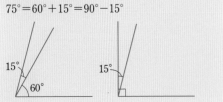

∠AOBは60°の半分だから，30°になるね。

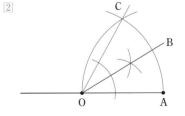

基 本 問 題

解答 p.36

1 基本の作図の利用 次の問いに答えなさい。

教 p.183問1, 問2

(1) 下の図で，円の中心Oを作図しなさい。

(2) 下の図で，円Oの周上の点Pを通る円O の接線を作図しなさい。

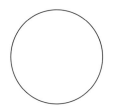

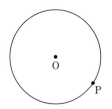

(3) 下の図で，点Oを中心とする円が直線 ℓ と接するときの，接点Pを作図しなさい。

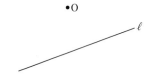

> **思い出そう**
> 円の接線は，接点を通る半径に垂直である。

2 いろいろな角の作図 下の図で，次の角の ∠AOB を作図しなさい。

教 p.184問3

(1) 120°

(2) 45°

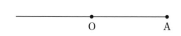

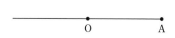

(3) 15°

(4) 150°

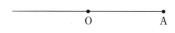

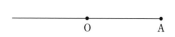

左ページの 例 の答え ① 垂直二等分線 ② 交点 ③ 二等分線

6 章

1節 平面図形の基礎
2節 作図

1 右の図のひし形について，次の関係を記号を使って表しなさい。

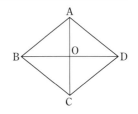

(1) 辺 AB と辺 DC の長さの関係と位置関係

(2) 対角線 AC と対角線 BD の位置関係

(3) 線分 OA と線分 OC，対角線 BD と線分 OD の長さの関係

2 右の図で，方眼の1目盛りを1 cm とします。次の距離を求めなさい。

(1) 2点 A，B 間の距離

(2) 点Cと直線 ℓ との距離

(3) 平行な2直線 ℓ，m 間の距離

3 次の作図をしなさい。

(1) 下の図の △ABC で，辺 AB の
垂直二等分線と頂点Aを通る辺
BC の垂線との交点P

(2) 下の図の △ABC で，∠ABC の二等分線と
頂点Cを通る辺 BC の垂線との交点P

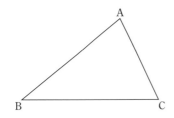

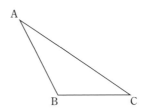

1 平行であることを表すときは記号∥を，垂直であることを表すときは記号⊥を使う。
2 (2) 点Cから直線 ℓ にひいた垂線と ℓ との交点をHとしたとき，線分 CH の長さが点C
と直線 ℓ との距離になる。

4 右の図で，直線 ℓ は円Oの接線で，点Aは接点です。

(1) 直線 ℓ 上に点Aと異なる点Pをとります。

∠PAO の大きさを求めなさい。

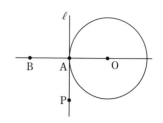

(2) 直線 OA 上に，AO＝AB となる点Bをとります。

線分 PO と線分 PB の長さの関係を，記号を使って表しなさい。

5 右の図で，次の作図をしなさい。

(1) 円の中心が直線 ℓ 上にあって，
2点 A，B を通る円O

A•

•B

(2) 点Bを通る円Oの接線 m

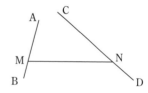
ℓ————————————
•C

(3) 点Cを中心として，直線 m に
接する円C

入試問題を **やってみよう！** ······

1 右の図のように，線分 AB，CD 上にそれぞれ点 M，N を
とります。線分 MN 上にあって，2つの線分 AB，CD から
の距離が等しくなる点Pを，作図によって求めなさい。

〔大分〕

2 右の図のように，線分 AB があります。

∠CAB＝105° となる半直線 AC を作図
しなさい。　〔埼玉2019〕

A————————————B

4 (2) 直線 ℓ は，線分 OB の垂直二等分線になっている。
5 (1) 2点 A，B を通る円の中心は線分 AB の垂直二等分線上にある。
1 直線 AB と直線 CD が交わってできる角を考える。

確認のワーク　ステージ**1**　**3節　図形の移動**
1 図形の移動(1)

例1 平行移動　　　　　　　　　　　　　　　　　　　教 p.188, 189 →基本問題**1**

右の図で，△ABC を，矢印 PQ の方向に，線分 PQ の長さだけ平行移動した △A′B′C′ をかきなさい。

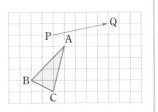

解き方 AA′∥PQ，AA′＝PQ となる点 A′，BB′∥PQ，
　　　点 A′ は，点 A から右へ5目盛り，上へ1目盛りの位置にある点

　①[　　　　]＝PQ となる点 B′，②[　　　　]∥PQ，CC′＝PQ

となる点 C′ をとり，△A′B′C′ をかく。

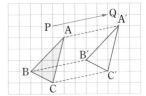

👉 **平行移動**

図形をある方向に，ある距離だけずらす移動のこと。
　ある図形をその形と大きさを変えないで，他の位置に移すこと。
　移動してできた図形は，もとの図形と合同である。
対応する2点を結ぶ線分は，すべて平行で長さは等しい。
注 平行移動してできた図形ともとの図形の対応する辺は
　平行になる。

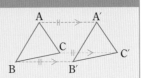

例2 回転移動　　　　　　　　　　　　　　　　　　　教 p.189, 190 →基本問題**23**

右の図で，△ABC を，点Oを回転の中心として，時計の針の回転と同じ向きに 90° 回転移動した △A′B′C′ をかきなさい。

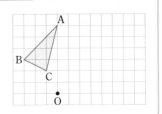

解き方 OA＝OA′，∠AOA′＝90° となる点 A′，OB＝OB′，
　　　OA′ は OA を時計の針の回転と同じ向きに 90° 回転したもの

　∠BOB′＝③[　　　　]となる点 B′，OC＝④[　　　　]，

∠COC′＝90° となる点 C′ をとり，△A′B′C′ をかく。

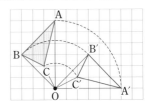

👉 **回転移動**

図形を，1つの点を中心として，ある向きに決まった角度だけ回転させる移動のこと。回転移動で，中心とした点を回転の中心という。
・回転の中心は，対応する2点から等しい距離にある。
・対応する2点と回転の中心を結んでできる角の大きさはすべて等しい。

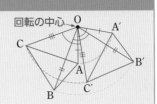

基本問題

解答 p.39

1 平行移動 次の問いに答えなさい。

教 p.188, 189

(1) 下の図1で，線分 A′B′ は，線分 AB を矢印 PQ の方向に，その長さだけ平行移動したものです。線分 AA′，BB′ には，どんな関係がありますか。また，線分 AB，A′B′ には，どんな関係がありますか。

(2) 下の図2の △ABC を，矢印 PQ の方向に，線分 PQ の長さだけ平行移動した △A′B′C′ をかきなさい。

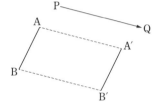

図1

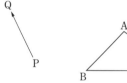

図2

2 回転移動 次の問いに答えなさい。

教 p.189, 190

(1) 下の図1で，線分 A′B′ は，線分 AB を，点Oを回転の中心として，時計の針の回転と反対の向きに 80° 回転移動したものです。

① OA＝7.5 cm，OB＝12.5 cm のとき，線分 OA′，OB′ の長さを求めなさい。

② ∠AOA′，∠BOB′ の大きさを求めなさい。

(2) 下の図2の △ABC を，点Oを回転の中心として，時計の針の回転と反対の向きに 60° 回転移動した △A′B′C′ をかきなさい。

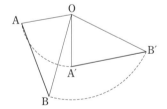

図1

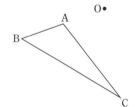

図2

3 回転移動 右の図の △ABC を，点Oを回転の中心として，180° 回転移動した △A′B′C′ をかきなさい。

教 p.190 たしかめ2

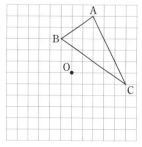

> ➤ たいせつ
>
> **点対称移動**…180° の回転移動のこと。点対称移動では，対応する点と回転の中心は，それぞれ1つの直線上にある。
>
> 注 点Oを中心として点対称移動した図形と，もとの図形は，点Oについて対称であるという。

左ページの 例 の答え　① BB′　② CC′　③ 90°　④ OC′

6章

確認のワーク　ステージ 1　3節　図形の移動
■ 図形の移動(2)

例 1 **対称移動**　　　　　　　　　　教 p.190, 191 → 基本問題 ❶ ❷ ❸

　右の図で，△ABC を，直線 ℓ を対称の軸として対称移動した △A′B′C′ をかきなさい。

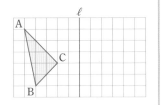

解き方　点Aを通る直線 ℓ の [①⬚] 上に，線分 AA′ が直線 ℓ によって [②⬚] 等分されるように点 A′ をとる。

点 A を通る直線 ℓ の垂線と ℓ の交点を M としたとき，
その垂線上に AM＝A′M となる点 A′ をとる。

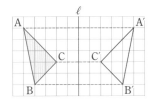

同様に，点 B′，C′ をとり，△A′B′C′ をかく。

☞ **対称移動**

図形を，1つの直線を折り目として折り返す移動のこと。
対称移動で，折り目とした直線を**対称の軸**という。
対称の軸は，対応する2点を結ぶ線分の**垂直二等分線**である。
注 直線 ℓ を対称の軸として対称移動した図形と，もとの図形は，直線 ℓ について対称であるという。

例 2 **移動の組み合わせ**　　　　　　　教 p.192 → 基本問題 ❹

　右の図は，△ABC を △PQR に移動したところを示しています。この移動は，どんな移動を組み合わせたものですか。

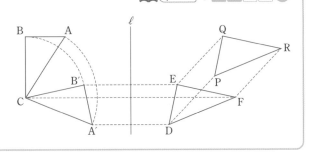

考え方　△ABC ⟶ △A′B′C ⟶ △DEF ⟶ △PQR の順に移動している。
それぞれどんな移動かを考える。

解き方　△ABC ⟶ △A′B′C … [③⬚] 移動

点 C が回転の中心

△A′B′C ⟶ △DEF … [④⬚] 移動

直線 ℓ が対称の軸

△DEF ⟶ △PQR … [⑤⬚] 移動

点 D から点 P の方向が移動の方向，線分 DP の長さが移動した距離

平行，回転，対称の3つの移動を適当に組み合わせて使うと，平面図形は，いろいろな位置に移せるね。

基 本 問 題 解答 p.39

1 対称移動 右の図で，線分 A′B′ は，線分 AB を直線 ℓ を対称の軸として対称移動したものです。 教 p.190, 191

(1) 次の□にあてはまる角度や記号を答えなさい。

アの角の大きさは □ で，

線分 AA′ と直線 ℓ の関係は，AA′ □ ℓ である。

(2) BB′＝18 cm のとき，線分 BM の長さを求めなさい。

2 対称移動 下の図で，△ABC を，直線 ℓ を対称の軸として対称移動した △A′B′C′ をそれぞれかきなさい。 教 p.191 たしかめ 3

(1)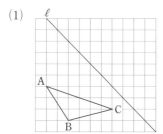

(2)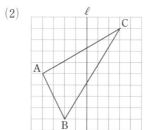

点 A′ は，AA′⊥ℓ で，線分 AA′ が直線 ℓ で 2 等分されるような位置にとるんだよ。

3 対称移動 右の図のように，三角形の形をした紙を折りました。 教 p.191 問 4

(1) △ADE は，どの図形をどのように移動してできたものかを答えなさい。

(2) ∠DAE と等しい角を答えなさい。

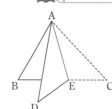

6 章

4 移動の組み合わせ 右の図は，8 個の合同な台形を並べたものです。⑦の台形を 2 回の移動で(1)，(2)の台形にぴったりと重ね合わせるには，それぞれ

平行移動，回転移動，対称移動

のどの移動を組み合わせるとよいですか。1 つ答えなさい。 教 p.192 問 5

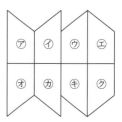

(1) ㋖   (2) ㋘

4節 円とおうぎ形の計量
❶ 円の周の長さと面積
❷ おうぎ形の弧の長さと面積

例 **1** 円の周の長さと面積 ─── 教 p.193 → 基本問題 **❶**

半径が 5 cm の円の周の長さと面積を求めなさい。

解き方 公式の「$2\pi r$」や「πr^2」に $r=5$ を代入する。
  半径が 5 cm

円の周の長さ　$2\pi \times$ ①□ ＝ ②□ (cm)
  └ 円周率は π で表す。

円の面積　$\pi \times 5^2 =$ ③□ (cm²)

注 円周率を表す文字「π」は，積の中では，$2\pi r$ のように，数のあと，その他の文字の前に書く。

たいせつ

半径 r の円の周の長さ ℓ と面積 S
$\ell = 2\pi r$
$S = \pi r^2$

例 **2** おうぎ形の弧の長さと面積 ─── 教 p.195, 196 → 基本問題 **❸**

半径が 3 cm，中心角が 120° のおうぎ形の弧の長さと面積を求めなさい。

考え方 中心角が $a°$ のおうぎ形の弧の長さと面積は，
  2つの半径のつくる角
同じ半径の円の周の長さと面積の $\dfrac{a}{360}$ 倍である。

解き方 公式の「$2\pi r \times \dfrac{a}{360}$」や「$\pi r^2 \times \dfrac{a}{360}$」に

$r=3$，$a=120$ を代入する。
  半径が 3 cm　中心角が 120°

おうぎ形の弧の長さ　$2\pi \times 3 \times \dfrac{120}{360} =$ ④□ (cm)

おうぎ形の面積　$\pi \times 3^2 \times \dfrac{120}{360} =$ ⑤□ (cm²)

たいせつ

弧の両端をそれぞれ通る2つの半径とその弧によって囲まれた図形をおうぎ形という。

半径 r，中心角 $a°$ のおうぎ形の弧の長さ ℓ と面積 S
$\ell = 2\pi r \times \dfrac{a}{360}$
$S = \pi r^2 \times \dfrac{a}{360}$

例 **3** おうぎ形の中心角 ─── 教 p.197 → 基本問題 **❹**

半径が 6 cm，弧の長さが 5π cm のおうぎ形の中心角の大きさを求めなさい。

考え方 中心角を $a°$ として，おうぎ形の弧の長さを a を使って表し，
それが 5π cm と等しくなることから，方程式をつくる。

解き方 中心角を $a°$ とすると，$5\pi = 2\pi \times$ ⑥□ $\times \dfrac{a}{360}$

これを解くと，$a=$ ⑦□　　よって，中心角の大きさは ⑧□

別解 半径が 6 cm の円の周の長さは，$2\pi \times 6 = 12\pi$ (cm)

中心角は弧の長さに比例するから，$360° \times \dfrac{5\pi}{12\pi}$ で求められる。

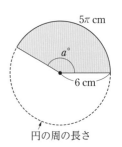
円の周の長さ

基本問題 解答 p.40

1 円の周の長さと面積　次のような円の周の長さと面積を求めなさい。 教 p.193たしかめ1

(1)　半径が 9 cm

(2)　直径が 7 cm

2 おうぎ形の弧の長さと面積　次のおうぎ形で，弧の長さは同じ半径の円の周の長さの何分のいくつですか。また，面積は同じ半径の円の面積の何分のいくつですか。 教 p.195問1

(1)

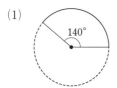

(2)

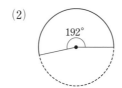

> 1つの円では，弧の長さも，面積も中心角の大きさに比例するよ。

3 おうぎ形の弧の長さと面積　次のおうぎ形の弧の長さと面積を求めなさい。 教 p.196たしかめ2

(1)　半径が 4 cm，中心角が 45° のおうぎ形

(2)　半径が 6 cm，中心角が 288° のおうぎ形

4 おうぎ形の中心角　次のおうぎ形の中心角の大きさを求めなさい。 教 p.197たしかめ3

(1)　半径が 10 cm，弧の長さが 4π cm のおうぎ形

(2)　半径が 15 cm，弧の長さが 24π cm のおうぎ形

(3)　半径が 12 cm，面積が 64π cm² のおうぎ形

5 おうぎ形の面積の求め方　半径が 12 cm，弧の長さが 8π cm のおうぎ形の面積を求めなさい。 教 p.195〜197

 左ページの 例 の答え　①5　②$10\pi$　③$25\pi$　④$2\pi$　⑤$3\pi$　⑥6　⑦150　⑧150°

右端：6 章

解答 p.40

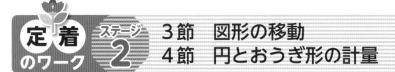

3節　図形の移動
4節　円とおうぎ形の計量

1 右の図のように，正方形 ABCD の 4 つの辺の中点を両端とする 6 つの線分をひいて，8 つの直角三角形をつくります。点 O は線分 EG と線分 FH の交点です。このとき，次の問いに答えなさい。

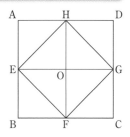

(1) △OHE を，平行移動してぴったりと重なる直角三角形を答えなさい。

(2) △AEH を，点 O を回転の中心として，回転移動してぴったりと重なる直角三角形をすべて答えなさい。

(3) △AEH を，対称移動してぴったりと重なる直角三角形をすべて答えなさい。また，そのときの対称の軸を答えなさい。

2 右の図は，平行移動，回転移動，対称移動を組み合わせて，△ABC を ⑦，④，⑨ と移動したところを示しています。3 点 A，B，C は，それぞれ⑨のどの点に移動しますか。

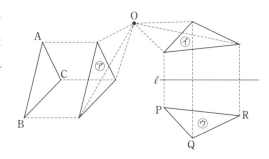

3 右の図に，次の(1)〜(3)の図形をかきなさい。

(1) △ABC を，矢印 PQ の方向に，線分 PQ の長さだけ平行移動した図形

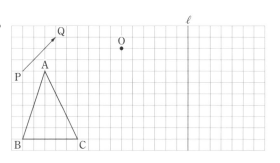

(2) (1)でかいた図形を，点 O を回転の中心として，時計の針の回転と反対の向きに 90° 回転移動した図形

(3) (2)でかいた図形を，直線 ℓ を対称の軸として対称移動した図形

1 (1) 点 O をある点に移るように平行移動すると，ほかの点はどこに移るかを考える。
2 3 平行移動，回転移動，対称移動の 3 つの移動を組み合わせると，平面図形をいろいろな位置に移すことができる。

4 右の図のように，直線 ℓ と 2 点 A，B があります。直線 ℓ 上に点 P をとり，AP＋PB の長さを考えます。AP＋PB の長さが最短になるときの，線分 AP，PB を右の図にかき入れなさい。

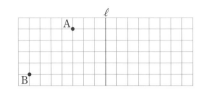

5 右の図は，3 つの円を組み合わせてできた図形です。• はそれぞれの円の中心を示していて，この 3 つの点は一直線上に並んでいます。色のついた部分の周の長さと面積を求めなさい。

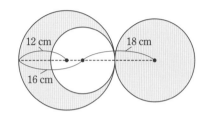

6 次の問いに答えなさい。

(1) 半径が 2 cm で，中心角が 108° のおうぎ形の弧の長さと面積を求めなさい。

(2) 半径が 9 cm のおうぎ形の面積が半径 3 cm の円の面積と等しいとき，このおうぎ形の中心角を求めなさい。

7 右の図は，おうぎ形と半円を組み合わせてできた図形です。色のついた部分の周の長さと面積を求めなさい。

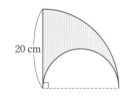

20 cm

6章

入試問題を やってみよう！

1 正方形の折り紙があります。この折り紙を図 1 のように，正方形 ABCD とし，辺 BC 上に点 P をとります。図 2 のように，点 A が点 P に重なるように折り紙を折り，∠BPE＝40° のとき，∠FEP の大きさを求めなさい。

〔滋賀〕

図 1 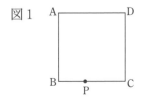　　図 2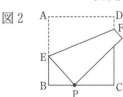

---

4 点 A を，直線 ℓ を対称の軸として対称移動した点を A′ とすると，AP＝A′P となるから，AP＋PB＝A′P＋PB となる。

5 左の内側の円，右側の円の半径をまず求める。

解答 ▶ p.41

/100

1 右の図のように，線分 **AB** を 4 等分する点を **C，D，E** とします。　4点×3（12点）

(1)　線分 AD と長さの等しい線分をすべて見つけ，等しいことを記号を使っ
て表しなさい。

（　　　　　　　　　）

(2)　線分 CE 上にない点をすべて答えなさい。　（　　　　　）

(3)　点Dが中点となるような線分をすべて答えなさい。（　　　　　）

A
•C
•D
•E
B

2 次の作図をしなさい。　6点×6（36点）

(1)　下の図で，線分 AB を直径とする円

(2)　下の図で，角の2辺 AB，AC までの距離
が等しく，円Oの周上にある点P

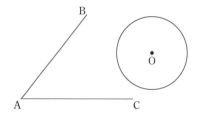

(3)　下の図で，円Oの周上にあって，
△PAB の面積が最大となる点P

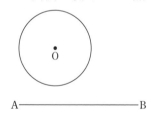

(4)　下の図で，∠BAC=75° となる直線 AC

(5)　下の図で，直線 ℓ と点Aで接し，
点Bを通る円

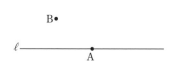

(6)　下の図で，線分 AB を線分 A′B′ に対称
移動したときの対称の軸 ℓ

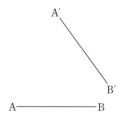

目標 垂直二等分線や角の二等分線の作図の基本的な考え方を確認して，どう組み合わせていくとよいかを考えよう。

3 右の図は，合同な10個の二等辺三角形を組み合わせてつくった図形です。次の問いに記号で答えなさい。　4点×3(12点)

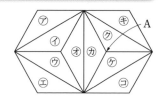

(1) 三角形⑦を1回だけ平行移動させると，ぴったりと重なる三角形を答えなさい。

（　　　　　　　　）

(2) 三角形④を1回だけ対称移動させると，ぴったりと重なる三角形をすべて答えなさい。

（　　　　　　　　）

(3) 三角形⑦を，点Aを回転の中心として1回だけ回転移動させると，ぴったりと重なる三角形をすべて答えなさい。

（　　　　　　　　）

4 下の図は，おうぎ形を組み合わせた図形です。周の長さと面積を求めなさい。

(1)

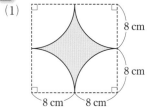

8 cm
8 cm
8 cm　8 cm

(2)　　　　　　　　　　　　　8点×4(32点)

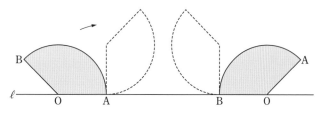

9 cm　　6 cm
120°

周の長さ
（　　　　　　　　）
面積
（　　　　　　　　）

周の長さ
（　　　　　　　　）
面積
（　　　　　　　　）

5 半径が4 cm，中心角が135°のおうぎ形OABが，直線ℓ上をすべることなく転がっていきます。右の図のように，半径OAが直線ℓに重なっている状態から，半径OBがはじめて直線ℓに重なる状態になるまで転がるとき，おうぎ形の中心Oがえがく線の長さを求めなさい。

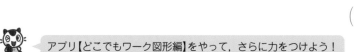

B　　　　　　　　　　　　　　　　A
ℓ　　　　　O　A　　　　　B　O

（8点）

（　　　　　　　　）

 アプリ【どこでもワーク図形編】をやって，さらに力をつけよう！

確認のワーク　ステージ 1

1節　空間図形の基礎
1 いろいろな立体　　2 直線と平面(1)

例 1　いろいろな立体

教 p.208, 209 → 基本問題 1

次の(1)〜(5)の立体の名前を答えなさい。

(1) 　(2) 　(3) 　(4) 　(5)

解き方

(1) 底面が三角形の**角柱**だから，⬛① である。

(2) 底面が四角形の**角錐**だから，⬛② である。

(3) このような立体を⬛③ という。

(4) このような立体を⬛④ という。

(5) どこから見ても円に見える立体で，このような立体を ⬛⑤ という。

> 角柱や角錐は底面の形によって，名前が決まるね。

たいせつ

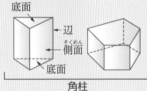　角柱　　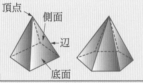　角錐　　　円柱　　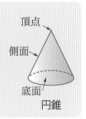　円錐

例 2　2 直線の位置関係

教 p.212, 213 → 基本問題 4

右の三角柱で，辺を直線とみたとき，次の直線を答えなさい。

(1) 直線 AC と平行な直線
(2) 直線 AC とねじれの位置にある直線

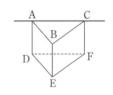

考え方　直線 AC と交わらない直線に着目する。

解き方

(1) 直線 AC と同じ平面 ADFC 上にあって，直線 AC と交わらないから，直線 AC と平行な直線は，直線 ⬛⑥

(2) 直線 AC と交わらず，平行ではないから，直線 AC とねじれの位置にある直線は，直線 ⬛⑦

たいせつ

2 直線の位置関係

同じ平面上にある　　　同じ平面上にない

交わる　　　平行　　　ねじれの位置

└─ 交わらない ─┘

基本問題 ……………………………………………… 解答 p.43

1 いろいろな立体　次の問いに答えなさい。 教 p.208, 209

(1)　正六角柱の底面の形を答えなさい。

> **思い出そう**
> ぴったりと重ね合わせることができる2つの図形を**合同**という。

(2)　底面の形が正九角形で，側面がすべて合同な二等辺三角形である角錐を何というか答えなさい。

2 正多面体　正多面体についての次の表の空らんをうめて，表を完成させなさい。 教 p.210

	正四面体	正六面体	正八面体	正十二面体	正二十面体
面の形	正三角形				
面の数		6			
頂点の数				20	
辺の数			12		30
1つの頂点に集まる面の数					5

覚えておこう

正多面体は次の5種類しかない。

正四面体　正六面体　正八面体
　　　　　（立方体）

正十二面体　正二十面体

3 平面の決定　空間にある平面について，直線 ℓ と点Pをふくむ平面が1つに決まるのは，直線 ℓ と点Pがどのような位置関係にあるときですか。「直線 ℓ 」，「点P」という2つの言葉を用いて，簡潔に書きなさい。 教 p.211

> 1直線上にない3点をふくむ平面は1つしかないよ。

7章

4 2直線の位置関係　右の図は，直方体から三角錐を切りとった立体です。辺を直線とみたとき，直線 AE，直線 BD のどちらともねじれの位置にある直線をすべて答えなさい。 教 p.213 たしかめ1

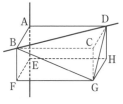

確認 のワーク ステージ **1**

1節 空間図形の基礎
2 直線と平面(2)

例 1 直線と平面の位置関係

教 p.213, 214 → 基本問題 1

右の図は，直方体から三角柱を切りとった立体です。
辺を直線，面を平面とみて，次の問いに答えなさい。

(1) 平面 ABFE と平行な直線をすべて答えなさい。

(2) 直線 EF と平面 BFGC が垂直であることを説明しなさい。

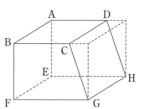

考え方 (2) 点Fを通る平面 BFGC 上の2つの直線と直線 EF の垂直を示せばよい。

解き方 (1) 平面 ABFE 上になく，

平面 ABFE と交わらない直線だから，

直線 CG, DH は平面 ABFE と交わる。

直線 CD，直線 ①[　　　]

(2) 面 ABFE，面 EFGH は ②[　　　]
角柱の側面

より，EF⊥BF，EF⊥③[　　　] だから，
平面 BFGC 上の直線

直線 EF と平面 BFGC は垂直である。

> **たいせつ**
>
> 直線と平面の位置関係
>
> | 平面上にある | 1点で交わる | 交わらない ℓ//P |
> |---|---|---|
>
>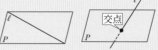
>
> $\ell \perp P$…直線 ℓ と平面Pは垂直
> （直線 ℓ は平面Pの垂線）
> →直線 ℓ が平面Pと交わり，
> その交点Aを通る平面P上のどの直線とも垂直。
>
>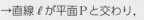

> **覚えておこう**
>
> 直線 ℓ と平面Pが垂直であることを示すには，交点Aを通る平面P
> 上の2直線と直線 ℓ がそれぞれ垂直であることをいえばよい。
>
>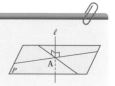

例 2 2平面の位置関係

教 p.215, 216 → 基本問題 1 2

右の図の四角柱で，面を平面とみたとき，次の平面の位置
関係を答えなさい。

(1) 平面 ABCD と平面 EFGH

(2) 平面 AEFB と平面 CGHD

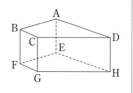

解き方 (1) 角柱の2つの底面は平行だから，

平面 ABCD と平面 EFGH は ④[　　　]である。

(2) 直線 AB と直線 CD は交わるから，

直線 AB をふくむ平面 AEFB と直線 CD をふ

くむ平面 CGHD は ⑤[　　　]。

> **2平面の位置関係**
>
> | 交わる | 平行 P//Q |
> |---|---|
>
>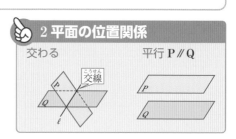
>
> 交線

基本問題

解答 p.43

1 直線と平面の位置関係 右の図の五角柱について，次の問いに答えなさい。 教 p.213〜216

(1) 次の①，②にあてはまる面をすべて答えなさい。

① 辺 BG と平行な面 ② 面 ABCDE と平行な面

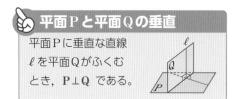

(2) 辺 BC は面 CHID に垂直であることを説明しなさい。

(3) 次の4つの角のうち，その大きさが 90° になるものをすべて選び記号で答えなさい。

㋐ ∠ABH ㋑ ∠BCI ㋒ ∠CAF ㋓ ∠ECG

2 2平面の垂直 **1** の立体で，次の2つの平面は垂直であることを説明しなさい。 教 p.216問9

(1) 面 AFGB と面 FGHIJ

平面Pと平面Qの垂直

平面Pに垂直な直線 ℓ を平面Qがふくむとき，**P⊥Q** である。

(2) 面 BGHC と面 CHID

3 空間での距離 下の図1は，直方体の一部を切り取ってできた三角柱で，図2は，さらに一部を切り取ってできた三角錐である。 教 p.217

図1
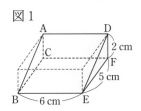

図2
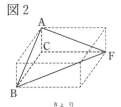

たいせつ

点Aと平面Pとの距離

右の図の線分 AH の長さのこと。

点Aと平面P上の点を結ぶ線分のうち，長さが最も短いものである。

角柱や円柱の高さ，角錐や円錐の高さ

角柱　円柱　角錐　円錐

(1) 図1で点Aと面 BEFC との距離を求めなさい。

(2) 図1の三角柱の高さを求めなさい。

(3) 図2の三角錐で，面 ACF を底面としたときの高さを求めなさい。

1節　空間図形の基礎

1 下の㋐〜㋔の立体について，次の問いに答えなさい。

　㋐　四角錐　　㋑　正五角柱　　㋒　円柱　　㋓　八角柱　　㋔　円錐　　㋕　正六角錐

(1)　次の①〜③にあてはまる立体を，㋐〜㋕からすべて選び，記号で答えなさい。

　①　底面が正多角形である立体

　②　側面がすべて合同な二等辺三角形である立体

　③　側面が長方形である立体

(2)　㋐，㋓は，それぞれ何面体ですか。また，それぞれの立体の辺の数を答えなさい。

2 正十二面体について，次の問いに答えなさい。

(1)　次の□にあてはまる図形の名前や数を答えなさい。

　　正十二面体の面の形は □①　　　　　，1つの頂点に集まる面の数は □② 　　　　　である。

(2)　辺の数，頂点の数を計算で求めます。□にあてはまる数を答えなさい。

　　正十二面体の正五角形の面をばらばらにしたとき，辺や頂点の数はどちらも

　　□① 　　　　　×12＝60 となる。2つの面の辺が重なって正十二面体の1つの辺ができるので，

　　辺の数は，60÷ □② 　　　　 ＝ □③ 　　　　　 となる。また，3つの面の頂点が集まって正十二面

　　体の1つの頂点ができるので，頂点の数は，60÷ □④ 　　　　 ＝ □⑤ 　　　　　 となる。

3 次の㋐〜㋕で，平面が1つに決まるものをすべて選び，記号で答えなさい。

　㋐　2点をふくむ平面　　　　　　　　　㋑　1直線上にある3点をふくむ平面
　㋒　平行な2直線をふくむ平面　　　　　㋓　1直線上にない3点をふくむ平面
　㋔　交わる2直線をふくむ平面　　　　　㋕　ねじれの位置にある2直線をふくむ平面

1　(2)　角錐の辺の数は，底面の多角形の辺の数の2倍であり，角柱の辺の数は，底面の多
　　　　角形の辺の数の3倍である。
2　正多面体は，どの面も合同な正多角形で，どの頂点にも同じ数だけ面が集まっている。

④ 右の図は，長方形 ABCD を辺 AB に平行な線分 EF で折って，3 点 B，C，F が平面 P 上の点になるように置いたもので，∠AED＝∠BFC＝90° である。このとき，次の㋐〜㋑のうち，正しいものをすべて選び，記号で答えなさい。

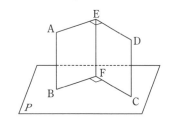

㋐　AE∥FC
㋑　AB∥平面 EFCD
㋒　EF⊥平面 P
㋓　DE⊥平面 P
㋔　BF⊥平面 P
㋕　平面 ABFE⊥平面 EFCD

⑤ 次の㋐〜㋑は，空間にある直線や平面の位置関係について述べた文です。右の直方体の図を参考にして，正しいものを選び，記号で答えなさい。

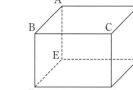

㋐　交わらない 2 つの直線は平行である。
㋑　1 つの平面に垂直な 2 つの平面は平行である。
㋒　平行な 2 つの平面上の直線は平行である。
㋓　1 つの直線に平行な 2 つの平面は平行である。
㋔　1 つの平面に平行な 2 つの直線は平行である。
㋕　1 つの平面に垂直な 2 つの直線は平行である。

⑥ 右の図は，∠ABD＝∠CBD＝90° の三角錐です。

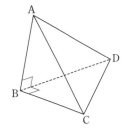

(1) 辺 AB とねじれの位置にある辺を答えなさい。

(2) この三角錐で，面 ABC を底面としたときの高さを表す辺を答えなさい。

入試問題を **やってみよう！** ┈┈┈┈┈┈┈┈┈┈┈

① 右の図の直方体において，辺 AB とねじれの位置にある辺を，次の㋐〜㋓のうちから 1 つ選びなさい。　　　　　〔千葉〕

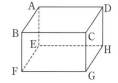

㋐　辺 BC
㋑　辺 FG
㋒　辺 GH
㋓　辺 BF

④ ㋒　面 ABFE，面 EFCD は長方形になることから，直線 EF と直線 BF，直線 EF と直線 FC の位置関係に着目する。

⑥ (1) 三角錐の辺は，交わるか，ねじれの位置であるから，交わらない辺をさがす。

確認
のワーク ステージ **1** **2節 立体の見方と調べ方**
❶ 線や面を動かしてできる立体

例❶ 線や面を垂直に動かしてできる立体 教 p.219 → 基本問題❶❷

次の問いに答えなさい。

(1) 右の図1のように，線分 AB を五角形に垂直に
立てて，その周にそって動かしてできる図形は，
どんな立体のどの部分とみることができますか。

(2) 右の図2の円を，それと垂直な方向に 6 cm 動
かしてできる図形は，どんな立体とみることがで
きますか。

図1　　　図2

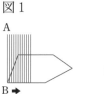

解き方 (1) できる図形は，右の図
のような， ① の

② とみることができる。

(2) できる図形は，右の図のよう
な，底面の円の半径が 6 cm，高
さが ③ cm の ④
とみることができる。

> **たいせつ**
>
> 面を垂直に動かす
>
>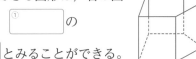
>
> 角柱や円柱は，底面をそれと垂直な方
> 向に動かしてできた立体とみることがで
> きる。角柱や円柱の高さは，底面の
> 動いた距離に等しい。

例❷ 回転体 教 p.220, 221 → 基本問題❸❹❺

右の図形を，直線 ℓ を軸として1回転させると，
どんな立体ができますか。

(1)　　　(2)

解き方 (1) できる立体は，下の図のような

⑤ になる。

(2) できる立体は，下の図のような

⑥ になる。

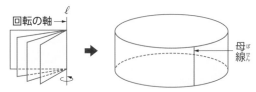

👆 **回転体**

平面図形をある直線のまわりに1回転させてできる立体のこと。

回転の軸

円柱や円錐の**母線**…円柱や円錐の側面をつくり出す線分。

> 円柱は長方形を，
> 円錐は直角三角形
> を1回転させてで
> きた立体だね。

基本問題

解答 p.45

1 辺を垂直に動かしてできる立体　次の図形に線分 AB を垂直に立てて，その周にそって動かしてできる図形は，どんな立体の側面とみることができますか。

教 p.219

(1) 三角形 　　(2) 正六角形 　　(3) 円

2 面を垂直に動かしてできる立体　次の立体は，どんな図形をそれと垂直な方向に動かしてできた立体とみることができますか。

教 p.219たしかめ1

(1) 五角柱　　　(2) 立方体　　　(3) 円柱

3 回転体　下の図形を，直線 ℓ を軸として1回転させてできる回転体の見取図をかきなさい。

教 p.220たしかめ2

(1) 　　(2)

覚えておこう

半円を直線 ℓ を軸として1回転させると球ができる。

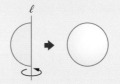

4 回転体　下の回転体は，直線 ℓ を軸としてどんな平面図形を1回転させてできた立体とみることができますか。　の中にその図形のおよその形をかきなさい。

教 p.221問1

(1) 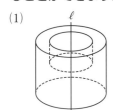 　　(2)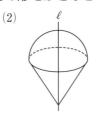

5 回転体　次の①〜③の回転体を，次の平面で切るとき，切り口はどんな図形になりますか。

教 p.221問2

① 　② 　③

(1) 回転の軸をふくむ平面　　(2) 回転の軸に垂直な平面

ここがポイント

回転体の切り口
・回転の軸をふくむ平面で切る
　➡切り口は回転の軸について線対称な図形
・回転の軸に垂直な平面で切る
　➡切り口は円

7章

確認のワーク **ステージ1** **2節　立体の見方と調べ方**
2 立体の表し方(1)

例1 円柱の展開図　　　　　　　　　　　　　　　　教 p.222 →基本問題1

右の図は，円柱とその展開図です。
辺 AB の長さを求めなさい。

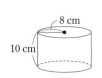 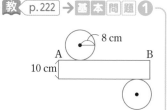

解き方 円柱の展開図で，側面は長方形となり，その横の長さは底面の円の[①　　　]の長さ

に等しいから，AB＝2π×8＝[②　　　]（cm）　← 円周率πを 3.14 として計算すると，50.24 cm

例2 角錐の展開図　　　　　　　　　　　　　　　教 p.223 →基本問題2

右の図は，正四角錐とその展開図です。
(1) 展開図は，正四角錐のどの辺にそっ
　て切り開いたものですか。
(2) 展開図を組み立てたとき，辺 FG と
　重なる辺はどの辺ですか。

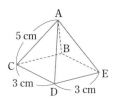 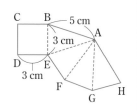

解き方 右の展開図において，←→で示した2つの辺，←┄┄→で
示した点は，正四角錐を切り開く前は，それぞれ正四角錐の
同じ辺，同じ点である。たとえば，展開図の辺 AB と辺 AH は，
正四角錐の辺[③　　　]であり，展開図の点Dと点[④　　　]
は，正四角錐の点Dである。

答 (1) 辺 AB，辺 BC，辺 CD，辺[⑤　　　]　　(2) 辺[⑥　　　]

例3 円錐の展開図　　　　　　　　　　　　　　　教 p.223, 224 →基本問題3

右の図は，円錐とその展開図です。側面を表
すおうぎ形について，次の問いに答えなさい。
(1) おうぎ形の弧の長さを求めなさい。
(2) おうぎ形の中心角の大きさを求めなさい。

 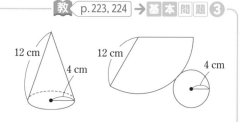

解き方 (1) 円錐の展開図で，側面はおうぎ形となり，その弧の長さは

　　底面の円の周の長さに等しいから，2π×4＝[⑦　　　]（cm）

(2) おうぎ形の中心角を $a°$ とすると，$8π＝2π×12×\dfrac{a}{360}$
　　　　　　　　　　　　おうぎ形の半径（円錐の母線の長さ）

　これを解くと，$a＝120$　　よって，中心角の大きさは，[⑧　　　]

基本問題 解答 p.46

1 円柱の展開図 右の図は，円柱とその展開図です。展開図で，次の長さを求めなさい。

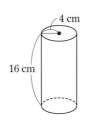 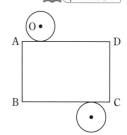

教 p.222問2

(1) 円Oの半径

(2) 辺 AB の長さ

(3) 辺 AD の長さ

2 角錐の展開図 右の図は，正四角錐とその展開図です。

教 p.223問3

(1) 展開図は，正四角錐のどの辺にそって切り開いたものですか。

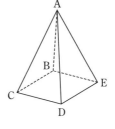 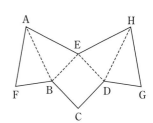

(2) 展開図を組み立てたとき，次の点や辺と重なる点や辺をそれぞれすべて答えなさい。

　① 点A　　　　② 点C　　　　③ 辺DG　　　④ 辺HG

3 円錐の展開図 右の図は，円錐とその展開図です。側面を表すおうぎ形について，次の長さや角の大きさを求めなさい。

教 p.224たしかめ1

(1) おうぎ形の半径

(2) おうぎ形の弧の長さ

 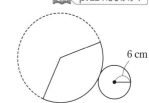

(3) おうぎ形の中心角の大きさ

覚えておこう

円錐の展開図で，側面を表すおうぎ形の中心角の求め方

〈1〉 $\ell = 2\pi r \times \dfrac{a}{360}$ を利用する。

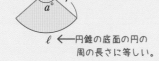

ℓ ←円錐の底面の円の周の長さに等しい。

〈2〉 おうぎ形の弧の長さは，中心角の大きさに比例することを利用する。

$$360° \times \dfrac{\text{(底面の円の周の長さ)}}{\text{(母線の長さを半径とする円の周の長さ)}}$$

$$= 360° \times \dfrac{\text{(底面の円の半径)}}{\text{(母線の長さ)}}$$

確認のワーク　ステージ**1**　**2節　立体の見方と調べ方**
❷ 立体の表し方(2)

例**1** 投影図が表す立体

教 p.224, 225 → 基本問題**①**

　右の投影図は，三角柱，三角錐，四角柱，四角錐，円柱，円錐，球のうち，どの立体を表していますか。

(1)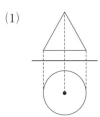

(2)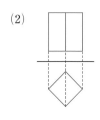

考え方 球はどこから見ても円に見える立体であるから，(1)も(2)も球ではない。
立面図から，「●柱」か「●錐」かがわかる。
平面図から，立体の「底面の形」がわかる。

解き方 (1)　立面図が三角形 → ①[　　　]か円錐

　　さらに，平面図が円だから，②[　　　]

(2)　立面図が長方形 → 角柱か③[　　　]

　　さらに，平面図が四角形だから，④[　　　]

> **投影図**
>
> 1つの立体を平面に表す方法の1つで，正面から見た図(立面図)と，真上から見た図(平面図)をあわせた図のこと。
>
> 例 **四角錐の投影図**
>
>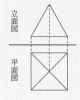
>
> 立面図　　平面図
>
> ※投影図では，見える辺は実線──で示し，見えない辺は破線┄┄で示す。

例**2** 立体の投影図をかく

教 p.225 → 基本問題**❷❸**

　底面がひし形で，2本の対角線の長さが6 cm，2 cm，高さが3 cmの四角柱があります。右の図がこの立体の平面図を表しているとき，この立体の立面図をかき入れて，投影図を完成させなさい。ただし，方眼の1目盛りは1 cmとします。

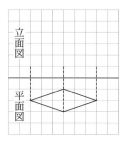

解き方 角柱を図の方向から見たときの投影図だから，立面図は，縦が
⑤[　　　] cm，横が⑥[　　　] cm
の⑦[　　　]になる。
また，辺アイも見える辺だから，この辺も忘れずに実線でかき入れる。

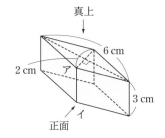

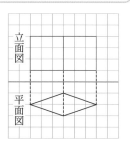

基 本 問 題 ⋯⋯⋯⋯⋯⋯⋯⋯⋯⋯⋯⋯⋯⋯⋯⋯⋯⋯⋯⋯ 解答 p.46

1 投影図が表す立体 　次の投影図は，三角柱，三角錐，四角柱，四角錐，円柱，円錐，球のうち，どの立体を表していますか。 教 p.225たしかめ2

(1) 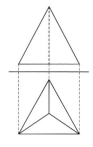　　　　(2) 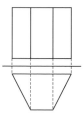　　　　(3)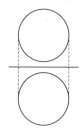

2 立体の投影図をかく 　次の立体の投影図をかきなさい。ただし，方眼の1目盛りは1cmとします。 教 p.225

(1) 正四角錐 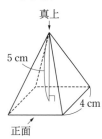　　　　(2) 円錐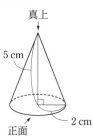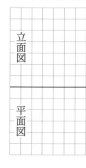

(3) 三角柱 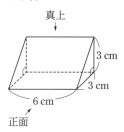　　　　(4) 円柱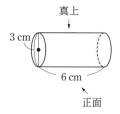

3 立体の投影図をかく 　下の図は，底面が二等辺三角形で，高さが5cmの三角錐の見取図です。(1)，(2)は，この立体の平面図を途中までかいたものです。それぞれの場合について，平面図の不足している線と立面図をかき入れて，投影図を完成させなさい。 教 p.225問4

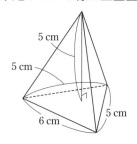　　(1) 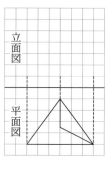　　(2)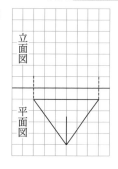

7章

左ページの 例 の答え 　①角錐　②円錐　③円柱　④四角柱　⑤3　⑥6　⑦長方形

 **2節 立体の見方と調べ方**

❶ 下の立体⑦〜㋑について，次の(1)，(2)にあてはまるものをすべて選び，記号で答えなさい。

⑦ 円柱　　㋑ 直方体　　㋒ 円錐　　㋓ 正三角柱　　㋔ 球　　㋕ 四角錐

(1) 回転体

(2) 平面図形をそれと垂直な方向に動かしてできる立体

❷ 右の図は，底面の円の半径が **5 cm**，母線の長さが **10 cm** の円錐です。
この円錐について，次の問いに答えなさい。

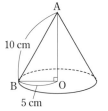

(1) 回転の軸はどれですか。

(2) 円錐を，次の平面で切るとき，切り口はどんな図形になりますか。

① 回転の軸をふくむ平面　　　　　② 回転の軸に垂直な平面

❸ 右の図の直方体で，点A
から点Gまでひもをたるま
ないようにかけます。⑦〜
㋒の3つのひものかけ方の
中では，どれが最も短いで
すか。右の展開図の一部に，

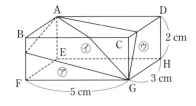
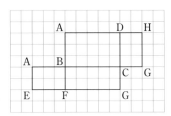

⑦〜㋒の3つのコースを示し，最も短いコースを記号で答えなさい。

❹ 右の □ の中の図は，下の正三角錐の展開図を途
中までかいたものです。この図に，三角形を1つか
き加えて，正三角錐の展開図を完成させなさい。

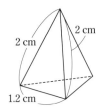
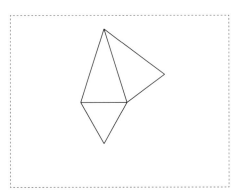

 ❸ 長さを比べるときは，コンパスを使うとよい。
❹ 展開図を組み立てたとき，どの辺とどの辺が重なるか考え，2つの面を共有していない
辺を見つける。その辺を共有する面をかき加えればよい。

5 右の図は，底面の円の半径が **5 cm**，母線の長さが **12 cm** の
円錐の展開図です。

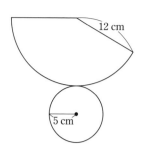

(1) おうぎ形の弧の長さを求めなさい。

(2) おうぎ形の中心角の大きさを求めなさい。

6 次の投影図から考えられる立体は何面体ですか。

(1)
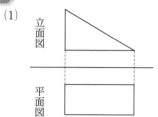

(2)
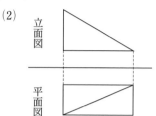

7 右の図は，正四角錐と正四角柱をあわせた立体の投影図です。

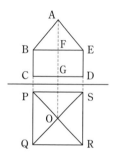

(1) この立体の見取図をかきなさい。

(2) この立体の面の数，辺の数を答えなさい。

(3) この立体の高さは，右の投影図のどこに現れますか。

 入試問題を っ て み よ う ！ ‥‥‥‥‥‥‥‥‥‥‥‥‥‥‥‥

7章

1 図1は，1辺の長さが **6 cm** の正八面体，図2は図1の立体の展開図です。図2の点アに
対応する頂点を図1のA～Fのうちから1つ選び，記号で答えなさい。 〔沖縄〕

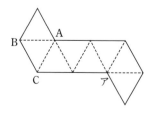

6 (1) 立体の置き方をいろいろな向きで考えてみる。立面図に底面の形が現れることもある。
   (2) 平面図の対角線が何を表すかを考える。
7 (3) 立体の高さは，正四角錐の高さと正四角柱の高さの和となる。

確認のワーク ステージ1 ── 3節 立体の体積と表面積
1 立体の体積(1)

例1 角柱と円柱の体積 　教 p.227 → 基本問題 1 2

右の図の三角柱や円柱の体積を求めなさい。

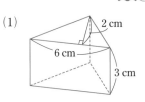

(1)
2 cm
6 cm
3 cm

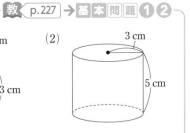

(2)
3 cm
5 cm

解き方

底面は，底辺が 6 cm，高さが 2 cm の三角形

(1) 底面積… $\dfrac{1}{2} \times 6 \times 2 =$ ①□ (cm²)

体積…… $6 \times 3 =$ ②□ (cm³)

底面は，半径が 3 cm の円

(2) 底面積… $\pi \times 3^2 =$ ③□ (cm²)

体積…… $9\pi \times 5 =$ ④□ (cm³)

角柱と円柱の体積

底面積 S，高さ h の角柱や円柱の体積 V

$$V = Sh$$

例2 角錐と円錐の体積 　教 p.228 → 基本問題 3 4

右の図の正四角錐や円錐の体積を求めなさい。

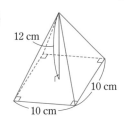

(1)
12 cm
10 cm
10 cm

(2)
15 cm
8 cm

考え方 角錐や円錐の体積は，底面積と高さが等しい

角柱や円柱の体積の $\dfrac{1}{3}$ である。

解き方

底面は，1辺が 10 cm の正方形

(1) 底面積… $10^2 =$ ⑤□ (cm²)

体積…… $\dfrac{1}{3} \times 100 \times 12 =$ ⑥□ (cm³)

底面は，半径が 8 cm の円

(2) 底面積… $\pi \times 8^2 =$ ⑦□ (cm²)

体積…… $\dfrac{1}{3} \times 64\pi \times 15 =$ ⑧□ (cm³)

角錐と円錐の体積

底面積 S，高さ h の角錐や円錐の体積 V

$$V = \dfrac{1}{3} Sh$$

円柱や円錐の体積を求めるとき，π（円周率）を書き忘れないようにしよう。

基 本 問 題 ……………………………………………………… 解答 p.49

1 角柱と円柱の体積　次の図の角柱や円柱の体積を求めなさい。　教 p.227

(1)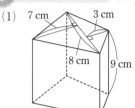

(2)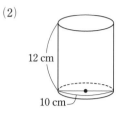

(3)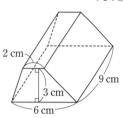

2 円柱の体積　次の問いに答えなさい。　教 p.227 問1, たしかめ1

(1) 底面の円の半径が r, 高さが h である円柱の体積を V とするとき, V を h と r を使った式で表しなさい。

(2) 底面の円の半径が 8 cm, 高さが 5 cm の円柱の体積を求めなさい。

3 角錐と円錐の体積　次の図の角錐や円錐の体積を求めなさい。　教 p.228 たしかめ2, 問3

(1)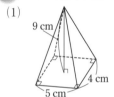

(2)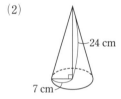

(3)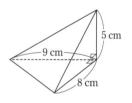

4 円錐の体積　次の問いに答えなさい。　教 p.228 問2

(1) 底面の円の半径が r, 高さが h である円錐の体積を V とするとき, V を h と r を使った式で表しなさい。

(2) 底面の円の半径が 15 cm, 高さが 11 cm の円錐の体積を求めなさい。

5 回転体の体積　次の図形を, 直線 ℓ を軸として1回転させてできる立体の体積を求めなさい。

(1)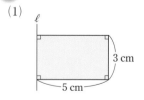

(2)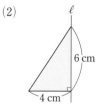

教 p.227, 228

(1)は円柱ができて,
(2)は円錐ができるね。

7章

左ページの
例 の答え　①6　②18　③$9\pi$　④$45\pi$　⑤100　⑥400　⑦$64\pi$　⑧$320\pi$

3節　立体の体積と表面積
1 立体の体積(2)　　2 立体の表面積(1)

例1 球の体積

 教 p.229, 230 → 基本問題 1 2

半径が 2 cm の球の体積を求めなさい。

解き方　$\boxed{①} \times 2^3 = \boxed{②}$ (cm³)

球の体積を求める公式 $V = \frac{4}{3}\pi r^3$ に $r = 2$ を代入する。

球の体積

半径 r の球の体積 V

$$V = \frac{4}{3}\pi r^3$$

球の体積と円柱の体積の関係

球の体積は，球がぴったり入る円柱の体積の $\frac{2}{3}$ である。

$$V = (\pi r^2 \times 2r) \times \frac{2}{3}$$

底面の円の半径が r，高さが $2r$ の円柱の体積

$$= \pi \times r \times r \times 2 \times r \times \frac{2}{3} = \underline{\frac{4}{3}\pi r^3}$$

例2 円柱の表面積

教 p.231 → 基本問題 4 5

右の図の円柱の表面積を求めなさい。

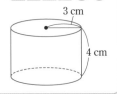

3 cm
4 cm

考え方　展開図をかいて考えると，側面のようすがわかりやすくなる。

解き方

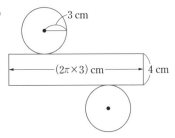

3 cm
$(2\pi \times 3)$ cm
4 cm

底面積…$\pi \times 3^2 = \boxed{③}$ (cm²)
1つの底面の面積

側面積…$4 \times (2\pi \times \boxed{④}) = \boxed{⑤}$ (cm²)
側面全体の面積

表面積…$9\pi \times \boxed{⑥} + 24\pi = \boxed{⑦}$ (cm²)
表面全体の面積

たいせつ

（角柱や円柱の表面積）
＝（底面積）×2＋（側面積）

角柱や円柱の底面は2つあって，その形は合同。

思い出そう

・円柱の展開図で，側面は長方形
　↓
　縦の長さ…円柱の高さ
　横の長さ…円柱の底面の
　　　　　　円の周の長さ

・半径 r の円の周の長さを ℓ，面積を S とすると，
$$\ell = 2\pi r, \quad S = \pi r^2$$

基本問題
解答 p.49

1 球の体積　半径が $3\,\text{cm}$ の球と，その球がちょうど入る円柱があります。
教 p.229, 230

(1) 球の体積を求めなさい。

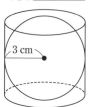

(2) 円柱の体積を求めなさい。

(3) 球の体積は，円柱の体積の何倍ですか。

2 球の体積　右の図は，長方形 ABCO からおうぎ形 OCD を切りとった図形です。この図形を，直線 OC を軸として 1 回転させてできる立体の体積を求めなさい。
教 p.230 問 4

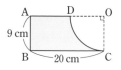

3 角柱の表面積　右の図の三角柱の底面積，側面積，表面積を求めなさい。
教 p.231 たしかめ 1

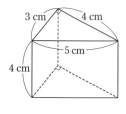

> ➤ **たいせつ**
>
> 表面積を求めるときは，展開図から側面のようすを考える。
>
>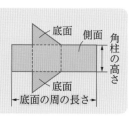
>
> 底面　側面　角柱の高さ
> 底面
> 底面の周の長さ

4 角柱や円柱の表面積　次の角柱や円柱の表面積を求めなさい。
教 p.231 たしかめ 2

(1) 直角をはさむ 2 辺が $5\,\text{cm}$ と $12\,\text{cm}$，残りの 1 辺が $13\,\text{cm}$ の直角三角形を底面とし，高さが $8\,\text{cm}$ である三角柱

(2) 底面の円の半径が $7\,\text{cm}$，高さが $5\,\text{cm}$ の円柱

5 円柱の表面積　右の正方形を，直線 ℓ を軸として 1 回転させたときにできる立体の表面積を求めなさい。
教 p.231

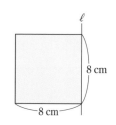

7章

確認のワーク　ステージ **1**　3節 立体の体積と表面積
2 立体の表面積(2)

例 **1** 円錐の表面積

教 p.232, 233 → 基本問題 **2 3 5**

右の図の円錐の表面積を求めなさい。

6 cm
2 cm

考え方 円錐の展開図で，側面は母線の長さを半径とするおうぎ形になる。
このおうぎ形の中心角がわかれば，<u>おうぎ形の面積</u>が求められる。
側面積

解き方 底面積は，$\pi \times 2^2 = 4\pi \,(\text{cm}^2)$

右の展開図で，側面を表すおうぎ形の
$\overset{\frown}{\text{BC}}$ の長さは，$2\pi \times \boxed{①} = 4\pi \,(\text{cm})$
底面の円の周の長さに等しい。

A
6 cm
B　　　　C
O
2 cm

おうぎ形の中心角を $a°$ とすると，

$4\pi = 2\pi \times \boxed{②} \times \dfrac{a}{360}$

これを解くと，$a = \boxed{③}$

側面積（おうぎ形の面積）は，$\pi \times 6^2 \times \dfrac{120}{360} = \boxed{④} \,(\text{cm}^2)$

したがって，表面積は，$4\pi + \boxed{⑤} = \boxed{⑥} \,(\text{cm}^2)$
底面積　　側面積

たいせつ
（角錐や円錐の表面積）
＝（底面積）＋（側面積）

思い出そう
半径 r，中心角 $a°$ のお
うぎ形の弧の長さを ℓ，
面積を S とすると，

$\ell = 2\pi r \times \dfrac{a}{360}$

$S = \pi r^2 \times \dfrac{a}{360}$

別解 半径の等しいおうぎ形と円で，
（おうぎ形の面積）：（円の面積）＝（おうぎ形の弧の長さ）：（円の周の長さ）
が成り立つことを利用して，側面積を求めることもできる。
おうぎ形の面積を $S \,\text{cm}^2$ とすると，
$S : (\pi \times 6^2) = (2\pi \times 2) : (2\pi \times 6)$
これを解いて，$S = \boxed{④} \,(\text{cm}^2)$

$a : b = c : d$ ならば，
$ad = bc$ だったね。

例 **2** 球の表面積

教 p.233 → 基本問題 **4 5**

半径が 2 cm の球の表面積を求めなさい。

解き方 $\boxed{⑦} \times 2^2 = \boxed{⑧} \,(\text{cm}^2)$
↑
球の表面積を求める公式
$S = 4\pi r^2$ に $r = 2$ を代入する。

球の表面積
半径 r の球の表面積 S
$S = 4\pi r^2$

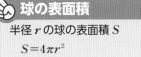

基本問題 ‥‥‥‥‥‥‥‥‥‥‥‥‥‥‥‥‥‥‥‥‥‥‥ 解答 ▶ p.50

1 正四角錐の表面積　右の図の正四角錐の表面積を求めなさい。

教 p.234 1

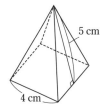

> **たいせつ**
> （正四角錐の表面積）＝（底面積）＋（側面積）
> （1つの側面の面積）×4
> ※正四角錐の4つの側面は合同な二等辺三角形

2 円錐の表面積　底面の円の半径が5cm，母線の長さが12cmの円錐の表面積を求めなさい。

教 p.233 たしかめ3

3 円錐の表面積　右の立体は，底面の円の半径が4cmの2つの
円錐をあわせたもので，母線の長さはそれぞれ8cm，6cmで
す。この立体の表面積を求めなさい。　教 p.232, 233

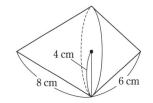

> **ここがポイント**
> この立体の表面積は，2つの
> 円錐の側面積の和になる。

4 球の表面積　半径が8cmの球と，その球がちょうど入る円柱があります。　教 p.233

(1) 球の表面積を求めなさい。

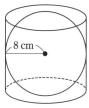

(2) 球の表面積は，円柱の側面積の何倍ですか。

5 円錐の表面積，球の表面積　下の図形を，直線 ℓ を軸として1回転させたときにできる立体
の表面積を求めなさい。　教 p.232, 233

(1)

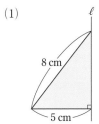

(2)

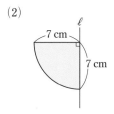

7章

解答 ▶ p.51

3節　立体の体積と表面積

1 右の図の三角形を，それと垂直な方向に **6 cm** 動かしてできる
立体について，次の問いに答えなさい。

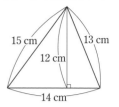

(1) 体積を求めなさい。

(2) 表面積を求めなさい。

2 次の図の立体の体積と表面積を求めなさい。

(1) 円柱

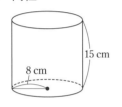

(2) 円錐

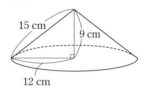

3 右の図形を，直線 ℓ を軸として **1** 回転させたときにできる
立体について，次の問いに答えなさい。

(1) 体積を求めなさい。

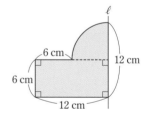

(2) 表面積を求めなさい。

4 右の図の A，B はそれぞれ円錐，円柱の形をした容
器です。A の容器いっぱいに水を入れ，その水を B の
容器に全部入れたとき，水の深さは何 cm になります
か。

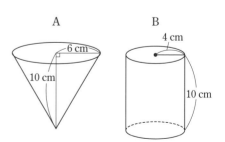

1 角柱は，底面をそれと垂直な方向に動かしてできた立体とみることができる。
　底面が動いた距離がその立体の高さである。

3 半球と円柱をあわせた立体ができる。

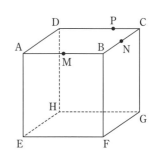

レベルUP **5** 右の図は，1辺が6cmの立方体で，点M，Nはそれぞれ
辺AB，BCの中点です。また，点Pは辺CD上の点です。

(1) 4点C，F，G，Hを頂点とする立体の体積を求めなさい。

(2) △MNDと△MNFは合同な三角形で，面積が等しくな
ります。4点M，B，N，Fを頂点とする立体で△MNF
を底面としたときの高さを求めなさい。

(3) 四角形ABGHを底面，点Pを頂点とする四角錐の体積を求めなさい。

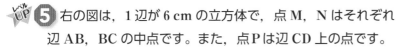

入試問題を やってみよう！

1 右の図のように，底面の半径が2cm，体積が24π cm³の円柱がありま
す。この円柱の高さを求めなさい。 〔北海道〕

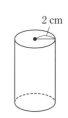

2 右の図のように，半径6cmの半球があります。この半球の体積を求め
なさい。 〔千葉〕

3 右の図は，線分ABを直径とする円Oを底面とし，線分ACを母線
とする円錐です。AB＝8cm，AC＝6cmのとき，この円錐の表面積
として正しいものを次の⑦〜⑦の中から1つ選び，その記号を答えな
さい。 〔神奈川〕

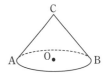

⑦ 24π cm² ④ 40π cm² ⑦ 64π cm²

④ 70π cm² ⑦ 88π cm² ⑦ 120π cm²

5 (1) 4点C，F，G，Hを頂点とする立体は，△FGHを底面，辺CGを高さとする三角錐とみることが
できる。

(3) まず，CP＝a cm として，三角錐G-BCP，三角錐H-ADPの体積の和を計算する。

 ステージ **3** 空間図形　　　（40分）　／100

1 下の立体⑦〜⑰について，次の(1)〜(4)にあてはまるものをすべて選び，記号で答えなさい。

4点×4（16点）

⑦ 円柱　　　⑦ 三角錐　　　⑦ 三角柱　　　⑦ 円錐　　　⑦ 立方体　　　⑰ 球

(1) 底面をそれと垂直な方向に動かしてできた立体　　　（　　　　　）

(2) 回転体　　　（　　　　　）

(3) 円の面をもつ立体　　　（　　　　　）

(4) 多面体　　　（　　　　　）

2 右の直方体について，次の(1)〜(5)にあてはまるものをすべて答えなさい。　4点×5（20点）

(1) 面ABCDと平行な面　　　（　　　　　）

(2) 辺ADと平行な面　　　（　　　　　）

(3) 面AEHDと平行な辺　　　（　　　　　）

(4) 辺ABとねじれの位置にある辺　　　（　　　　　）

(5) 辺AEと垂直な面　　　（　　　　　）

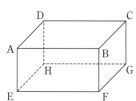

3 側面の展開図が次のようなおうぎ形になる円錐の底面の円の半径と表面積を求めなさい。

4点×4（16点）

(1) 半径が 6 cm，中心角が 210° の　　　　　(2) 半径が 9 cm，弧の長さが 6π cm の
おうぎ形　　　　　　　　　　　　　　　　　　　おうぎ形

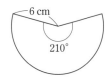

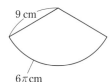

半径（　　　　　）　　　　　　　　　　半径（　　　　　）

表面積（　　　　　）　　　　　　　　　表面積（　　　　　）

目標 空間図形の平面や直線の位置を理解しよう。体積は，公式を適用して求めよう。表面積は，展開図を利用して求めるとよい。

4 次の立体の体積と表面積を求めなさい。 4点×4(16点)

(1) 四角柱

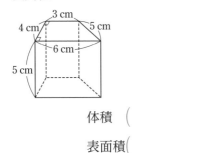

体積 (　　　　　　　)

表面積(　　　　　　　)

(2) 円柱

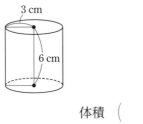

体積 (　　　　　　　)

表面積(　　　　　　　)

5 次の立体の体積と表面積を求めなさい。 4点×4(16点)

(1) 正四角錐

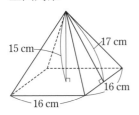

体積 (　　　　　　　)

表面積(　　　　　　　)

(2) 円錐と円柱をあわせた立体

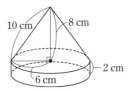

体積 (　　　　　　　)

表面積(　　　　　　　)

6 右の図のように，底面の円の半径が 3 cm の円錐を，頂点Oを中心として転がしたところ，太線で示した円の上を1周してもとの場所にもどるまでに，ちょうど8回転しました。 4点×2(8点)

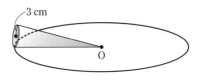

(1) 転がした円錐の母線の長さを求めなさい。

(　　　　　　　)

(2) 転がした円錐の表面積を求めなさい。

(　　　　　　　)

7 右の図の半円を，直線 ℓ を軸として1回転させてできる立体の体積と表面積を求めなさい。 4点×2(8点)

体積 (　　　　　　　)

表面積(　　　　　　　)

7章

アプリ【どこでもワーク計算編・図形編】をやって，さらに力をつけよう!

確認のワーク ステージ **1**

1節 度数の分布
❶ 度数の分布　❷ 散らばりと代表値

例❶ 度数の分布

教 p.242〜245 → 基本 問題 ❶

右の度数分布表は，A 中学校の 1 年男子 60 人について，体重を調べたものです。

(1) 階級の幅を答えなさい。

(2) 体重が 50 kg 未満の生徒は何人ですか。

(3) 体重が軽いほうから数えて，20 番目の生徒は，どの階級に入っていますか。

(4) 右の度数分布表をもとにして，ヒストグラムをかきなさい。

1 年男子の体重

階級 (kg)	度数 (人)
以上　　未満	
40〜45	9
45〜50	24
50〜55	21
55〜60	6
合計	60

解き方 (1) 階級の幅は，階級の区間の幅だから，[①　　　] kg
　　体重を 5 kg ごとに区切っている。

(2) 40 kg 以上 45 kg 未満の階級と，45 kg 以上 50 kg 未満の階級の度数の和から，9+[②　　　]=[③　　　]（人）

(3) (2)より，[④　　　] kg 以上 [⑤　　　] kg 未満の階級
　　軽いほうから数えて，10 番目から 33 番目までの生徒が入っている。

(4) 階級の幅を[⑥　　　] kg としてヒストグラムをかくと，右のようになる。

ヒストグラム

柱状グラフのこと。
ヒストグラムの長方形の面積は，各階級の度数に比例する。

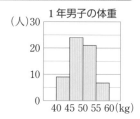

1 年男子の体重

例❷ 代表値

教 p.246〜249 → 基本 問題 ❷

例❶ の度数分布表について，各階級の階級値を求めて，階級値を入れた表を完成させなさい。また，その度数分布表で，1 年男子の体重の最頻値を求めなさい。

解き方

1 年男子の体重

階級 (kg)	階級値 (kg)	度数 (人)
以上　　未満		
40〜45	42.5	9
45〜50	[⑦　　　]	24
50〜55	52.5	21
55〜60	[⑧　　　]	6
合計		60

度数が最も大きい階級の階級値を最頻値とするから，最頻値は[⑨　　　] kg

ここがポイント

代表値…データ全体を代表する値
平均値，中央値，最頻値などがある。

階級値…度数分布表の階級の真ん中の値

40 kg 以上 45 kg 未満の階級の階級値は，
$\dfrac{40+45}{2}=42.5$ (kg)
になるね。

基本問題 ⋯⋯⋯⋯⋯⋯⋯⋯⋯⋯⋯⋯⋯⋯⋯⋯⋯⋯⋯⋯⋯⋯⋯⋯⋯⋯⋯⋯⋯⋯ 解答 p.53

1 **度数の分布** 右の表は，下の 25 個のみかんの重さのデータを整理した度数分布表です。 教 p.242〜245

みかんの重さ

95.4	102.5	98.6	106.5	109.5	110.0	104.5
114.6	115.4	108.4	106.5	96.4	104.0	114.6
113.2	103.6	103.7	112.6	109.8	109.5	107.2
118.8	105.8	112.4	108.5			

（単位：g）

みかんの重さ

階級（g）	度数（個）
以上　　未満	
95〜100	3
100〜105	5
105〜110	9
110〜115	6
115〜120	2
合計	25

(1) 度数分布表の階級の幅を答えなさい。

(2) 重いほうから数えて，10 番目のみかんは，どの階級に入っていますか。

(3) 度数分布表をもとにして，右の図にヒストグラムと度数折れ線をそれぞれかきなさい。

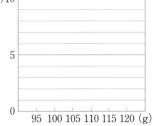

度数折れ線

ヒストグラムのそれぞれの長方形の上の辺の中点をとり，左右両端には，度数 0 の階級があるものと考えて，横軸の上に点をとって，それらを順に結んだグラフ。度数分布多角形ともいう。

2 **代表値** **1** の 25 個のみかんの重さのデータについて，次の問いに答えなさい。 教 p.246〜249

(1) 範囲を求めなさい。

覚えておこう

範囲…データの散らばりぐあいを表す値
（範囲）＝（最大値）−（最小値）

(2) 平均値，中央値をそれぞれ求めなさい。

(3) **1** の度数分布表について，各階級の階級値を求めて，右の表を完成させなさい。また，右の表で，みかんの重さの最頻値を求めなさい。

みかんの重さ

階級（g）	階級値（g）	度数（個）
以上　　未満		
95〜100		3
100〜105		5
105〜110		9
110〜115		6
115〜120		2
合計		25

8章

確認のワーク　ステージ1　1節　度数の分布　❸相対度数　❹累積度数　❺ことがらの起こりやすさ
2節　データの活用　❶データの活用

例1 相対度数と累積度数

教 p.250〜253 → 基本 問題 ❶

右の表は，A 中学校の
1 年生について，通学時
間を調べたものです。表
の⑦〜⑨にあてはまる数
を求めなさい。

1年生の通学時間

階級（分）	度数（人）	累積度数（人）	相対度数	累積相対度数
以上　未満				
0〜 5	6	6	0.050	0.050
5〜10	21	27	⑦	0.225
10〜15	27	54	0.225	0.450
15〜20	57	⑦	0.475	⑨
20〜25	9	120	0.075	1.000
合計	120		1.000	

解き方　⑦　6＋21＋27＋57＝ [①   ]

表より 54 としてもよい。

④　$\dfrac{②}{120}$＝ [③   ]

⑨　0.050＋④＋0.225＋0.475＝ [④   ]

表より 0.450 としてもよい。

覚えておこう

相対度数…ある階級の度数の，全体に対する割合

$$（相対度数）＝\frac{（階級の度数）}{（度数の合計）}$$

累積度数…最も小さい階級から各階級までの度数
の合計

累積相対度数…最も小さい階級から各階級までの
相対度数の合計

例2 確率

教 p.254〜256 → 基本 問題 ❷

右の表は，ある王冠を繰り返し投げて，表向きになる
相対度数をまとめたものです。この表から，表向きにな
る確率はおよそのくらいと考えられますか。小数第 2
位までの数で答えなさい。

投げた回数	相対度数
100	0.410
200	0.390
400	0.385
600	0.367
800	0.371
1000	0.370

考え方　多数回の実験の結果，あることがらの起こる相対度数が
ある一定の値に近づくとき，起こりやすさの程度を表すその値
を，そのことがらの起こる確率という。

解き方　投げる回数が多くなると，相対度数は，ほぼ [⑤   ]
になることがわかる。この王冠投げでは，投げる全回数に対し
て，ほぼ 0.37 の割合で表向きになると期待できる。

つまり，表向きになる確率はおよそ [⑥   ] と考えられる。

実験の回数が多くなるにつ
れて，表向きになる相対度
数は，ある値に近くなるね。

基 本 問 題 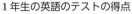 解答 p.53

1 相対度数と累積度数 右の表は，
B中学校の1年生について英語
のテストの得点を調べたものです。
教 p.250〜253

(1) 累積度数，相対度数，累積相
対度数をそれぞれ求めて，表を
完成させなさい。

(2) 得点が70点以上の生徒の割
合を求めなさい。

(3) 全体の70%の生徒の得点は，
何点未満ですか。

(4) 表をもとにして，相対度数を
折れ線に表したものを，右の図
にかき入れなさい。

1年生の英語のテストの得点

階級（点）	度数（人）	累積度数（人）	相対度数	累積相対度数
以上　未満				
40〜 50	4			
50〜 60	18			
60〜 70	22			
70〜 80	12			
80〜 90	16			
90〜100	8			
合計	80			

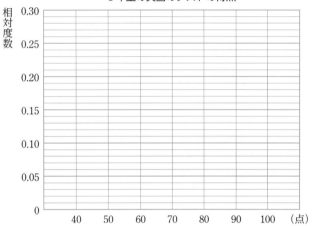

1年生の英語のテストの得点

2 確率 右の表は，画びょうを投げて，針が下向きにな
る回数を調べたものです。 教 p.254〜256

(1) ⑦〜⑦にあてはまる数を求めなさい。

投げた回数	下向きになった回数	下向きになる相対度数
200	80	0.40
400	187	0.47
600	266	⑦
800	357	⑦
1000	447	⑦

(2) (1)の結果をもとにして，右下のグラフを完成させな
さい。

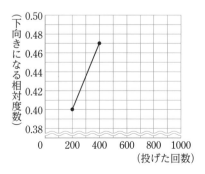

(3) 画びょうを投げる実験を多数回繰り返すとき，針が
下向きになる相対度数はどんな値に近づくと考えられ
ますか。小数第2位までの数で答えなさい。

左ページの
例の答え　① 111　② 21　③ 0.175　④ 0.925　⑤ 0.37　⑥ 0.37

1節　度数の分布
2節　データの活用

1 右の図は，1年1組の生徒の身長を調べて，ヒストグラムに表したものです。

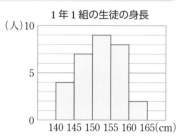

1年1組の生徒の身長

(1) このクラスの生徒の数を求めなさい。

(2) 身長の低いほうから数えて，15番目の生徒は，どの階級に入っていますか。

(3) ヒストグラムをもとにして，度数折れ線をかき入れなさい。

2 下の表は，A，B2つの中学の1年生について，1日あたりの読書時間を調べて，その結果を表にまとめたものです。

1日あたりの読書時間

階級（分）	A中学校				B中学校			
	度数（人）	累積度数（人）	相対度数	累積相対度数	度数（人）	累積度数（人）	相対度数	累積相対度数
以上　　未満								
0 〜 20	6	6	0.120	㋓	7	7	0.175	0.175
20 〜 40	27	㋐	0.540	0.660	19	26	㋖	0.650
40 〜 60	10	43	0.200	0.860	8	34	0.200	0.850
60 〜 80	4	㋑	㋒	㋔	5	㋕	0.125	㋗
80 〜 100	3	50	0.060	1.000	1	40	0.025	㋘
合計	50		1.000		40		1.000	

(1) 階級の幅を答えなさい。

(2) A中学校とB中学校について，中央値がふくまれる階級をそれぞれ答えなさい。

(3) 表の㋐〜㋘にあてはまる数をそれぞれ求めなさい。

(4) 1日あたり60分以上読書している1年生が多いのは，A中学校とB中学校のどちらですか。

2 (2) A中学校は，読書時間の少ないほうから25番目と26番目の生徒に着目する。
(4) A中学校とB中学校では，全体の人数（度数の合計）が異なるから，全体の人数に対する「60分以上読書している1年生の人数」の割合で比べる。

3 右の表は，A 中学校の 1 年生 50 人の体重を調べて
度数分布表にまとめたものです。

(1) 各階級の階級値を求めて，表を完成させなさい。

(2) 右の度数分布表で，1 年生の体重の最頻値を求め
なさい。

A中学校の1年生の体重

階級 （kg）		階級値 （kg）	度数 （人）
以上	未満		
35	～ 40		4
40	～ 45		15
45	～ 50		16
50	～ 55		10
55	～ 60		5
合計			50

4 右の表は，あるびんのふたを投げたと
きに表向きになる相対度数をグラフに表
したものです。このふたを 5000 回投げ
たとき，およそ何回くらい表向きになる
と考えられますか。

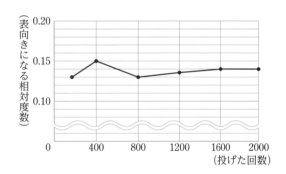

入試問題を やってみよう！ ·····························

1 次のデータは，ある中学校の男子 14 人の 50 m 走の記録を示したものです。　〔福島〕

| 7.2, 8.9, 9.4, 7.1, 7.5, 6.7, 7.4, 8.6, 8.9, 7.8, 7.2, 9.6, 10.1, 8.0 | （単位：秒）

(1) 男子 14 人の記録を，右の度数分布表に整理したとき，7.0 秒
以上 8.0 秒未満の階級の度数を求めなさい。

(2) 男子 14 人の記録に女子 16 人の記録を追加して，合計 30 人
の記録を整理したところ，9.0 秒以上 10.0 秒未満の階級の相対
度数が 0.3 でした。この階級に入っている女子の人数を求めな
さい。ただし，この階級の相対度数 0.3 は正確な値であり，四
捨五入などはされていないものとします。

度数分布表

記録（秒）		度数（人）
以上	未満	
6.0～	7.0	
7.0～	8.0	
8.0～	9.0	
9.0～	10.0	
10.0～	11.0	
合計		14

8章

3 (2) 度数分布表の各階級に入っているデータは，すべてその階級の階級値をとるものとみなして，
度数が最も大きい階級の階級値を求める。
4 実験回数が増えるほど，相対度数がどんな値に近づくかを読みとる。

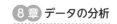

解答 ▶ p.55

データの分析

20分　　/100

1 右の度数分布表は，あるクラスの生徒30人の走り幅とびの記録をまとめたものです。

10点×3（30点）

(1) 階級の幅を答えなさい。

（　　　　　　　）

(2) 度数分布表で，走り幅とびの記録の最頻値を求めなさい。

（　　　　　　　）

走り幅とび

階級（cm）	度数（人）
以上　未満	
250〜300	1
300〜350	3
350〜400	7
400〜450	12
450〜500	5
500〜550	2
合計	30

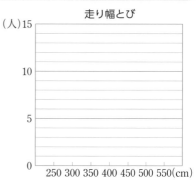

走り幅とび

(3) 度数分布表をもとにして，右上の図にヒストグラムと度数折れ線をかきなさい。

2 右の表は，学年全体とあきなさんのクラスの生徒について，身長測定の記録をまとめたものです。　10点×3（30点）

(1) 学年全体について，150 cm 以上 160 cm 未満の階級の相対度数を求めなさい。

（　　　　　　　）

(2) あきなさんのクラスについて，150 cm 以上 160 cm 未満の階級までの累積度数を求めなさい。

（　　　　　　　）

身長測定

階級（cm）	度数（人）	
	学年	クラス
以上　未満		
130〜140	10	2
140〜150	25	5
150〜160	57	18
160〜170	33	7
合計	125	32

(3) あきなさんのクラスは，身長が 150 cm 未満の人の割合が学年全体と比べて大きいといえますか。

（　　　　　　　）

3 右の表は，ボタンを投げて，表向きになった回数と，その相対度数をまとめたものです。

10点×4（40点）

(1) ⑦〜⑨にあてはまる数を求めなさい。

⑦（　　　　　） ⑦（　　　　　）

⑨（　　　　　）

(2) ボタンを3000回投げたとき，およそ何回くらい表向きになると考えられますか。

（　　　　　　　）

投げた回数	表向きになった回数	表向きになる相対度数
50	21	0.420
100	58	0.580
200	97	⑦
400	203	0.508
600	316	⑦
800	415	0.520
1000	520	⑨

得点アップ！ 予想問題

1
この「予想問題」で実力を確かめよう！

時間もはかろう

2
「解答と解説」で答え合わせをしよう！

3
わからなかった問題は戻って復習しよう！

この本での学習ページ

スキマ時間でポイントを確認！
別冊「スピードチェック」も使おう

●予想問題の構成

第**1**回
予想問題

1章 整数の性質
2章 正の数，負の数

解答 ▶ p.56

40分

/100

1 次の問いに答えなさい。

3点×5(15点)

(1) 13，21，35，43，57 のうちから素数をすべて答えなさい。

(2) 96 を素因数分解しなさい。

(3) 東に 6 m 移動することを +6 m と表すとき，−9 m はどんなことを表していますか。

(4) $-\dfrac{9}{4}$ と 1.8 の間にある整数をすべて答えなさい。

(5) 7，−8，−1 の大小を，不等号を使って表しなさい。

(1)		(2)	
(3)		(4)	
(5)			

2 次の数直線上で，点 A，B，C に対応する数を答えなさい。

3点×3(9点)

A		B		C	

3 次の計算をしなさい。

3点×12(36点)

(1) $(+4)-(+8)$

(2) $1.6-(-2.6)$

(3) $\left(+\dfrac{3}{5}\right)+\left(-\dfrac{1}{5}\right)$

(4) $-6-9+15$

(5) $(-7)\times(-6)$

(6) $(-3)\times0$

(7) $(-5)\times(-13)\times(-2)$

(8) $24\div(-4)$

(9) $\left(-\dfrac{5}{6}\right)\div\left(-\dfrac{4}{9}\right)$

(10) $12\div(-3)\times2$

(11) $2-(-4)^2$

(12) $\left(\dfrac{1}{3}-\dfrac{5}{6}\right)\div\left(-\dfrac{1}{6}\right)^2$

(1)		(2)		(3)		(4)	
(5)		(6)		(7)		(8)	
(9)		(10)		(11)		(12)	

4 $(-3)^2$ を正しく計算しているのはどれですか。 （4点）

　㋐　$(-3)\times2$　　　　　　　　　　　㋑　$-(3\times3)$

　㋒　$(-3)+(-3)$　　　　　　　　　　　㋓　$(-3)\times(-3)$

5 分配法則を利用して，次の計算をしなさい。 3点×2（6点）

　(1)　$(-0.3)\times16-(-0.3)\times6$　　　　(2)　$97\times(-54)$

(1)		(2)	

6 次の数について，下の問いに答えなさい。 3点×2（6点）

$$-\frac{1}{2},\ 0.8,\ -10.5,\ -3,\ \frac{9}{4},\ 0,\ 18,\ 0.03,\ -25,\ -\frac{5}{6}$$

　(1)　自然数はどれですか。　　　　　　(2)　整数はどれですか。

(1)		(2)	

7 次の問いに答えなさい。 4点×2（8点）

　(1)　63 にできるだけ小さな自然数をかけて，その積がある自然数の 2 乗になるようにします。どんな数をかければよいですか。

　(2)　686 をできるだけ小さな自然数でわって，その商がある自然数の 2 乗になるようにします。どんな数でわればよいですか。

(1)		(2)	

8 数直線上で 0 に対応する点に碁石（ごいし）があります。さいころを投げて，偶数（ぐうすう）の目が出たらその目の数だけ正の方向へ，奇数（きすう）の目が出たらその目の数だけ負の方向へ，碁石が移動します。

4点×2（8点）

　(1)　1 回目に 4 の目，2 回目に 1 の目が出たとき，碁石が移動した点に対応する数を答えなさい。

　(2)　さいころを 2 回投げて，碁石が −10 に対応する点に移動するのは，どのような目が出たときですか。

(1)		(2)	

9 右の表は，A，B，C，D，E の 5 人の身長を，C の身長を基準にして，それより高い身長を正の数，それより低い身長を負の数で表したものです。

	A	B	C	D	E
基準との差（cm）	+11.3	−5.8	0	+6.9	−2.4

4点×2（8点）

　(1)　いちばん高い人と，いちばん低い人との身長の差は何 cm ですか。

　(2)　C の身長が 156.2 cm のとき，5 人の身長の平均を求めなさい。

(1)		(2)	

解答▶p.57

第2回 予想問題　3章　文字と式

40分　/100

1 次の式を，×，÷の記号を使って表しなさい。　2点×6(12点)

(1) $4p$　　(2) $-2a+3b$

(3) $8x^3$　　(4) $\dfrac{a}{5}$

(5) $\dfrac{y+7}{2}$　　(6) $\dfrac{x}{6}-9(y-1)$

(1)		(2)		(3)	
(4)		(5)		(6)	

2 次の数量を式で表しなさい。　3点×4(12点)

(1) 1個350円のケーキx個と，120円のジュースを1本買ったときの代金の合計

(2) a dL のジュースと b L のジュースの合計の量

(3) 秒速2mで，x m 進むときにかかる時間

(4) x円の4％の金額

(1)		(2)		(3)		(4)	

3 次の計算をしなさい。　2点×14(28点)

(1) $5x+7x$　　(2) $4b-3b$

(3) $3y-y$　　(4) $\dfrac{5}{6}a-\dfrac{2}{3}a-\dfrac{1}{2}a$

(5) $4x\times(-8)$　　(6) $(-12a)\div(-3)$

(7) $6(2a-1)$　　(8) $(5y-10)\div(-5)$

(9) $x-9-\dfrac{1}{3}x-3$　　(10) $-18\times\dfrac{3x-1}{6}$

(11) $3(a-6)-2(2a-3)$　　(12) $x+4-3(x+7)$

(13) $2(3y-3)-3(y-2)$　　(14) $\dfrac{1}{5}(10m-5)-\dfrac{2}{3}(6m-3)$

(1)		(2)		(3)		(4)	
(5)		(6)		(7)		(8)	
(9)		(10)		(11)		(12)	
(13)		(14)					

4 次の式の値を求めなさい。　4点×2(8点)

(1)　$x=-6$ のとき，$-5x-10$ の値

(2)　$a=\dfrac{1}{3}$ のとき，$a^2-\dfrac{1}{3}$ の値

(1)		(2)	

5 次の2つの式を加えた和を求めなさい。また，左の式から右の式をひいた差を求めなさい。

$8x-7,\ -8x+1$　4点×2(8点)

和		差	

6 $A=-3x+5$，$B=9-x$ として，次の式を計算しなさい。　4点×2(8点)

(1)　$3A-2B$

(2)　$-A+\dfrac{B}{3}$

(1)		(2)	

7 次の数量の関係を，等式または不等式で表しなさい。　3点×4(12点)

(1)　整数 a を整数 b でわったら，商が c で余りは3だった。

(2)　180 km の道のりを時速 x km で y 時間走ったとき，残りの道のりは10 km 以上だった。

(3)　x 個のなしを，y 人の子どもに3個ずつ配ろうとしたら，足りなかった。

(4)　x 人の参加者を予定していたが，実際は3割増えた人数より y 人多い300人になった。

(1)		(2)	
(3)		(4)	

8 底辺が a cm，高さが b cm の三角形⑦があります。三角形④は，三角形⑦の底辺を2倍，高さを $\dfrac{1}{3}$ 倍にした三角形です。三角形⑨は，三角形④の底辺を $\dfrac{1}{3}$ 倍，高さを4倍にした三角形です。　4点×3(12点)

(1)　底辺がいちばん短い三角形はどれですか。また，その長さは何 cm ですか。

(2)　高さがいちばん低い三角形はどれですか。また，その長さは何 cm ですか。

(3)　$a=6$，$b=3$ のとき，三角形⑨の面積を求めなさい。

(1) 三角形		(2) 三角形		(3)	

解答 ▶ p.59

第3回 予想問題 4章 方程式

40分

/100

1 下の方程式を解くときの(1)〜(3)の変形では，次の等式の性質⑦〜②のどれを使っています
か。記号で答えなさい。また，そのときの C の値も答えなさい。　　4点×3（12点）

> **等式の性質**
> ⑦ $A = B$ ならば $A + C = B + C$ 　　　④ $A = B$ ならば $A - C = B - C$
> ⑨ $A = B$ ならば $AC = BC$ 　　　② $A = B$ ならば $\dfrac{A}{C} = \dfrac{B}{C}$ （$C \neq 0$）

$$\dfrac{-2x+3}{9} = -1$$
$$-2x+3 = -9 \quad (1)$$
$$-2x = -12 \quad (2)$$
$$x = 6 \quad (3)$$

(1)	$C=$	(2)	$C=$	(3)	$C=$

2 次の方程式を解きなさい。　　4点×6（24点）

(1) $7 - x = -4$ 　　　　(2) $\dfrac{x}{2} = 8$

(3) $-4x - 11 = -5x + 3$ 　　　　(4) $9x + 2 = -x + 3$

(5) $-4(2 + 3x) + 1 = -7$ 　　　　(6) $5(x + 3) = 2(x - 3)$

(1)		(2)		(3)	
(4)		(5)		(6)	

3 次の方程式を解きなさい。　　4点×4（16点）

(1) $3.7x + 1.2 = -6.2$ 　　　　(2) $0.05x + 4.8 = 0.19x + 2$

(3) $\dfrac{1}{5} + \dfrac{x}{3} = 1 + \dfrac{x}{5}$ 　　　　(4) $\dfrac{2x-1}{2} = \dfrac{x-2}{3}$

(1)		(2)		(3)		(4)	

4 次の比例式を解きなさい。　　　　　　　　　　　　　　　　　　　4点×2（8点）

(1)　$x:8=2:64$　　　　　　　　　　　(2)　$10:12=5:(2-x)$

(1)		(2)	

5 x についての方程式 $5x-4a=10(x-a)$ の解が -4 であるとき，a の値を求めなさい。

（4点）

6 1個230円のももと1個120円のオレンジをあわせて6個買ったところ，代金の合計は940円でした。　　　　　　　　　　　　　　　　　　　4点×3（12点）

(1)　ももを x 個買うとして，オレンジの個数を x を使って表しなさい。

(2)　(1)を利用して，方程式をつくりなさい。

(3)　買ったももとオレンジの個数をそれぞれ求めなさい。

(1)		(2)	
(3)	もも	オレンジ	

7 画用紙を何人かの子どもに分けるのに，1人に6枚ずつ分けようとすると13枚足りません。また，1人に4枚ずつ分けると9枚余ります。画用紙の枚数を求めなさい。

（6点）

8 家から学校まで，兄は分速80mで歩き，妹は分速60mで歩いていくと，妹は兄より3分15秒多くかかります。家から学校までの道のりを求めなさい。

（6点）

9 次の問いに答えなさい。　　　　　　　　　　　　　　　　　　　6点×2（12点）

(1)　縦と横の長さの比が2:3の長方形の旗があります。縦の長さが150cmのとき，横の長さは何cmですか。

(2)　クッキーが63個あります。いま，2つの箱A，Bに個数の比が4:5になるように分けて入れます。箱Aはクッキーを何個にすればよいですか。

(1)		(2)	

解答 ▶ p.60

第4回 予想問題　5章　比例と反比例

⏱ **40**分

/100

1 次の(1)〜(5)について，それぞれ y を x の式で表しなさい。また，y が x に比例するものと，反比例するものは，その比例定数を答えなさい。　　　5点×5(25点)

(1)　1辺の長さが x cm の正方形の周の長さは y cm である。

(2)　縦が x cm，横が y cm の長方形の面積は 20 cm² である。

(3)　長さ 80 cm のリボンから x cm のリボンを切り取ったときの残りの長さは y cm である。

(4)　2000 m の道のりを分速 x m で進むときにかかる時間は y 分である。

(5)　容器に毎分 5 L の割合で水を入れていくとき，x 分間にたまる水の量は y L である。

(1)		比例定数	(2)		比例定数	(3)		比例定数
(4)		比例定数	(5)		比例定数			

2 y は x に比例し，$x=2$ のとき $y=-6$ です。　　　4点×2(8点)

(1)　y を x の式で表しなさい。

(2)　$x=-5$ のときの y の値を求めなさい。

(1)		(2)	

3 y は x に反比例し，$x=-4$ のとき $y=2$ です。　　　4点×2(8点)

(1)　y を x の式で表しなさい。

(2)　$x=8$ のときの y の値を求めなさい。

(1)		(2)	

4 右の図の点 A，B，C の座標を答えなさい。　3点×3(9点)

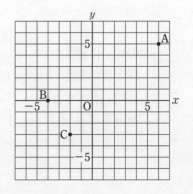

A		B	
C			

5 次の関数のグラフをかきなさい。　　　　　　　　　4点×3（12点）

(1)　$y = \dfrac{4}{5}x$ 　　　　　　(2)　$y = -\dfrac{5}{3}x$ 　　　　　　(3)　$y = \dfrac{20}{x}$

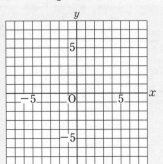 　 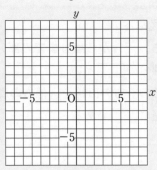 　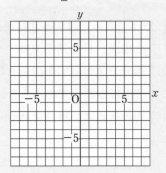

6 右のグラフについて，次の問いに答えなさい。　4点×5（20点）

(1)　①～③について，y を x の式で表しなさい。

(2)　点 $(-12, b)$ は直線②上にあります。b の値を求めなさい。

(3)　x の値が増加すると y の値が減少しているのは，①～③のうちのどれですか。

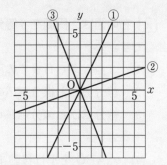

(1)	①		②		③	
(2)			(3)			

7 $y = \dfrac{a}{x}$ のグラフが点 $(3, -4)$ を通るとき，このグラフ上の点で x 座標，y 座標の値がともに整数である点は何個ありますか。

（6点）

8 右の図のような長方形 ABCD で，点 P は辺 BC 上を B から C まで動きます。BP を x cm，三角形 ABP の面積を y cm² として，次の問いに答えなさい。　4点×3（12点）

(1)　y を x の式で表しなさい。

(2)　x の変域を求めなさい。

(3)　三角形 ABP の面積が，長方形 ABCD の面積の $\dfrac{1}{3}$ になるのは，P が B から何 cm 動いたときですか。

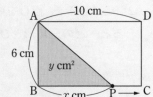

第5回 予想問題　**6章　平面図形**

⏱ **40**分　解答 ▶ p.61　/100

1 次の□にあてはまる言葉を答えなさい。　4点×4（16点）

(1)　2点 A，B を通る直線のうち，点Aから点Bまでの部分を□AB という。

(2)　線分を2等分する点をその線分の□という。

(3)　2直線が垂直であるとき，その一方の直線を，他方の直線の□という。

(4)　円の接線は，接点を通る半径に□である。

2 右の図は，円周を6等分し，各点を結んだ線分をかき入れたものです。　4点×4（16点）

(1)　2点AからBまでの円周の一部分を何というか答えなさい。

(2)　線分 BC と線分 FE の位置関係を，記号を使って表しなさい。

(3)　線分 CD と線分 AF の長さが等しいことを，記号を使って表しなさい。

(4)　△ABO を平行移動することによってぴったりと重なる三角形をすべて答えなさい。

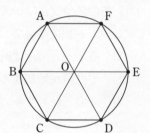

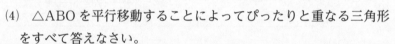

3 右の図は線対称な図形であり，点Oを対称の中心とする点対称な図形でもあります。　5点×2（10点）

(1)　△BCO を，直線 AE を対称の軸として，対称移動させると，どの三角形とぴったりと重なりますか。

(2)　△ABO を，点Oを中心として，矢印の方向に 90°回転移動させると，どの三角形とぴったりと重なりますか。

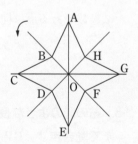

4 右の図で，直線 ℓ が線分 AB の垂直二等分線であることを，記号を使って2つの式で表しなさい。　4点×2（8点）

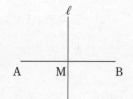

5 右の図の△ABC について，次の問いに答えなさい。 6点×2（12点）

(1)　∠ABC の二等分線を作図しなさい。

(2)　辺 BC を底辺とみたときの高さを作図しなさい。

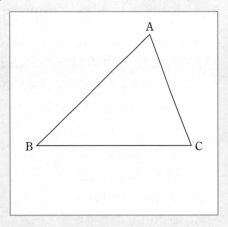

6 次の作図をしなさい。 8点×4（32点）

(1)　下の図で，直線 ℓ 上にあって，
　　 2 点 A，B から等しい距離にある点 P

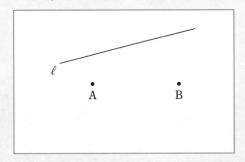

(2)　下の図で，∠AOP＝135° となる
　　 半直線 OP

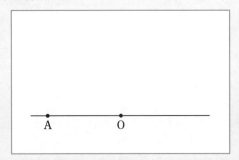

(3)　下の図で，直線 ℓ，m までの距離が等しく，
　　 線分 AB 上にある点 P

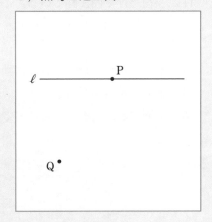

(4)　下の図で，直線 ℓ 上の点 P で接
　　 し，点 Q を通る円

7 弧の長さが 12π cm で中心角が 216° のおうぎ形の面積を求めなさい。 （6点）

第**6**回
予想問題

7章　空間図形

40分　/100

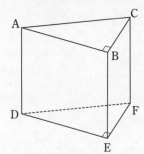

1 右の図は，底面が直角三角形の三角柱です。(1)〜(7)のそれぞれ
にあてはまるものをすべて答えなさい。　　　3点×7（21点）

(1)　辺 BC と垂直に交わる辺

(2)　辺 BC に平行な辺

(3)　辺 AB に垂直な面

(4)　辺 AD に平行な面

(5)　面 DEF に垂直な辺

(6)　面 BEFC に垂直な面

(7)　辺 EF とねじれの位置にある辺

(1)		(2)	
(3)		(4)	
(5)		(6)	
(7)			

2 次の(1)〜(6)について，それぞれの条件にあてはまる立体を⑦〜⑦の中からすべて選び，記
号で答えなさい。　　　4点×6（24点）

(1)　平面だけで囲まれている。

(2)　6つの平面で囲まれている。

(3)　回転体である。

(4)　底面をそれと垂直な方向に動かしてできる。

(5)　どの面も合同である。

(6)　立面図と平面図がともに円である。

⑦	正四角錐
⑦	円柱
⑦	正六角柱
⑦	五角錐
⑦	正四角柱
⑦	正八面体
⑦	円錐
⑦	球

(1)		(2)	
(3)		(4)	
(5)		(6)	

3 2つの直線 ℓ, m と，2つの平面 P，Q があります。次の(1)～(5)の関係が正しければ○，正しくなければ × をつけなさい。　　　　　　　　　3点×5(15点)

(1)　$\ell \perp m$，$\ell /\!/ P$ ならば，$m \perp P$　　　　(2)　$\ell /\!/ m$，$\ell \perp P$ ならば，$m \perp P$

(3)　$\ell /\!/ P$，$m /\!/ P$ ならば，$\ell /\!/ m$　　　　(4)　$\ell \perp P$，$\ell \perp Q$ ならば，P$/\!/$Q

(5)　$\ell /\!/ P$，P$\perp$Q ならば，$\ell \perp$Q

(1)		(2)		(3)		(4)		(5)	

4 右の図の長方形 ABCD を，辺 DC を軸として 1 回転させてできる立体について，次の問いに答えなさい。　　　　5点×4(20点)

(1)　できる立体の見取図をかきなさい。

(2)　できる立体の投影図をかきなさい。

(3)　体積を求めなさい。

(4)　表面積を求めなさい。

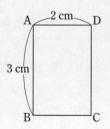

(1)	(2)	(3)	
		(4)	

5 右の図の直角三角形 ABC を，辺 AC を軸として 1 回転させてできる立体について，次の問いに答えなさい。　　　　4点×3(12点)

(1)　体積を求めなさい。

(2)　円錐の展開図で，側面を表すおうぎ形の中心角の大きさを求めなさい。

(3)　表面積を求めなさい。

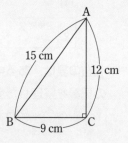

(1)		(2)		(3)	

6 半径 12 cm の球の体積と表面積を求めなさい。　　　　4点×2(8点)

体積	表面積

解答 ▶ p.64

第**7**回 予想問題　8章　データの分析

40分　／100

1 右の表は，ある学年の生徒の身長測定の結果を整理した度数分布表です。

3点×8（24点）

（1）　階級の幅を答えなさい。

（2）　身長が 147.9 cm の生徒は，どの階級に入っていますか。

（3）　度数が最も多い階級を答えなさい。

（4）　身長が 150 cm 以上の生徒の人数を求めなさい。

（5）　150 cm 以上 160 cm 未満の階級の相対度数を求めなさい。

（6）　130 cm 以上 140 cm 未満の階級から 150 cm 以上 160 cm 未満の階級までの累積度数と，その累積相対度数をそれぞれ求めなさい。

（7）　度数分布表をもとにして，ヒストグラムをかきなさい。

身長測定

階級（cm）	度数（人）
以上　未満	
130〜140	3
140〜150	18
150〜160	21
160〜170	12
170〜180	6
合計	60

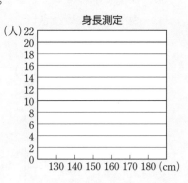

身長測定

(1)		(2)		(3)	
(4)		(5)			
(6)	累積度数　　　　　　累積相対度数			(7)	上の図に記入

2 右の表は，ある中学校の 1 年生女子の走り幅とびの記録を整理した度数分布表です。

5点×5（25点）

（1）　表の⑦〜㋓にあてはまる数を求めなさい。

（2）　この度数分布表で，最頻値を求めなさい。

走り幅とびの記録

階級（cm）	階級値（cm）	度数（人）
以上　未満		
220〜260	⑦	4
260〜300	280	22
300〜340	㋑	㋓
340〜380	360	9
380〜420	㋒	7
合計		65

(1)	⑦		㋑		㋒		㋓	
(2)								

3 下のデータは，あるクラスの小テストの得点です。 4点×3(12点)

12	18	25	9	23	17	18	30	15	14
20	7	16	23	27	30	28	19	20	15
18	22	16	19	24	18	12	21	25	18

(単位：点)

(1) 得点の範囲（はんい）を求めなさい。

(2) 平均値を求めなさい。

(3) 中央値を求めなさい。

(1)		(2)		(3)	

4 右の表は，生徒の昨日の家庭学習時間を調べた結果を，P中学校は度数分布表に，Q中学校は相対度数の分布表にそれぞれまとめたものです。

5点×3(15点)

(1) それぞれの中学校について，中央値が入る階級の階級値を求めなさい。

(2) 家庭学習時間が120分以上の生徒の割合が大きいのは，どちらの中学校ですか。

家庭学習時間

階級（分）	P中学校	Q中学校
	度数（人）	相対度数
以上　未満 0～　30	15	0.12
30～　60	18	0.10
60～　90	39	0.33
90～120	48	0.21
120～150	18	0.13
150～180	12	0.11
合計	150	1.00

(1)	P中学校	Q中学校	(2)	

5 右の表は，コインを投げて表向きになる回数を調べたものです。 6点×4(24点)

(1) 表の①～③にあてはまる数を求めなさい。

(2) 表向きになる確率はおよそどのくらいと考えられますか。次の⑦～⑰から1つ選びなさい。

⑦　0.57　　　④　0.44　　　⑨　0.52

④　0.50　　　④　0.40　　　⑰　0.55

コイン投げの実験結果

投げた 回数	表向きに なった回数	表向きになる 相対度数
200	115	0.575
400	174	0.435
600	315	①
800	412	0.515
1000	501	②
2000	998	③

(1)	①	②	③
(2)			

解答 ▶ p.64

第 8 回 予想問題 補充問題（計算分野）

20分 /100

1 次の計算をしなさい。 3点×10（30点）

(1) $(+8)+(-4)$

(2) $5.6-10.3$

(3) $\left(-\dfrac{3}{4}\right)-\left(-\dfrac{1}{6}\right)$

(4) $-7-(-10)+(-3)$

(5) $\dfrac{5}{6}+\left(-\dfrac{2}{3}\right)-\left(-\dfrac{1}{9}\right)$

(6) $(-5)\times(+3)$

(7) $\left(-\dfrac{4}{7}\right)\div\left(-\dfrac{8}{21}\right)$

(8) $0.4\times(-8)\times25$

(9) $(-12)\div\left(-\dfrac{9}{5}\right)\times\dfrac{15}{8}$

(10) $2-(+16)\div(-4)^3+\left(-\dfrac{3}{2}\right)$

(1)		(2)		(3)		(4)	
(5)		(6)		(7)		(8)	
(9)		(10)					

2 次の計算をしなさい。 5点×8（40点）

(1) $3x-16x$

(2) $-9+12a-2a+8$

(3) $(-6y+5)\times(-2)$

(4) $24x\div\left(-\dfrac{3}{4}\right)$

(5) $(35a-28)\div(-7)$

(6) $3(-2x+10)-2(7+2x)$

(7) $-7(a-3)+4(3a-5)$

(8) $\dfrac{1}{6}(12x-18)-\dfrac{2}{3}(-6x+9)$

(1)		(2)		(3)		(4)	
(5)		(6)		(7)		(8)	

3 次の方程式を解きなさい。 5点×4（20点）

(1) $8x-3(6x+5)=15$

(2) $1.8x-2=1.5x+0.4$

(3) $\dfrac{3}{8}(x-1)=\dfrac{1}{4}(x-7)$

(4) $\dfrac{2x+3}{4}=\dfrac{-x+9}{6}$

(1)		(2)		(3)		(4)	

4 次の比例式を解きなさい。 5点×2（10点）

(1) $9:x=15:10$

(2) $(x-4):8=9:6$

(1)		(2)	

教科書ワーク 数学 特別ふろく①

無料アプリ 数1 数2 数3 図形1 図形2 図形3

どこでもワーク

こちらにアクセスして，ご利用ください。
https://portal.bunri.jp/app.html

1 計算編 テンキー入力形式で学習できる！ 重要公式つき！

解き方を穴埋め形式で確認！

テンキー入力で，計算しながら解ける！

重要公式をその場で確認できる！

カラーだから見やすく，わかりやすい！

2 図形編 グラフや図形を自分で動かして，学習理解をサポート！

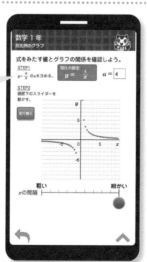

自分で数値を決められるから，いろいろなグラフの確認ができる！

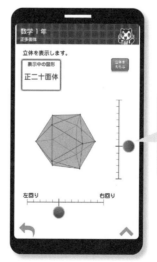

上下左右に回転させて，様々な角度から立体をみることができる！

中学教科書ワーク
解答と解説

教育出版版

数学 **1** 年

この「解答と解説」は，**取りはずして** 使えます。

※ステージ1の例の答えは本冊右ページ下にあります。

1章　整数の性質

p.2～3　ステージ1

❶ 23, 29, 31, 37, 41, 43, 47

❷ (1) $3 \times 3 \times 5$ 　　(2) $2 \times 2 \times 2 \times 7$
　(3) $2 \times 2 \times 2 \times 3 \times 3$ 　(4) $2 \times 5 \times 5 \times 5$

❸ (1) 2^5 　　(2) $2^4 \times 3^2$
　(3) $3^3 \times 5$ 　　(4) $2^2 \times 3^2 \times 7$

❹ 1, 2, 4, 8, 16, 32, 64

❺ 24

❻ 10

解　説

❶ 21 から 49 までの奇数の

素数で，偶数なのは 2 だけ。

うちから，2, 3, 5, 7, …
の素数でわり切れないものを見つける。

❸ (2) $144 = 2 \times 2 \times 2 \times 2 \times 3 \times 3$
　　　$= 2^4 \times 3^2$

(4)
$$\begin{array}{r} 2)\underline{252} \\ 2)\underline{126} \\ 3)\underline{\ 63} \\ 3)\underline{\ 21} \\ 7 \end{array}$$

　(3) $135 = 3 \times 3 \times 3 \times 5$
　　　$= 3^3 \times 5$

　(4) $252 = 2 \times 2 \times 3 \times 3 \times 7$
　　　$= 2^2 \times 3^2 \times 7$

❹ $64 = 2^6$ だから，約数は，1, 2, $2 \times 2 = 4$,
　すべての自然数の約数 ⌐　└ 素因数
$2 \times 2 \times 2 = 8$, $2 \times 2 \times 2 \times 2 = 16$,
$2 \times 2 \times 2 \times 2 \times 2 = 32$, $2 \times 2 \times 2 \times 2 \times 2 \times 2 = 64$
の 7 つである。

❺ 96 と 168 をそれぞれ素因数分解すると，
$96 = 2 \times 2 \times 2 \times 2 \times 2 \times 3$
$168 = 2 \times 2 \times 2 \qquad \times 3 \times 7$
だから，最大公約数は，$2 \times 2 \times 2 \times 3 = 24$

❻ 90 を素因数分解すると，$90 = 2 \times 3 \times 3 \times 5$
したがって，2×5 をかければ，
$90 \times 2 \times 5 = 2 \times 2 \times 3 \times 3 \times 5 \times 5 = (2 \times 3 \times 5)^2 = 30^2$
となって，自然数の 2 乗になる。

2章　正の数，負の数

p.4～5　ステージ1

❶ (1) $+760 \, \text{m}$ 　　(2) $-320 \, \text{m}$

❷ (1) -1 時間 　　(2) $+45$ 人
　(3) $-9 \, \text{km}$

❸ (1) $7 \, \text{kg}$ 軽い 　(2) 650 円の黒字
　(3) 0 人

❹ (1) -28 　　(2) $+340$
　(3) -0.9 　　(4) $+\dfrac{8}{15}$

解　説

❷ 反対の意味をもつ言葉を考える。
　(1) いまから「○時間後」を＋で表すと，いまから「○時間前」は－で表せる。
　(2) 基準より「少ない人数」を－で表すと，基準より「多い人数」は＋で表せる。
　(3) 「北へ○km」を＋で表すとき，「南へ○km」は－で表せる。

❸ (1) 「重い」を＋で表すとき，－が表すのは，反対の意味の「軽い」である。
　(2) 「赤字」を－で表すとき，＋が表すのは，反対の意味の「黒字」である。
　(3) 「増加」を＋で表すとき，－が表すのは，反対の意味の「減少」である。
　「増えも減りもしない」は＋でも－でもないから，0 人である。

ポイント
正（＋）の反対が負（－）と考えて，
反対の性質をもつことがらをあてはめよう。

❹ 0 より大きい数は正の数で，正の符号＋を使って表す。
また，0 より小さい数は負の数で，負の符号－を使って表す。

2　解答と解説

p.6～7　■■◆ステージ**1**

❶　A　+5　　　　　　　B　−3
　　C　+1.5　　　　　 D　−4.5

❷

$$\begin{array}{c}\quad(1)(4)\qquad\qquad(3)\qquad\qquad\qquad(2)\end{array}$$

$$-4\ -3\ -2\ -1\ \ 0\ +1\ +2\ +3\ +4$$

❸　(1)　100　　　　　　(2)　12

　　(3)　5.7　　　　　　(4)　$\dfrac{1}{6}$

❹　+9，−9

❺　(1)　+1＞−8　　　　(2)　−9＜−3

　　(3)　−0.2＞−2　　　(4)　−$\dfrac{3}{5}$＜−$\dfrac{3}{8}$

　　(5)　−7＜−6＜+3　　(6)　−5.7＜−4.2＜0

■■■■■■■■■■ 解 説 ■■■■■■

❶　0から，正の数は右へ，負の数は左へ数える。

> いちばん小さい1目盛りは
> 0.5を表しているね。

❷　(3)　+0.5 ⇨ 0と+1の間にある。

　(4)　−$\dfrac{5}{2}$＝−2.5 ⇨ −2と−3の間にある。

❸　+，−の符号を取り除いた数を答える。

　(3)　+5.7の符号「+」を取り除いて，5.7

　(4)　−$\dfrac{1}{6}$の符号「−」を取り除いて，$\dfrac{1}{6}$

❹　数直線上で，原点との距離が等しい点は，原点
　の右と左に2つある。
　　絶対値が9である数は，数直線で0からの距離が
　9の位置にある+9と−9の2つである。

❺　(1)　(正の数)＞(負の数) だから，+1＞−8

　(2)　負の数は，その絶対値が大きいほど小さい。
　　　絶対値は 9＞3 だから，−9＜−3

　(4)　絶対値は $\dfrac{3}{5}$＞$\dfrac{3}{8}$ だから，−$\dfrac{3}{5}$＜−$\dfrac{3}{8}$

　(5)(6)　3つの数の大小を不等号を使って表すとき
　　は，大きさの順に並べる。

　別解　それぞれ，次のように表してもよい。

　(1)　−8＜+1　　　　(2)　−3＞−9

　(3)　−2＜−0.2　　　(4)　−$\dfrac{3}{8}$＞−$\dfrac{3}{5}$

　(5)　+3＞−6＞−7　　(6)　0＞−4.2＞−5.7

p.8～9　■■◆ステージ**2**

❶　(1)　A地点から8m南の地点

　　(2)　A地点から10.5m北の地点

❷　(1)　75m低い　　　(2)　2℃高い

　　(3)　3kgの減少　　 (4)　1000円の損失

❸　(1)　+23L　　　　　(2)　−1.5L

❹　(1)　−5，+3，+26，0，+300

　　(2)　+3，+1.2，+26，+$\dfrac{6}{5}$，+300

　　(3)　−5，−0.8

　　(4)　+3，+26，+300

❺　(1)　㋐ +2　　　　　㋑ −4

　　　　㋒ +3.6　　　　 ㋓ −$\dfrac{7}{5}$

　　(2)

$$\begin{array}{c}\ \ ㋑\qquad\quad ㋓\qquad\qquad ㋐\quad ㋒\end{array}$$

$$-4\ -3\ -2\ -1\ \ 0\ +1\ +2\ +3\ +4$$

❻　(1)　−$\dfrac{1}{2}$＜−$\dfrac{1}{5}$＜+$\dfrac{1}{10}$

　　(2)　−$\dfrac{7}{2}$＜−3＜−2.5

❼　(1)　−100，−$\dfrac{1}{10}$，−0.01，0

　　(2)　6個　　　　　　(3)　−3

　　(4)　−7　　　　　　(5)　8個

❽　(1)　+$\dfrac{1}{2}$と−0.5　　(2)　−$\dfrac{1}{6}$

・・・・・・

①　㋓
②　+4，−4

■■■■■■■■■■ 解 説 ■■■■■■

❶　A地点から「○m北の地点」を+○mと表すと
　き，−○mと表すのは，A地点から「○m南の地
　点」である。

❷　正の数を使って表すには，反対の性質をもつ言
　葉を使って表す。

　(1)　高い ⇔ 低い　　(2)　低い ⇔ 高い

　(3)　増加 ⇔ 減少　　(4)　利益 ⇔ 損失

❸　(1)　93Lは70Lよりも 93−70＝23(L) 多い。

　(2)　68.5Lは70Lよりも 70−68.5＝1.5(L)
　　少ない。

❹　(1)　整数というときは，正の整数（+1，+2，
　　+3，…），0，負の整数（−1，−2，−3，…）の
　　すべてをさす。

(2) 正の数は，０より大きい数で，＋の符号がついた数である。

(3) 負の数は，０より小さい数で，－の符号がついた数である。

(4) 自然数は，正の整数のことである。

ポイント

０は正の数でも負の数でもない整数で，自然数ではない。

⑤ (2) いちばん小さい１目盛りは $\frac{1}{5}=0.2$ を表す。

⑥ (1) 負の数の絶対値は $\frac{1}{2}>\frac{1}{5}$ だから，

$-\frac{1}{2}<-\frac{1}{5}<+\frac{1}{10}$

(2) 絶対値は $\frac{7}{2}>3>2.5$ だから，

$-\frac{7}{2}<-3<-2.5$

別解 それぞれ，次のように表してもよい。

(1) $+\frac{1}{10}>-\frac{1}{5}>-\frac{1}{2}$　(2) $-2.5>-3>-\frac{7}{2}$

⑦ (1) $\frac{1}{10}=0.1$ より，$0.01<\frac{1}{10}<100$ だから，

$-100<-\frac{1}{10}<-0.01$

(2) $\frac{12}{7}=1\frac{5}{7}$ より，-4 以上１以下の整数だから，

-4，-3，-2，-1，0，1 の６個。

(5) $\frac{17}{4}=4\frac{1}{4}$，$\frac{41}{5}=8\frac{1}{5}$ より，絶対値が５以上８以下の整数である。

よって，絶対値が 5，6，7，8 の整数は，

-8，-7，-6，-5，5，6，7，8 の８個ある。

⑧ (1) ＋，－の符号を取り除いた数が同じであれば，絶対値は等しい。

$-0.5=-\frac{1}{2}$ だから，$+\frac{1}{2}$ と -0.5 の絶対値は等しい。

(2) 絶対値が小さい数ほど０に近い。

① 絶対値はそれぞれ，

㋐ 4　㋑ 0　㋒ 3　㋓ $\frac{9}{2}=4.5$

だから，最も大きいのは㋓

② 負の数を忘れないように注意する。

❶ (1) $+13$　(2) -8　(3) -21
(4) $+20$　(5) -3　(6) $+7$
(7) -16　(8) 0

❷ (1) ① -9　② -10
(2) ① 0　② たす数

❸ (1) -1　(2) -9　(3) $+6$

解説

❶ 同符号の２つの数の和は，２つの数の絶対値の和に共通の符号をつける。

(1) $(+9)+(+4)=+(9+4)=+13$

(2) $(-6)+(-2)=-(6+2)=-8$

異符号の２つの数の和は，絶対値の大きいほうから小さいほうをひいた差に，絶対値の大きい数の符号をつける。

(5) $(+15)+(-18)=-(18-15)=-3$
　　　　　　絶対値㊛－絶対値㉘

(6) $(-14)+(+21)=+(21-14)=+7$

(8) 異符号で絶対値が等しい２つの数の和は０

❷ (2) ① たされる数$+0=$たされる数

② $0+$たす数$=$たす数

❸ (1) $(+2)+(-11)+(+14)+(-6)$　正の数どうし，
$=\{(+2)+(+14)\}+\{(-11)+(-6)\}$　負の数どうしを集める。
　　　正の数の和　　　　負の数の和

$=(+16)+(-17)=-1$

別解 $(+2)+(-11)+(+14)+(-6)$　絶対値が
$=\{(+2)+(-6)\}+\{(-11)+(+14)\}$　小さくなる組み合わせにする。
$=(-4)+(+3)$
$=-1$

(2) $(-27)+(+9)+(+27)+(-18)$　和が０になる組み合わせにする。
$=\{(-27)+(+27)\}+\{(+9)+(-18)\}$
$=0+(-9)=-9$

(3) $(+16)+(-8)+(-1)+(+1)+(-2)$
$=(+16)+\{(-1)+(+1)\}+\{(-8)+(-2)\}$
$=(+16)+0+(-10)=+6$

参考 加法だけの式は，数の順序や組み合わせを変えて，どの２つの数から計算してもよい。

ポイント

３つ以上の数の加法は，左から順に計算してもよいが，加法の交換法則や結合法則を使って同符号の数を集めたり，和が０や10の倍数になる組み合わせを考えたりすることで計算が簡単になることが多い。

4 解答と解説

❶ (1) $(+7)+(-8)$　　(2) $(-11)+(+3)$

❷ (1) -7　　(2) -20　　(3) -21

　　(4) $+19$　　(5) $+9$　　(6) -1

❸ (1) ① -14　　② $+7$　　③ -4

　　(2) ① 0　　② ひく数

❹ (1) -7　　(2) -1　　(3) $+13$

━━━━━━━━━━◀ 解説 ▶━━━━━━━

❶ 減法を加法に直すときは，ひく数の符号を変える。

❷ 加法だけの式に直してから計算する。

　(1) $(+12)-(+19)$　〉減法を加法に直すときは，
　　$=(+12)+(-19)$　〉ひく数の符号を変える。
　　$=-7$

　(2) $(-7)-(+13)=(-7)+(-13)=-20$

　(3) $(-16)-(+5)=(-16)+(-5)=-21$

　(4) $(+8)-(-11)=(+8)+(+11)=+19$

　(5) $(-6)-(-15)=(-6)+(+15)=+9$

　(6) $(-13)-(-12)=(-13)+(+12)=-1$

❸ (1) ① $(-14)-0=-14$ ← 差はひかれる数

　　② $0-(-7)=0+(+7)=+7$ ← 差はひく数の
　　③ $0-(+4)=0+(-4)=-4$ 　符号を変えた数

　(2) ① ひかれる数$-0=$ひかれる数

　　② $0-$ひく数$=$ひく数の符号を変えた数

❹ (1) $(-8)-(-6)+(-5)$ 〉加法だけの式に直す。
　　$=(-8)+(+6)+(-5)$ 〉同符号の数を集める。
　　$=(-8)+(-5)+(+6)$
　　$=(-13)+(+6)=-7$

　(2) $(+3)-(+9)-(-12)+(-7)$
　　$=(+3)+(-9)+(+12)+(-7)$
　　$=(+3)+(+12)+(-9)+(-7)$
　　$=(+15)+(-16)=-1$

　(3) $(-1)+(+5)-(+11)-(-20)$
　　$=(-1)+(+5)+(-11)+(+20)$
　　$=(-1)+(-11)+(+5)+(+20)$
　　$=(-12)+(+25)=+13$

ポイント

加法と減法の混じった式の計算は，次のように行う。
　　加法だけの式に直す。
⇒ 同符号の数を集める。
⇒ 正の数の和，負の数の和を求める。
⇒ （正の数の和）と（負の数の和）をたす。

❶ (1) $4-9+1$　　(2) $-17+3-5-8$

❷ (1) -6　　(2) -25　　(3) -5

　　(4) 7　　(5) -16　　(6) -29

❸ (1) 21　　(2) -12　　(3) -25

　　(4) 14　　(5) 0　　(6) 15

❹ (1) -0.9　　(2) 2

　　(3) $\dfrac{5}{24}$　　(4) $-\dfrac{11}{15}$

━━━━━━━━━━◀ 解説 ▶━━━━━━━

❶ 加法だけの式では，加法の記号＋とかっこをはぶくことができる。

　(1) $(+4)+(-9)-(-1)$ 〉加法だけの式に直す。
　　$=(+4)+(-9)+(+1)$ 〉＋とかっこをはぶく。
　　$=4-9+1$

　(2) $(-17)-(-3)+(-5)-(+8)$
　　$=(-17)+(+3)+(-5)+(-8)=-17+3-5-8$

❷ (3) $-2+5-8$ 〉同符号の数を集める。
　　$=-2-8+5$ 〉同符号の数の和を求める。
　　$=-10+5$
　　$=-5$

　(4) $9-15+19-6=9+19-15-6=28-21=7$

　(5) $3-7-16+4=3+4-7-16=7-23=-16$

別解 和が0になる組み合わせを使うと，
　　$3-7-16+4=3+4-7-16=7-7-16=-16$

　(6) $-12-13+5-9=-12-13-9+5$
　　$=-34+5=-29$

❸ (1) $14+(-3)-(-10)=14-3+10$
　　$=14+10-3=24-3=21$

　(2) $-26-(-21)-7=-26+21-7$
　　$=-26-7+21=-33+21=-12$

　(3) $-38-(-17)+(-4)=-38+17-4$
　　$=-38-4+17=-42+17=-25$

　(4) $5+(-2)-(-8)+3=5-2+8+3$
　　$=5+8+3-2=16-2=14$

　(5) $13-(+7)-(-6)-12=13-7+6-12$
　　$=13+6-7-12=19-19=0$

　(6) $-4-(-3)-(-10)+6=-4+3+10+6$
　　$=-4+19=15$

❹ (2) $3.4-(-2.8)-4.2=3.4+2.8-4.2$
　　$=6.2-4.2=2$

　(3) $-\dfrac{5}{8}+\dfrac{5}{6}=-\dfrac{15}{24}+\dfrac{20}{24}=\dfrac{5}{24}$

❶ (1) -11　　(2) 55　　(3) -4.7

　 (4) $-\dfrac{5}{6}$　　(5) -33　　(6) 6

　 (7) -2　　(8) 5.6　　(9) $-\dfrac{5}{12}$

　 (10) $0.7\left(\dfrac{7}{10}\right)$

❷ (1) 例 $(-1)+(-7)$, $(-2)+(-6)$,
　　　 $0+(-8)$, $(-10)+(+2)$, … など
　 (2) 例 $(-2)-(+3)$, $(-9)-(-4)$,
　　　 $(+3)-(+8)$, $0-(+5)$, … など

❸ 7

❹ (1) 22 冊　　　　(2) 17 冊
　 (3)

曜　日	月	火	水	木	金
基準との差（冊）	-8	-17	-2	-11	0

❺ (1) ⑦ -9　　　　 ⑦ $+19$
　 (2) 24 点

❻ 20, 36

・・・・・

① (1) 9　　　　　　(2) -8
　 (3) $-\dfrac{3}{10}$　　　　(4) $\dfrac{1}{18}$

━━ 解　説 ━━

❶ (7) かっこの中を先に計算する。
　 $2-\{3-(-1)\}=2-(3+1)=2-4=-2$
　 (8) $-1.8-(-5.5)+3.2-(+1.3)$
　 　$=-1.8+5.5+3.2-1.3=-1.8-1.3+5.5+3.2$
　 　$=-3.1+8.7=5.6$
　 (9) $\dfrac{1}{6}+\left(-\dfrac{2}{3}\right)-\dfrac{1}{2}-\left(-\dfrac{7}{12}\right)$
　 　$=\dfrac{1}{6}-\dfrac{2}{3}-\dfrac{1}{2}+\dfrac{7}{12}=\dfrac{2}{12}-\dfrac{8}{12}-\dfrac{6}{12}+\dfrac{7}{12}$
　 　$=\dfrac{2}{12}+\dfrac{7}{12}-\dfrac{8}{12}-\dfrac{6}{12}=\dfrac{9}{12}-\dfrac{14}{12}=-\dfrac{5}{12}$
　 (10) 内側のかっこの中から計算する。
　 　$\dfrac{1}{5}-\left\{1.8-\left(0.9+\dfrac{7}{5}\right)\right\}$
　 　$=0.2-\{1.8-(0.9+1.4)\}=0.2-(1.8-2.3)$
　 　$=0.2-(-0.5)=0.2+0.5=0.7$
　 小数を分数に直して計算してもよい。

❷ (1) 2つの整数が同符号ならば，2つの整数は
　 どちらも負の数で，絶対値の和が8だから，
　 $(-1)+(-7)$, $(-2)+(-6)$ などが考えられる。

また，2つの整数が異符号ならば，差が8とな
る2つの絶対値を考え，絶対値の大きいほうを
負の数，小さいほうを正の数にすればよい。
たとえば，絶対値が10と2の場合は，
$(-10)+(+2)$ となる。
　 (2) (1)と同じように考えて，まず和が -5 となる
　 加法の式をつくる。
　　 $(-2)+(-3)\cdots$⑦　 $(-9)+(+4)\cdots$⑦
　 次に，加法を減法に直す。
　 ⑦　 $(-2)+(-3)$ } -3 をたすことと同じになる
　 　$=(-2)-(+3)$ 　のは，$+3$ をひくこと。
　 ⑦　 $(-9)+(+4)$ } $+4$ をたすことと同じになる
　 　$=(-9)-(-4)$ 　のは，-4 をひくこと。

❸ 4の目 → -4, 5の目 → $+5$, 2の目 → -2,
　 3の目 → $+3$ となるので，
　 $(-4)+(+5)+(-2)+(+3)+(+5)$
　 $=-4+5-2+3+5=-4-2+5+3+5$
　 $=-6+13=7$

❹ (1) $14+(+8)=22$（冊）
　 (2) 最も多いのは金曜日の $+8$ 冊，最も少ないの
　 は火曜日の -9 冊だから，
　 　$(+8)-(-9)=17$（冊）
　 (3) それぞれの曜日の基準との差から $+8$ をひい
　 て求める。
　 　たとえば，水曜日は $(+6)-(+8)=-2$

ポイント

反対の性質や反対の方向をもつ数量は，基準を決め
て，一方を＋符号を使って表すと，もう一方は－
の符号を使って表すことができる。基準をどこにす
るかによって，それぞれの値が変化する。
例 基準とする量を2個増やすと，それぞれの基準
　 との差は $+2$ 個をひいた差になる。

❺ (1) 2回目のゲームで，Aを除いた3人の合計
　 点は，$(+15)+(-12)+(+6)=+9$（点）
　 　4人の合計点は0点だから，⑦は -9 となる。
　 (2) 3回すべてのゲームのそれぞれの合計点は，
　 　A…-13点，B…-2点，C…$+11$点，D…$+4$点
　 よって，$(+11)-(-13)=24$（点）

❻ 48の約数は，1, 2, 3, 4, 6, 8, 12, 16, 24,
48である。このうち，○$-$△$=-12$ となるのは，
○…4，△…16 と，○…12，△…24 のときである。
したがって，○$+$△ は，20 と 36

p.18〜19 ステージ1

❶ (1) $+36$　　(2) -180
　(3) -84　　(4) $+147$
　(5) -2.8　　(6) $+21$

❷ (1) ① 0　　② 0
　③ -8　　④ $+14$
　(2) ① 0　　② 1
　③ 符号

❸ (1) -7300　　(2) -63

❹ (1) $+336$　　(2) -756
　(3) -30　　(4) $+576$
　(5) 0

━━━━━━ 解説 ━━━━━━

❶ 同符号の2つの数の積の符号は正，異符号の2つの数の積の符号は負。積の符号を決め，2つの数の絶対値の積を計算する。

(1) $\underline{(+12)}\times\underline{(+3)}=\underline{+}(12\times3)=+36$
　　　同符号　　　　積の符号は正

(2) $\underline{(+9)}\times\underline{(-20)}=\underline{-}(9\times20)=-180$
　　　異符号　　　　積の符号は負

(3) $(-6)\times(+14)=-(6\times14)=-84$

(4) $(-7)\times(-21)=+(7\times21)=+147$

(5) $(+0.8)\times(-3.5)=-(0.8\times3.5)=-2.8$

(6) $\left(-\dfrac{7}{6}\right)\times(-18)=+\left(\dfrac{7}{6}\times18\right)=+21$

ポイント

正の数，負の数の乗法では，数の中に小数や分数がふくまれていても計算の方法は整数の場合と同じ。

❷ (1) ①② 0との積…0になる。
　③ 1との積…その数自身になる。
　④ $-(-14)=(-1)\times(-14)=+14$
　　　-1との積…符号を変えた数になる。

❸ (1) $\underline{(-4)}\times(-73)\times\underline{(-25)}$
　　　$=(-73)\times\underline{(-4)}\times\underline{(-25)}$
　　　$=(-73)\times\{\underline{(-4)\times(-25)}\}$
　　　$=(-73)\times(+100)$
　　　$=-7300$

　　　数の順序や組み合わせを変えて，積が100の組み合わせにする。

　別解 $(-4)\times(-73)\times(-25)$
　　　$=(-4)\times(-25)\times(-73)$
　　　$=\{(-4)\times(-25)\}\times(-73)$
　　　$=(+100)\times(-73)$
　　　$=-7300$

(2) $\underline{(+1.5)}\times\underline{(+7)}\times\underline{(-6)}$
　　$=\underline{(+7)}\times\underline{(+1.5)}\times\underline{(-6)}$
　　$=(+7)\times\{\underline{(+1.5)\times(-6)}\}$
　　$=(+7)\times(-9)$
　　$=-63$

　小数をふくむ乗法は，積が整数になる組み合わせにするとよい。

ポイント

乗法は，左から順に計算してもよいが，交換法則，結合法則を使うと計算が簡単になることがある。積が10や100や1000，整数になる組み合わせを考えてみよう。
$25\times4=100$，$125\times8=1000$ は覚えておくと便利である。

❹ (1) $\underline{(+6)}\times\underline{(-7)}\times\underline{(-8)}$
　　$=+(6\times7\times8)$
　　$=+336$

　負の数が2個（偶数個）→ 積の符号は＋

(2) $(+3)\times\underline{(-9)}\times\underline{(-7)}\times\underline{(-4)}$
　　$=-(3\times9\times7\times4)$
　　$=-756$

　負の数が3個（奇数個）→ 積の符号は－

(3) $\left(-\dfrac{1}{4}\right)\times(+15)\times(+8)$
　　$=-\left(\dfrac{1}{4}\times15\times8\right)$
　　$=-30$

　分数があっても計算の方法は整数の場合と同じ。

(4) $(+8)\times(-12)\times(+2)\times(-3)$
　　$=+(8\times12\times2\times3)$
　　$=+576$

(5) $(-17)\times(+19)\times\underline{0}\times(+23)$
　　$=0$

　乗法だけの計算で，0が1つでもあれば，積は0

ポイント

いくつかの数の積
　負の数が偶数個 → 積の符号は＋
　負の数が奇数個 → 積の符号は－
先に積の符号を決めてしまうと間違いが少なくなる。

3つ以上の数の乗法では，積の符号を決めてから，積の絶対値を計算しよう。積の絶対値はどの順序で計算してもいいんだよ。

p.20～21 ■ **ステージ1**

❶ (1) $(-5)^3$　(2) $(-2)^4$　(3) $(-0.7)^2$
　(4) $\left(-\dfrac{1}{4}\right)^3$

❷ (1) **100**　(2) **−100**　(3) **−24**
　(4) **−56**　(5) **225**　(6) **−108**

❸ (1) **偶数**　(2) **奇数**

❹ (1) **+4**　(2) **−12**　(3) **+10**
　(4) **−15**　(5) **+56**　(6) **0**

❺ (1) $-\dfrac{15}{8}$　(2) $-\dfrac{2}{7}$

――― 解説 ―――

❶ かけ合わせる数にかっこをつけ，かけ合わせた個数を，かっこの外の右上に小さく書く。
(2) −2 を 4 個かけ合わせるから，
$(-2)\times(-2)\times(-2)\times(-2)=(-2)^4$

ミス注意 かっこをつけずに -2^4 としないように気をつける。
$(-2)^4=+(2\times2\times2\times2)=+16$
$-2^4=-(2\times2\times2\times2)=-16$

> かっこをつけ忘れると違う数になってしまうよ。

❷ (1) $(-10)^2=(-10)\times(-10)$
　　　　$=+(10\times10)=100$
(2) $-10^2=-(10\times10)$
　　　$=-100$
(3)～(6) 累乗を先に計算する。
(3) $3\times(-2)^3=3\times\{(-2)\times(-2)\times(-2)\}$
　　　　　　$=3\times(-8)=-24$
(4) $7\times(-2^3)=7\times\{-(2\times2\times2)\}$
　　　　　$=7\times(-8)=-56$
(5) $(-3^2)\times(-5^2)=\{-(3\times3)\}\times\{-(5\times5)\}$
　　　　　　　$=(-9)\times(-25)=225$
(6) $(-6)^2\times(-3)=\{(-6)\times(-6)\}\times(-3)$
　　　　　　$=36\times(-3)=-108$

ポイント
負の数の累乗
絶対値の累乗に，指数が偶数なら＋，奇数なら−の符号をつける。

❸ (1) 負の数を偶数個かけ合わせると，積は正の数になるから，□が偶数であればよい。

(2) 負の数を奇数個かけ合わせると，積は負の数になるから，□が奇数であればよい。

❹ 同符号の 2 つの数の商の符号は正，異符号の 2 つの数の商の符号は負。商の符号を決め，2 つの数の絶対値の商を計算する。
(1) $(+24)\div(+6)=+(24\div6)=+4$
　　　　同符号　　商の符号は正
(2) $(+96)\div(-8)=-(96\div8)=-12$
　　　　異符号　　商の符号は負
(3) $(-40)\div(-4)=+(40\div4)=+10$
(4) $(-75)\div(+5)=-(75\div5)=-15$
(5) $(-56)\div(-1)=+(56\div1)=+56$

参考 −1 でわると，商はわられる数の符号を変えた数になる。

(6) $0\div(-3)=0$ ← 0 をどんな数でわっても商は 0

ポイント
2 つの数の商の符号の決め方は，2 つの数の積の符号の決め方と同じなので，しっかり覚えよう。
また，0 をどんな数でわっても商は 0 である。
どんな数も，0 でわることはできないことに注意しよう。

❺ (1) $(-15)\div(+8)=-(15\div8)$
　　　　　　$=-\dfrac{15}{8}$ ← わり切れない場合には，分数で表す。

ミス注意 $(-15)\div(+8)$ は，$\dfrac{-15}{+8}=-\dfrac{15}{8}$
として計算することができる。
$\dfrac{-15}{8}$ と $-\dfrac{15}{8}$ は同じ数を表している。
ふつうは $-\dfrac{15}{8}$ と書く。

(2) $(+18)\div(-63)=-(18\div63)$
　　　　　$=-\dfrac{18}{63}$ ⎫ 約分する。
　　　　　$=-\dfrac{2}{7}$ ⎭

ポイント
$\bigcirc\div\triangle=\dfrac{\bigcirc}{\triangle}$ となる。この関係を使って，商を分数で表す。このとき，約分できるときは，約分する。

> 除法が乗法と違うところは，0 ではわれないところだね。

❶ (1)　$+\dfrac{3}{5}$　　(2)　$-\dfrac{7}{4}$　　(3)　$-\dfrac{1}{10}$

　(4)　-1

❷ (1)　-16　　(2)　$+\dfrac{56}{3}$　　(3)　$-\dfrac{5}{42}$

　(4)　$-\dfrac{3}{16}$　　(5)　$+\dfrac{5}{3}$　　(6)　-21

　(7)　$+\dfrac{1}{4}$　　(8)　$-\dfrac{21}{4}$

❸ (1)　1　　(2)　-6　　(3)　-12

　(4)　$\dfrac{1}{3}$　　(5)　6　　(6)　-8

◆解説◆

❶ 与えられた数との積が $+1$ となる数を考える。
分数の逆数は，符号は変えないで，分母と分子を入れかえた数となる。

(2)　$\left(-\dfrac{4}{7}\right)\times\left(-\dfrac{7}{4}\right)=+1$ だから，

　　$-\dfrac{4}{7}$ の逆数は $-\dfrac{7}{4}$ である。

❷ (7)　$\left(-\dfrac{3}{8}\right)\div\left(-\dfrac{3}{2}\right)=\left(-\dfrac{3}{8}\right)\times\left(-\dfrac{2}{3}\right)$ ← わる数の逆数をかける。

　　$=+\left(\dfrac{3}{8}\times\dfrac{2}{3}\right)=+\dfrac{1}{4}$ ← 積の符号は正

(8)　$\left(+\dfrac{7}{3}\right)\div\left(-\dfrac{4}{9}\right)=\left(+\dfrac{7}{3}\right)\times\left(-\dfrac{9}{4}\right)$

　　$=-\left(\dfrac{7}{3}\times\dfrac{9}{4}\right)=-\dfrac{21}{4}$

❸ (3)　$(-40)\div\dfrac{5}{3}\div2=(-40)\times\dfrac{3}{5}\times\dfrac{1}{2}$

　　　　　　　　　　　　　　　乗法だけの式に直す。

　　$=-\left(40\times\dfrac{3}{5}\times\dfrac{1}{2}\right)=-12$

(5)　$(-3^3)\div15\div\left(-\dfrac{3}{10}\right)$ ← 累乗を先に計算する。　$-3^3=-(3\times3\times3)=-27$

　　$=(-27)\div15\div\left(-\dfrac{3}{10}\right)$

　　$=(-27)\times\dfrac{1}{15}\times\left(-\dfrac{10}{3}\right)$

　　$=+\left(27\times\dfrac{1}{15}\times\dfrac{10}{3}\right)=6$

(6)　$14\div(-7)^2\times(-28)$ ← $(-7)^2=(-7)\times(-7)=49$

　　$=14\div49\times(-28)$

　　$=14\times\dfrac{1}{49}\times(-28)$

　　$=-\left(14\times\dfrac{1}{49}\times28\right)=-8$

❶ (1)　25　　(2)　-20　　(3)　9

　(4)　-6　　(5)　-4　　(6)　-20

❷ (1)　-3　　(2)　60　　(3)　1

　(4)　17　　(5)　60　　(6)　-3

❸ (1)　-23　　(2)　14

　(3)　-300　　(4)　-1700

◆解説◆

❶ 累乗 → 乗除 → 加減 の順に計算する。

(5)　$-8-(-6^2)\div9$ ← 累乗を先に計算。　$-6^2=-(6\times6)=-36$　除法 → 減法 の順に計算。

　　$=-8-(-36)\div9$

　　$=-8-(-4)$

　　$=-8+4$

　　$=-4$

(6)　$4\times(-3)^2+(-2)^3\times7$ ← $(-3)^2=(-3)\times(-3)=9$　$(-2)^3=(-2)\times(-2)\times(-2)=-8$

　　$=4\times9+(-8)\times7$

　　$=36-56=-20$

❷ かっこの中を先に計算する。かっこの中に累乗があれば，累乗を先に計算する。

(5)　$(-4)\times(-51+6^2)$ ← かっこの中の累乗を先に計算。　$6^2=6\times6=36$　かっこの中を計算。

　　$=(-4)\times(-51+36)$　乗法を計算。

　　$=(-4)\times(-15)$

　　$=60$

(6)　$18\div\{10-(-4)^2\}$ ← $(-4)^2=(-4)\times(-4)=16$

　　$=18\div(10-16)$

　　$=18\div(-6)=-3$

❸ (1)　$14\times\left(-\dfrac{15}{7}+\dfrac{1}{2}\right)$ ← $a\times(b+c)=a\times b+a\times c$

　　$=14\times\left(-\dfrac{15}{7}\right)+14\times\dfrac{1}{2}$

　　$=-30+7=-23$

(2)　$\left(\dfrac{2}{9}-\dfrac{8}{15}\right)\times(-45)=\dfrac{2}{9}\times(-45)-\dfrac{8}{15}\times(-45)$

　　$=-10+24=14$

(3)　$(-15)\times26+(-15)\times(-6)$ ← $a\times b+a\times c=a\times(b+c)$

　　$=(-15)\times(26-6)$

　　$=(-15)\times20=-300$

(4)　$(-35)\times17+(-65)\times17$

　　$=\{(-35)+(-65)\}\times17$

　　$=-100\times17=-1700$

ポイント

計算の順序にしたがって計算してもよいが，分配法則を利用すると，計算が簡単になることがある。

❶ ㋐ 6, 230　　　　　　㋑ −27, 0, −13

　㋒ 5.6, $-\dfrac{8}{3}$, −0.05, $\dfrac{9}{5}$, −3.75, $\dfrac{11}{14}$

❷ (1) ㋑　　(2) ㋐　　(3) ㋒　　(4) ㋒

❸ ㋑, ㋓, ㋗

■ 解説 ■

❶ ㋐　正の整数を選ぶ。

　㋑　整数から自然数を除いた数を選ぶ。0は自然数ではないが整数であることに注意する。

　㋒　数全体から整数を除いた数である分数と小数を選ぶ。

> $3=\dfrac{3}{1}=\dfrac{6}{2}=\cdots$, 3=3.0 と考えると，整数は分数や小数にふくまれることがわかるね。

❷ (1)　$-9+8=\underset{整数 → ㋑}{-1}$

　(2)　$12-7=\underset{自然数 → ㋐}{5}$

　(3)　$\dfrac{3}{4}\times\dfrac{1}{2}=\underset{分数 → ㋒}{\dfrac{3}{8}}$

　(4)　$-3\div(-6)=-3\times\left(-\dfrac{1}{6}\right)=\underset{分数 → ㋒}{\dfrac{1}{2}}$

❸　1つの例がその集合の範囲内でできても，すべての場合ができるとは限らない。いろいろな場合を考えるようにする。

　㋑　$3-2=\underset{自然数}{1}$ であるが，$2-3=\underset{整数}{-1}$

　　また，$2-2=\underset{整数}{0}$

　㋓　$6\div2=\underset{自然数}{3}$ であるが，$2\div3=\underset{分数}{\dfrac{2}{3}}$

　㋗　$6\div(-3)=\underset{整数}{-2}$ であるが，$2\div(-3)=\underset{分数}{-\dfrac{2}{3}}$

数の範囲を自然数の集合から整数の集合に広げると，減法はいつでもできるようになる。さらに，数全体の集合まで広げると，除法もいつでもできるようになる。

❶ 2℃

❷ (1) ㋐ −7　　㋑ +1　　㋒ −10

　(2) 157 cm

❸ 156.6 g

❹ (1) 50 kg　　　　(2) 63 kg

■ 解説 ■

❶ $\underset{合計}{\{(-3)+0+(+6)+(+7)+(+3)+(-1)\}}\div\underset{個数}{6}$

　$=12\div6=2\,(℃)$

ポイント

(平均)＝(合計)÷(個数)

❷ (1)　㋐　$153-160=-7\,(cm)$

　　　㋑　$161-160=+1\,(cm)$

　　　㋒　$150-160=-10\,(cm)$

　(2)　基準との差の平均は，

　　　$\{(+7)+(-6)+(-7)+(+1)+(-10)\}\div5$

　　　$=(-15)\div5=-3\,(cm)$

　　　(平均)＝(基準との差の平均)＋(基準の値) だから，

　　　5人の身長の平均は，$-3+160=157\,(cm)$

❸　基準との差の平均は，

　　$\{(-20)+(-15)+(+32)+(-4)+(+40)\}\div5$

　$=33\div5=6.6\,(g)$

　5個の缶の重さの平均は，$6.6+150=156.6\,(g)$

　別解　5個の缶の重さは，それぞれ

　　130 g, 135 g, 182 g, 146 g, 190 g

　だから，5個の缶の重さの平均は，

　　$(130+135+182+146+190)\div5$

　$=783\div5=156.6\,(g)$

ポイント

(平均)＝(基準との差の平均)＋(基準の値)
基準との差の平均を利用すると，計算が簡単になる。

❹ (1)　基準との差の平均は，

　　　$\{(+5)+0+(-3)+(+11)+(-9)+(+8)\}\div6$

　　　$=12\div6=2\,(kg)$

　　　6人の体重の平均は，$2+48=50\,(kg)$

　(2)　表より，Eの体重はBの体重より9 kg軽い。

　　　つまり，Bの体重はEの体重より9 kg重い。

　　　よって，Bの体重は，$52+9=61\,(kg)$

　　　したがって，6人の体重の平均は，

　　　$2+61=63\,(kg)$

❶ (1) -6 (2) $\dfrac{2}{3}$ (3) $-\dfrac{1}{3}$

(4) -14 (5) $-\dfrac{15}{8}$ (6) $\dfrac{3}{16}$

(7) $-\dfrac{3}{32}$ (8) 80

❷ (1) -2 (2) -6

(3) -5 (4) 0

❸ (1) 17 (2) -2

❹ □…$\div$ ○…$+$

❺ (1) a は -6, b と c は一方が 2, 他方が 5

(2) a は 5, b は -6, c は 2

❻ (1) $3\ \text{m}$ 西の位置に進む。 (2) $10\ \text{m}$

❼ 加法

• • • • • •

① (1) $\dfrac{8}{3}$ (2) -1

② ⑦

③ (1) 2410 歩 (2) $7.23\ \text{km}$

解 説

❶ (4) $(-6)^2 \times \left(-\dfrac{7}{18}\right) = 36 \times \left(-\dfrac{7}{18}\right)$

$= -\left(36 \times \dfrac{7}{18}\right) = -14$

(6) $\dfrac{1}{6} \div \left(-\dfrac{4}{15}\right) \times \left(-\dfrac{3}{10}\right)$

$= \dfrac{1}{6} \times \left(-\dfrac{15}{4}\right) \times \left(-\dfrac{3}{10}\right)$

$= +\left(\dfrac{1}{6} \times \dfrac{15}{4} \times \dfrac{3}{10}\right) = \dfrac{3}{16}$

(8) $(-12) \div \left(-\dfrac{15}{4}\right) \times 5^2 = (-12) \times \left(-\dfrac{4}{15}\right) \times 25$

$= +\left(12 \times \dfrac{4}{15} \times 25\right) = 80$

❷ (2) $-13 + 56 \div \{-1 - (-9)\}$

$= -13 + 56 \div (-1 + 9)$

$= -13 + 56 \div 8 = -13 + 7 = -6$

(3) $35 - (-15) \div (-3) \times 2^3$

$= 35 - (-15) \times \left(-\dfrac{1}{3}\right) \times 8$

$= 35 - 40 = -5$

(4) $-\dfrac{8}{9} - \left(-\dfrac{2}{3}\right)^2 \times (-2) = -\dfrac{8}{9} - \dfrac{4}{9} \times (-2)$

$= -\dfrac{8}{9} + \dfrac{8}{9} = 0$

❹ □がそれぞれ＋，×，÷の場合，○に＋と－のどちらを入れたとき，計算の結果が小さくなるかを調べてから，計算の結果が小さくなるほうの3つの式を実際に計算して，□と○にあてはまる記号や符号を求める。

□が＋のときは，○は－のほうが小さくなる。

$\left(-\dfrac{1}{4}\right) + \left(-\dfrac{1}{3}\right) = -\dfrac{7}{12}$

□が×，÷のときは，○は＋のほうが小さくなる。

$\left(-\dfrac{1}{4}\right) \times \left(+\dfrac{1}{3}\right) = -\dfrac{1}{12}$

$\left(-\dfrac{1}{4}\right) \div \left(+\dfrac{1}{3}\right) = -\dfrac{3}{4} = -\dfrac{9}{12}$

$-\dfrac{3}{4} < -\dfrac{7}{12} < -\dfrac{1}{12}$ だから，□が÷，○が＋のとき，計算の結果が最も小さい数になる。

❺ (1) 負の数は1個だから，計算の結果の符号は負になる。計算の結果の符号が負の場合，絶対値が大きくなるほど，計算の結果が小さくなる。わられる数の絶対値が大きいほど，また，わる数の絶対値が小さいほど，計算の結果の絶対値は大きくなる。

よって，$a = -6$ のとき，計算の結果が最も小さくなる。

(2) a と $b-c$ が同符号ならば，その積は正の数になり，a と $b-c$ が異符号ならば，その積は負の数になる。

a と $b-c$ が異符号になる場合の，$a \times (b-c)$ を計算すると，次のようになる。

$a = -6$ のとき，$b = 5$, $c = 2$ で，

$-6 \times (5-2) = -18$

$a = 2$ のとき，$b = -6$, $c = 5$ で，

$2 \times (-6-5) = -22$

$a = 5$ のとき，$b = -6$, $c = 2$ で，

$5 \times (-6-2) = -40$

よって，$a = 5$, $b = -6$, $c = 2$ のとき，計算の結果が最も小さくなる。

> ❹も❺も，考えられるすべての式をあげて，その計算の結果から，答えを求めてもかまわないよ。

❻ 勝って 3 m 東へ進むことを +3 m，負けて 2 m 西へ進むことを −2 m と表すことにする。

(1) 4 回のうち 1 回勝つと，3 回負けることになるから，$(+3) \times 1 + (-2) \times 3 = -3$ (m)
よって，もとの位置から 3 m 西の位置に進む。

(2) 10 回のうち B が 6 回勝つということは，A が 4 回勝つことになる。
A は 4 回勝って 6 回負けることになるから，
$(+3) \times 4 + (-2) \times 6 = 0$ (m)
よって，A はもとの位置にいる。
B は 6 回勝って 4 回負けることになるから，
$(+3) \times 6 + (-2) \times 4 = 10$ (m)
よって，B はもとの位置から 10 m 東の位置に進む。したがって，2 人の間は 10 m 離れる。

❼ 負の数どうしの計算の結果が，いつでも負の数になるものを答える。

加法 $-\dfrac{1}{2} + \left(-\dfrac{1}{3}\right) = -\dfrac{5}{6}$

減法 $-\dfrac{1}{3} - \left(-\dfrac{1}{2}\right) = \dfrac{1}{6}$

乗法 $-\dfrac{1}{3} \times \left(-\dfrac{1}{2}\right) = \dfrac{1}{6}$

除法 $-\dfrac{1}{3} \div \left(-\dfrac{1}{2}\right) = \dfrac{2}{3}$

より，負の数全体の集合では，加法は計算がいつでもできる。

① (1) $4 + 2 \div \left(-\dfrac{3}{2}\right) = 4 + 2 \times \left(-\dfrac{2}{3}\right)$
$= 4 - \dfrac{4}{3} = \dfrac{8}{3}$

(2) $-3^2 - (-2)^3 = -9 - (-8)$
$= -9 + 8 = -1$

② ⑦ 負の数と負の数の積は，つねに正になる。
④ 負の数と負の数の和は，つねに負になる。
⑰ $a + b$ がつねに負だから，$-(a + b)$ はつねに正になる。
④ $a - b$ が正でも負でも，$(a - b)^2$ はつねに正になる。また，$a - b$ が 0 なら，$(a - b)^2$ は 0。

③ (1) 基準とする歩数を 2400 歩とすると，基準との差の平均は，
$(24 + 0 - 9 + 20 + 15) \div 5 = 10$ (歩)
したがって，1 日あたりの平均値は，
$10 + 2400 = 2410$ (歩)

(2) $60 \times 2410 \times 5 \div 100 \div 1000 = 7.23$ (km)

---

❶ (1) 9 個 (2) -0.4

(3) ① $-0.2 > -2$

② $-\dfrac{1}{3} < -0.3 < \dfrac{3}{10}$

❷ (1) -6 (2) 26 (3) -10.7

(4) $-\dfrac{11}{12}$ (5) 72 (6) $-\dfrac{1}{7}$

(7) $-\dfrac{1}{8}$ (8) -2 (9) -1

(10) -13 (11) -3 (12) 10

(13) $\dfrac{1}{3}$ (14) $-\dfrac{7}{12}$

❸ (1) $+5$ (2) 0 (3) 0

(4) 1

❹ (1) -6 (2) $\dfrac{1}{2}$

❺ (1) ① 6 時 ② 13 時
③ 19 時 ④ 23 時

(2) 22 時 (3) -8 時間

❻ (1) 17 個 (2) 501 個

❼ ⑰，⑰

〓〓〓〓〓〓 解 説 〓〓〓〓〓〓

❶ (1) 絶対値が 4 以下の整数は，
-4, -3, -2, -1, 0, 1, 2, 3, 4 の 9 個ある。
「4 以下」だから，絶対値が 4 である -4 と 4 がふくまれることに注意する。

❷ (9) $13 - 2 \times \{4 - (-3)\} = 13 - 2 \times 7$
$= 13 - 14 = -1$

(10) $(-2)^3 - (-5^2) \div (-5)$
$= -8 - (-25) \div (-5) = -8 - 5 = -13$

(11) $-84 \div \{12 - (-4^2)\} = -84 \div \{12 - (-16)\}$
$= -84 \div 28 = -3$

(12) $5 \times \{-2 \times (-6)^2 + 74\} = 5 \times (-2 \times 36 + 74)$
$= 5 \times (-72 + 74) = 5 \times 2 = 10$

(13) $\left(-\dfrac{5}{2} - \dfrac{1}{2}\right) \times \left(-\dfrac{1}{9}\right) = \left(-\dfrac{6}{2}\right) \times \left(-\dfrac{1}{9}\right)$
$= +\left(3 \times \dfrac{1}{9}\right) = \dfrac{1}{3}$

(14) $\dfrac{3}{4} \times \left(-\dfrac{2}{3}\right) - \left(\dfrac{5}{6} - \dfrac{3}{4}\right)$
$= -\left(\dfrac{3}{4} \times \dfrac{2}{3}\right) - \left(\dfrac{10}{12} - \dfrac{9}{12}\right)$
$= -\dfrac{1}{2} - \dfrac{1}{12} = -\dfrac{6}{12} - \dfrac{1}{12} = -\dfrac{7}{12}$

2 章

❸ (1) 2数の和が0になるのは, 2数の絶対値が等しく, 符号が異なるときである。

(2)〜(4) a がどんな数であっても, 次の式が成り立つことから求める。

$$a-0=a \qquad a\times 0=0 \qquad a\div 1=a$$

❹ 分配法則 $(b+c)\times a=b\times a+c\times a$ を使う。

(1) $\left(-\dfrac{4}{7}+\dfrac{2}{5}\right)\times 35=-\dfrac{4}{7}\times 35+\dfrac{2}{5}\times 35$

$$=-20+14=-6$$

(2) $22\times\dfrac{1}{4}+(-20)\times\dfrac{1}{4}=(22-20)\times\dfrac{1}{4}$

$$=2\times\dfrac{1}{4}=\dfrac{1}{2}$$

❺ (1) 東京を基準にしているので, 東京の時刻に時差を加えると, その都市の時刻が求められる。

① $20+(-14)=6$(時)

② $20+(-7)=13$(時)

③ $20+(-1)=19$(時)

④ $20+(+3)=23$(時)

(2) 東京とホノルルの時差は -19 時間だから, ホノルルから考えると, 東京の時刻はホノルルの時刻より 19 時間進んでいることになる。

$$\text{ホノルル} \xrightleftharpoons[+19\,時間]{-19\,時間} \text{東京}$$

$3+(+19)=22$(時)

(3) シドニーを基準とするから,

$(-7)-(+1)=-8$(時間)

❻ (1) $(+4)-(-13)=17$(個)

(2) 基準との差の平均は,

$$\{(+4)+0+(-13)+(+9)+(+5)\}\div 5$$

$$=5\div 5=1(個)$$

よって, 生産個数の平均は, $1+500=501$(個)

❼ a, b が負の数のとき, $a-5$, $b-2$ は, いつでも負の数になるが, $a+5$, $b+2$ はいつでも負の数になるとは限らない。よって, ㋐〜㋓のうち, 計算の結果がいつでも正の数になるのは, ㋑である。また, $(a+5)^2$ は 0 か正の数で, $2\times b$ はいつでも負の数である。㋒は (0 以上の数)＋(負の数) だから, 計算の結果がいつでも正の数になるとは限らない。㋓は, (0 以上の数)−(負の数) だから, (0 以上の数)＋(正の数) となり, 計算の結果がいつでも正の数になる。

3章 文字と式

p.34〜35 **ステージ1**

❶ (1) $(5\times m)$ 個 (2) $(29+t)$℃

(3) $(1000-x\times 3)$ 円 (4) $(a\times 3-b)$ m

(5) $(5\times x+6\times y)$ 人

❷ (1) m (2) $-9p$

(3) $0.2x$ (4) $-0.5c$

(5) $-6(y-7)$ (6) $\dfrac{5}{8}x$

(7) $-xy$ (8) $a+7b$

(9) $2\ell+0.1m$ (10) $4-3(x+6)$

❸ (1) $8m^2$ (2) $12-4x^3$

解説

❶ (1) (必要なあめの個数)

$=(1 人に配る個数)\times(人数)$

(2) (今日の最高気温)

$=(昨日の最高気温)+(昨日よりも高い温度)$

(3) (おつり)$=$(出した金額)$-$(パンの代金)

(4) (池 3 周分の道のり)$=\underset{a\,m}{\underline{(1 周の長さ)}}\times 3$

この道のりよりも b m 短い道のりは,

$(a\times 3-b)$ m

(5) (すわれる人数)

$=(1 脚の長椅子にすわれる人数)\times(長椅子の数)$

❷ (1) **ミス注意!** $1\times m$ は $1m$ でなく m と表す。

(2) $p\times(-9)$ は $(-9)p$ でなく $-9p$ のようにかっこをつけないで表す。

(5) $y-7$ を 1 つの文字のように考える。

(6) 分数と文字の積でも, 乗法の記号×は, はぶく。

(7) 文字を使った式の積は, アルファベットの順に表すことが多い。また, $-1xy$ でなく $-xy$ と表す。

(8)〜(10) 加法の記号＋と減法の記号−は, はぶかない。

ポイント

文字を使った式の積は, 乗法の記号×をはぶき, 文字と数の積では, 数を文字の前に書く。

❸ 同じ文字の積は, 累乗の指数を使って表す。

(1) $m\times 8\times m=8\times m\times m=8m^2$

(2) $12-x\times 4\times x\times x=12-4\times x\times x\times x$

$$=12-4x^3$$

p.36〜37 ステージ1

❶ (1) $\dfrac{x}{10}$　　(2) $\dfrac{13a}{6}$

(3) $\dfrac{8k+3}{7}$　　(4) $-\dfrac{m}{5}$

❷ (1) ① $\dfrac{4(p-6q)}{3}$　② $-9x^2+\dfrac{y}{2}$

(2) ① $6-5\times x$　② $3\times a+7\times b$

③ $(2\times x+3\times y)\div5$

④ $a\div6+5\times(b-2)$

❸ (1) $a^2\,\mathrm{cm^2}$　　(2) $0.75x\,\mathrm{kg}$

(3) 時速 $\dfrac{y}{3}\,\mathrm{km}$　(4) $50t\,\mathrm{m}$

❹ (1) 単位を cm として表すと，$(300-x)\,\mathrm{cm}$

単位をmとして表すと，$(3-0.01x)\,\mathrm{m}$

(2) 単位を g として表すと，$(x+1000y)\,\mathrm{g}$

単位を kg として表すと，$(0.001x+y)\,\mathrm{kg}$

━━━━━━━━━━ 解 説 ━━━━━━━━━━

❶ 除法の記号÷は，分数の形で書く。

(3) 分子が $8k+3$，分母が 7 の分数で表す。このとき，分子にかっこはつけない。

(4) $-$ の符号は分数の前に書く。

❷ (1) ① $p-6q$ を 1 つの文字のように考え，÷は分数の形で書く。分子が 4 と $p-6q$ の積になるから，かっこはつけたままにする。

② 加法の記号＋は，はぶかない。

(2) ③ 分数は，(分子)÷(分母) の形で表す。ここでは，分子の式を×の記号を使って表し，分子の式全体に（ ）をつける。

❸ (2) 1 %…0.01，10 %…0.1 より，75 % は 0.75 となる。求める重さは，(もとにする量)×(割合) より，$x\times0.75=0.75x$　よって，$0.75x\,\mathrm{kg}$

75 % は $\dfrac{75}{100}=\dfrac{3}{4}$ だから，$\dfrac{3}{4}x\,\mathrm{kg}$ としてもよい。

(3) 時速 $\dfrac{y}{3}\,\mathrm{km}$ を $\dfrac{y}{3}\,\mathrm{km/h}$ と表すこともある。

❹ (1) $1\,\mathrm{m}=100\,\mathrm{cm}$，$1\,\mathrm{cm}=0.01\,\mathrm{m}=\dfrac{1}{100}\,\mathrm{m}$ の関係を使う。$0.01x$ を $\dfrac{1}{100}x$，$\dfrac{x}{100}$ としてもよい。

(2) $1\,\mathrm{kg}=1000\,\mathrm{g}$，$1\,\mathrm{g}=0.001\,\mathrm{kg}=\dfrac{1}{1000}\,\mathrm{kg}$ の関係を使う。

$0.001x$ を $\dfrac{1}{1000}x$，$\dfrac{x}{1000}$ としてもよい。

p.38〜39 ステージ1

❶ (1) -1　(2) -15　(3) -10

❷ (1) 2　(2) -3　(3) 36

❸ (1) 6　(2) 36　(3) -36

❹ (1) 18　(2) 65

❺ (1) 大人 1 人と子ども 1 人の入園料の差

(2) 大人 1 人と子ども 4 人の入園料を支払うのに，10000 円を出したときのおつり

❻ (1) $10a+8$　　(2) ⑦，⑨

━━━━━━━━━━ 解 説 ━━━━━━━━━━

❶ a に，それぞれの数を代入する。

(1) $2a-9=2\times4-9=8-9=-1$

(2) $2a-9=2\times(-3)-9=-6-9=-15$

(3) $2a-9=2\times\left(-\dfrac{1}{2}\right)-9=-1-9=-10$

❷ (1) $\dfrac{18}{x}=\dfrac{18}{9}=2$

(2) $\dfrac{18}{x}=\dfrac{18}{-6}=-3$

(3) $\dfrac{18}{x}=18\div x=18\div0.5=36$

❸ (1) $-a=-(-6)=6$

(2) $a^2=(-6)^2=36$

(3) $-a^2=-(-6)^2=-36$

❹ (1) $3a+2b=3\times8+2\times(-3)$
$=24-6=18$

(2) $2a^2-7b^2=2\times8^2-7\times(-3)^2$
$=2\times64-7\times9$
$=128-63=65$

❻ (1) たとえば，25 は，十の位の数が 2，一の位の数が 5 である 2 桁の自然数で，

$25=10\times\underline{2}+1\times\underline{5}$ と表せるから，
　　　　十の位の数　一の位の数

十の位の数が x，一の位の数が y である 2 桁の自然数は，$10\times\underline{x}+1\times\underline{y}=10x+y$ と表せる。
　　　　　十の位の数　一の位の数

よって，十の位の数が a，一の位の数が 8 である 2 桁の自然数は，$10a+8$ と表せる。

(2) 4 の倍数は，4×(整数) の形で表される。

⑦，⑤ $n=2$ のときのように，4 の倍数にならない場合がある。

⑨ いつでも 4 の倍数になる。

⑨ $8n=4\times2n$ だから，4×(整数) の形で表せるので，いつでも 4 の倍数になる。

❶ (1) $7ax$　　　　　(2) $-c$

(3) $-3x+y$　　　(4) $4(m-9)$

(5) $2ab^3$　　　　(6) $8-3m^2$

(7) $\dfrac{a-b}{5}$　　　　(8) $\dfrac{3a}{4}$

(9) $\dfrac{x^2y}{2}$　　　　(10) $\dfrac{p+6q}{7}$

(11) $m^2n(x-y)$　　(12) $a^3-\dfrac{b^2}{8}$

❷ (1) $-5\times a\times b\times b\times b$

(2) $x\times x\div7-4\times(y+2)$

(3) $(a-3\times b)\div4$

❸ (1) $(120a+80b)$ 円　(2) $\dfrac{x}{10}$ 円

(3) $0.7a$ 人　　　　(4) $\dfrac{x}{80}$ 分

❹ (1) 1 日に入館した大人の人数と学生の人数
　　の合計　　単位… 人

(2) 1 日分の大人の入館料と学生の入館料の
　　合計　　単位… 円

❺ (1) ① $-\dfrac{1}{3}$　② 26　③ $-\dfrac{9}{4}$

(2) ① $-\dfrac{1}{18}$　② $\dfrac{108}{5}$　③ $\dfrac{5}{48}$

(3) ① $\dfrac{5}{6}$　　② 5　　③ $\dfrac{11}{18}$

❻ ⑦, ⑦

・ ・ ・ ・ ・ ・

① (1) 18　　　　(2) -8

② (1) 30800 円　(2) $(240+4x)$ 個

■■■■■■■■■■ 解 説 ■■■■■■■■■■

❶ (2) 1 と文字の積では，1 を書かない。また，
$(-c)$ のかっこをとる。

(3) **ミス注意!** 加法の記号＋をはぶいてはいけない。

(7) 分子が $a-b$，分母が 5 の分数で表す。この
とき，分子にかっこをつけない。

(10) $(p+q\times6)\div7=(p+6q)\div7=\dfrac{p+6q}{7}$

ポイント

・乗法の記号× ➡ はぶく。
・文字と数との積 ➡ 数を文字の前に書く。
・同じ文字の積 ➡ 累乗の指数を使って表す。
・除法の記号 ➡ ÷を使わず，分数の形で書く。

❷ (1) $-5ab^3=-5\times a\times b^3$
$\qquad\qquad=-5\times a\times b\times b\times b$

(2) 分数は (分子)÷(分母) の形で表す。

(3) $\dfrac{a-3b}{4}=\dfrac{a-3\times b}{4}=(a-3\times b)\div4$

ミス注意! $a-3\times b$ に（　）をつけ忘れないよ
うにする。

❸ (1) （代金の合計）
＝（りんごの代金）＋（バナナの代金） より，
$120\times a+80\times b=120a+80b$ (円)

(2) （ 1 kg あたりの値段）＝（10 kg の代金）÷10
より，$x\div10=\dfrac{x}{10}$ (円)

(3) 7 割…0.7 だから，$a\times0.7=0.7a$ (人)
7 割…$\dfrac{7}{10}$ だから，$\dfrac{7}{10}a$ 人としてもよい。

(4) （時間）＝（道のり）÷（速さ） より，
$x\div80=\dfrac{x}{80}$ (分)

ポイント

割合の表し方はしっかりと覚えておこう。
1 割…0.1＝$\dfrac{1}{10}$　　1 %…0.01＝$\dfrac{1}{100}$

❹ (2) $800x$ は大人 x 人分の入館料，$400y$ は学生
y 人分の入館料，すなわち，それぞれ 1 日に入
館した大人の入館料，学生の入館料を表す。

❺ (1) x に -2 を，（　）をつけて代入する。

① $\dfrac{2}{3}x+1=\dfrac{2}{3}\times(-2)+1$
$\qquad\qquad=-\dfrac{4}{3}+1=-\dfrac{1}{3}$

② $50-6x^2=50-6\times(-2)^2$
$\qquad\qquad=50-6\times4=50-24=26$

③ $-\dfrac{x^2}{2}+\dfrac{2}{x^3}=-\dfrac{(-2)^2}{2}+\dfrac{2}{(-2)^3}$
$=-\dfrac{4}{2}+\dfrac{2}{-8}=-2-\dfrac{1}{4}=-\dfrac{9}{4}$

(2) a に $-\dfrac{5}{6}$ を，（　）をつけて代入する。

① $\dfrac{a}{15}=\underline{a\div15}=\left(-\dfrac{5}{6}\right)\div15=-\dfrac{1}{18}$
　　　　　÷を使った式で表す。

② $-\dfrac{18}{a}=\underline{-18\div a}=-18\div\left(-\dfrac{5}{6}\right)=\dfrac{108}{5}$
　　　　　÷を使った式で表す。

③　$\dfrac{3}{20}a^2=\dfrac{3}{20}\times\left(-\dfrac{5}{6}\right)^2=\dfrac{3}{20}\times\dfrac{25}{36}=\dfrac{5}{48}$

(3)　a に $-\dfrac{1}{2}$ を，（　）をつけて代入する。

また，b に $\dfrac{1}{3}$ を代入する。

①　$-a+b=-\left(-\dfrac{1}{2}\right)+\dfrac{1}{3}=\dfrac{3}{6}+\dfrac{2}{6}=\dfrac{5}{6}$

②　$-\dfrac{1}{a}+\dfrac{1}{b}\underset{\text{÷を使った式で表す。}}{\underline{\underline{=-1\div a+1\div b}}}$

$=-1\div\left(-\dfrac{1}{2}\right)+1\div\dfrac{1}{3}$

$=2+3=5$

③　$-a+b^2=-\left(-\dfrac{1}{2}\right)+\left(\dfrac{1}{3}\right)^2$

$=\dfrac{1}{2}+\dfrac{1}{9}=\dfrac{9}{18}+\dfrac{2}{18}=\dfrac{11}{18}$

ポイント

分母か分子に文字があり，文字に分数を代入するときは，分数で表された式を除法の記号÷を使った式で表してから，文字に数を代入する。

6　⑦　n は整数だから，$2n$ はいつでも偶数になり，$2n+1$ はいつでも奇数になる。

⑦　$2n$ はいつでも偶数になるから，$2n+2$ もいつでも偶数になる。

⑦　n は整数だから，$n-1$ も整数である。よって，$2(n-1)$ はいつでも偶数になる。

㋒　$4n$ はいつでも偶数になるから，$4n+3$ はいつでも奇数になる。

㋔　n が奇数のとき，$5n-4$ は奇数になるが，n が偶数のとき，$5n-4$ は偶数になる。

①　(1)　$2a^2=2\times(-3)^2$
$=2\times9=18$

(2)　$x^3+2xy=(-1)^3+2\times(-1)\times\dfrac{7}{2}$
$=-1-7=-8$

②　(1)　$120-110=10$（円）安くなっているから，
1日あたり $4\times10=40$（個）多く売れる。
よって，$110\times(240+40)=30800$（円）

(2)　x 円値下げすると，1日あたり $4\times x=4x$（個）多く売れるから，$(240+4x)$ 個

---

p.42〜43　**ステージ1**

①　(1)　項…$2x$，3　　　　x の係数…2

(2)　項…a，$-7b$
a の係数…1　　　b の係数…-7

(3)　項…$4m$，$-n$，10
m の係数…4　　　n の係数…-1

(4)　項…$7x$，$8y$，-3
x の係数…7　　　y の係数…8

②　(1)　$11x$　　　　(2)　$-\dfrac{1}{4}a$

(3)　$5b$　　　　(4)　$8x+3$

(5)　$y+1$　　　　(6)　$-3a+8$

③　(1)　$5x-3$　　　　(2)　$-5a+6$

④　(1)　$6a+5$　　　　(2)　$2x-3$

(3)　$-\dfrac{7}{5}x+2$　　　(4)　$-4a+11$

(5)　$2x-4$　　　　(6)　$\dfrac{6}{7}x+7$

解説

①　項は，加法の式に直して考える。

(2)　$a-7b=a+\underset{\text{項}}{\underline{(\overset{\overset{b\text{ の係数}}{\downarrow}}{-7}\ b)}}$

ミス注意！　a は $1\times a$ だから，a の係数は 1 である。a の係数はないと考えないようにする。

(3)　$4m-n+10=4m+(-n)+10$
m の係数は 4，$-n$ は $(-1)\times n$ だから，n の係数は -1

②　文字の部分が同じ 1 次の項どうしの和は，分配法則を使って簡単にする。

(1)　$\underset{\text{分配法則}}{5x+6x=(5+6)}\underset{\text{係数のたし算}}{x=11x}$

(2)　$2a-\dfrac{9}{4}a=\left(2-\dfrac{9}{4}\right)a=-\dfrac{1}{4}a$

(3)　$-3b-5b+13b=(-3-5+13)b$
$=5b$

(4)　$10x+3-2x=10x-2x+3$
$=8x+3$

(5)　$-y-7+2y+8=-y+2y-7+8$
$=y+1$

(6)　$4a+5-7a+3=4a-7a+5+3$
$=-3a+8$

3 (1) $(8x-5)+(-3x+2)$
$=8x-5\underline{-3x+2}$ ← 符号はそのまま。
$=8x-3x-5+2=5x-3$

(2) $(-a+9)-(4a+3)$
$=-a+9\underline{-4a-3}$ ← 符号を変える。
$=-a-4a+9-3=-5a+6$

別解 (1)
$$
\begin{array}{r}
8x-5 \\
+)-3x+2 \\
\hline
5x-3
\end{array}
$$

(2)
$$
\begin{array}{r}
-a+9 \\
-)\,4a+3 \\
\end{array}
\Rightarrow
\begin{array}{r}
-a+9 \\
+)-4a-3 \\
\hline
-5a+6
\end{array}
$$
↑
ひく式のすべての項の符号を
変えて，ひかれる式に加える。

4 (1) $(a-2)+(5a+7)$
$=a-2\underline{+5a+7}$ ← 符号はそのまま。
$=a+5a-2+7=6a+5$

(2) $(8x+5)+(-6x-8)=8x+5-6x-8$
$=8x-6x+5-8=2x-3$

(3) $\left(-\dfrac{3}{5}x-9\right)+\left(-\dfrac{4}{5}x+11\right)$
$=-\dfrac{3}{5}x-9-\dfrac{4}{5}x+11$
$=-\dfrac{3}{5}x-\dfrac{4}{5}x-9+11=-\dfrac{7}{5}x+2$

(4) $(2a+10)-(6a-1)$
$=2a+10\underline{-6a+1}$ ← 符号を変える。
$=2a-6a+10+1=-4a+11$

(5) $(7x+4)-(8+5x)=7x+4-8-5x$
$=7x-5x+4-8=2x-4$

(6) $\left(\dfrac{2}{7}x-3\right)-\left(-\dfrac{4}{7}x-10\right)$
$=\dfrac{2}{7}x-3+\dfrac{4}{7}x+10$
$=\dfrac{2}{7}x+\dfrac{4}{7}x-3+10=\dfrac{6}{7}x+7$

ポイント
（ ）をはずすときは，（ ）の前の符号に注意しよう。

（ ）の前が+のときは
（ ）の中の符号はそのまま，
（ ）の前が−のときは
（ ）の中の符号を変えて，
（ ）をはずして計算しよう。

---

p.44〜45 ステージ**1**

1 (1) $28x$ (2) $-6b$
(3) $4x-8$ (4) $-8a+3$

2 (1) $-\dfrac{3x}{2}$ $\left(-\dfrac{3}{2}x\right)$ (2) $28a$
(3) $-4a-2$ (4) $4x-3$

3 (1) $3a$ (2) $-4x-2$
(3) $3x-15$ (4) $-14a+21$

4 (1) $3x$ 個 (2) $(4x+2)$ 個

解説

1 (1)，(2)は，数どうしの積に文字をかける。
(3)，(4)は，分配法則を使って計算する。

(1) $7x\times4=7\times x\times4$
$=7\times4\times x$ ← 数どうしの積に文字をかける。
$=28x$

(2) $10b\times\left(-\dfrac{3}{5}\right)=10\times b\times\left(-\dfrac{3}{5}\right)$
$=10\times\left(-\dfrac{3}{5}\right)\times b=-6b$

(3) $(6x-12)\times\dfrac{2}{3}=6x\times\dfrac{2}{3}-12\times\dfrac{2}{3}$
分配法則を使ってかっこをはずす。
$=4x-8$

(4) $-(8a-3)=(-1)\times(8a-3)$
$=(-1)\times8a+(-1)\times(-3)$
$=-8a+3$

かっこの前が−のとき，かっこをはずすと，かっこの中
の各項の符号が変わる。
$-(a+b)=-a\underline{-}b$
$-(a-b)=-a\underline{+}b$
●の部分の符号を間違えないように注意する。

2 分数の形にするか，わる数の逆数をかけて計算
する。

(1) $-15x\div10=\dfrac{-15x}{10}=-\dfrac{3x}{2}$

(2) $(-16a)\div\left(-\dfrac{4}{7}\right)=(-16a)\times\left(-\dfrac{7}{4}\right)$
$=(-16)\times\left(-\dfrac{7}{4}\right)\times a=28a$

(3) $(12a+6)\div(-3)=\dfrac{12a+6}{-3}$
$=\dfrac{12a}{-3}+\dfrac{6}{-3}=-4a-2$

(4) $(28x-21)\div7=\dfrac{28x-21}{7}$
$=\dfrac{28x}{7}-\dfrac{21}{7}=4x-3$

❸ (1) $3(7a-4)-2(9a-6)$ 　分配法則を使って（　）をはずす。
$=21a-12-18a+12$
$=21a-18a-12+12=3a$

(2) $-\dfrac{3}{4}(8x-4)+\dfrac{1}{3}(6x-15)$
$=-6x+3+2x-5$
$=-6x+2x+3-5=-4x-2$

(3) $\dfrac{x-5}{6}\times18$ 　$\dfrac{x-5}{6}\times\overset{3}{\underset{1}{18}}$
$=(x-5)\times3$
$=3x-15$

(4) $(-35)\times\dfrac{2a-3}{5}=(-7)\times(2a-3)$
$=-14a+21$

❹ (1) 下の図のように，碁石の数は，
1番目が (1×3) 個，2番目が (2×3) 個，
3番目が (3×3) 個だから，x 番目は，
$x\times3=3x$（個）

1番目　　2番目　　3番目　　……

別解 1番目を1辺が2個の三角形，2番目を
1辺が3個の三角形，3番目を1辺が4個の
三角形とみると，x 番目は1辺が $(x+1)$ 個
の三角形だから，碁石の数は，
$(x+1)\times3-3=3x+3-3$
　　重なっている個数 ↑ $=3x$（個）

(2) 重なっている部分に目をつけると，
碁石の数は，1番目が $(6\times1-2\times0)$ 個，
2番目が $(6\times2-2\times1)$ 個，
3番目が $(6\times3-2\times2)$ 個だから，x 番目は，
$6\times x-2\times(x-1)=6x-2x+2$
　　　　　　　　　　　$=4x+2$（個）

1番目　　　2番目　　　　3番目　　……

別解 碁石の数が4個ずつ増えることに目をつ
けると，1番目が $(6+4\times0)$ 個，2番目が
$(6+4\times1)$ 個，3番目が $(6+4\times2)$ 個だから，
x 番目は，$6+4\times(x-1)=6+4x-4$
　　　　　　　　　　　$=4x+2$（個）

---

p.46〜47 〓 **ステージ1**

❶ (1) $a=5x-3$ 　(2) $\dfrac{x}{5}-\dfrac{y}{8}=10$

(3) $5a+2=b$ 　(4) $7x-6=y+5$

(5) $\dfrac{x}{40}+\dfrac{y}{60}=8$

❷ (1) x 個のクッキーを n 人の子どもに4個ず
つ配ろうとすると足りなくなる。

(2) x 個のクッキーを n 人の子どもに3個ず
つ配ると16個以上余る。

❸ (1) $x-5<2$ 　(2) $x-3<2x$

(3) $a-800\geqq300$ 　(4) $\dfrac{x}{12}<2$

◆━━━━━━━━━━ **解　説** ━━━━◆

❶ (1) （折り紙の枚数）
$=$（x 人に配るのに必要な枚数）$-$（不足した枚数）
より，$a=5x-3$

(2) 5個で x 円，8個で y 円のりんご1個あたり
の値段は，それぞれ，$\dfrac{x}{5}$ 円，$\dfrac{y}{8}$ 円 である。
5個で x 円のりんごのほうが1個あたり10円
高いから，$\dfrac{x}{5}-\dfrac{y}{8}=10$

(3) $\underset{5}{\underline{（わる数）}}\times\underset{a}{\underline{（商）}}+\underset{2}{\underline{（余り）}}=\underset{b}{\underline{（わられる数）}}$

(5) （時間）$=$（道のり）$\div$（速さ）より，
x km の道のり，y km の道のりを進むのにか
かる時間は，それぞれ，$\dfrac{x}{40}$ 時間，$\dfrac{y}{60}$ 時間であ
る。かかった時間は全部で8時間だから，
$\dfrac{x}{40}+\dfrac{y}{60}=8$

❷ (1) クッキー全部の個数 x 個が，1人に4個ず
つ n 人の子どもに配るときに必要な個数 $4n$ 個
より少ないことを表している。

(2) クッキー全部の個数 x 個が，1人に3個ずつ
n 人の子どもに配るときに必要な個数 $3n$ 個よ
りも16個以上多いことを表している。

❸ (1) （切り取った残りの長さ）<2 m

(2) （x から3をひいた数）$<$（x の2倍）

(3) （残りのお金）$\geqq300$ 円

(4) （かかった時間）<2 時間

別解 時速12 km で2時間走った道のりは x
km より長くなると考えることもできるから，
$x<12\times2$ と表すこともできる。

3章

❶ (1) 項 … x, -8　　xの係数 … 1

(2) 項 … $-3x$, $7y$

xの係数 … -3　　yの係数 … 7

(3) 項 … $\dfrac{2}{5}a$, $-\dfrac{1}{3}b$

aの係数 … $\dfrac{2}{5}$　　bの係数 … $-\dfrac{1}{3}$

❷ (1) 和 … $-4a+4$　　差 … $8a+2$

(2) 和 … $-15x$　　差 … $-x-20$

❸ (1) 例 $(\boxed{6x+1})+(\boxed{-7x+2})$,

$(\boxed{-5x})+(\boxed{4x+3})$, … など

(2) 例 $(\boxed{9a-1})-(\boxed{4a-9})$,

$(\boxed{3a+8})-(\boxed{-2a})$, … など

❹ (1) $4a$　　　　　(2) $-9x$

(3) $3x-18$　　　(4) $-6b+10$

(5) $10a+9$　　　(6) $3a-8$

(7) $4x-2$　　　(8) $15x-25$

(9) $-13x-2$　　(10) $-3a-1$

(11) $6x-20$　　(12) $14x-6$

❺ (1) $5x+8y=80$　　(2) $0.8x=y$

(3) $x+0.1ax\geqq5000$

❻ (1) 例 1枚の色紙を留める画びょうは

4個だから，色紙n枚では $(4\times n)$ 個必要

である。しかし，色紙を重ねてあるところ

は1個少なくてすみ，nより1少ない数だ

け重なりがあるから，必要な画びょうの個

数は，$4\times n-1\times(n-1)=4n-(n-1)$ (個)

(2) $3n+1$

例 それぞれの色紙の右側を除くと，留め

る画びょうは色紙1枚につき3個だから，

n枚では $(3\times n)$ 個必要である。最後にn

枚目の右側を留めるのにあと1個必要だか

ら，必要な画びょうの個数は，

$3\times n+1=3n+1$ (個)

● ● ● ● ●

① (1) $2x+5$　　(2) $\dfrac{7}{6}x-\dfrac{2}{3}$ $\left(\dfrac{7x-4}{6}\right)$

② $(20n+5)\ \text{cm}^2$

③ $2x+3y\leqq4000$

解説

❶ (1) $x-8=x+(-8)$ より，項はxと-8

$x=1\times x$ だから，xの係数は1

❷ (1) 和 $(2a+3)+(-6a+1)=2a+3-6a+1$

$=2a-6a+3+1=-4a+4$

差 $(2a+3)-(-6a+1)=2a+3+6a-1$

$=2a+6a+3-1=8a+2$

(2) 和 $(-8x-10)+(-7x+10)$

$=-8x-10-7x+10$

$=-8x-7x-10+10=-15x$

差 $(-8x-10)-(-7x+10)$

$=-8x-10+7x-10$

$=-8x+7x-10-10=-x-20$

❸ (1) 2つの式のxの係数の和が-1，数の項の

和が3になるようにする。

(2) 左の式から右の式をひいたとき，aの係数の

差が5，数の項の差が8になるようにする。

❹ (7) $-16\times\dfrac{-2x+1}{8}=-2\times(-2x+1)$ ← 先に 約分 する。

$=-2\times(-2x)+(-2)\times1=4x-2$

(8) $(12x-20)\div\dfrac{4}{5}=(12x-20)\times\dfrac{5}{4}$ ← $\dfrac{4}{5}$ の逆数を かける。

$=12x\times\dfrac{5}{4}-20\times\dfrac{5}{4}=15x-25$

(9) $-8x+7-9-5x=-8x-5x+7-9$

同じ文字の項どうし，数の項どうしを集める。

$=-13x-2$

(10) $-5a-(-2a+1)=-5a+2a-1=-3a-1$

(11) $5(4x-10)-2(7x-15)=20x-50-14x+30$

$=20x-14x-50+30=6x-20$

(12) $\dfrac{3}{5}(20x-5)-\dfrac{1}{6}(18-12x)=12x-3-3+2x$

$=12x+2x-3-3=14x-6$

❺ (1) $5\ \text{kg}$の荷物x個の重さは，$5\times x=5x\ (\text{kg})$

$8\ \text{kg}$の荷物y個の重さは，$8\times y=8y\ (\text{kg})$

合計が$80\ \text{kg}$だから，$5x+8y=80$

(2) x円の2割引きは，x円の $1-0.2=0.8$ (倍)

だから，$0.8x=y$

$\dfrac{4}{5}x=y$ としてもよい。

(3) 1割は0.1で，a割は $0.1\times a=0.1a$ だから，

x人のa割は，$x\times0.1a=0.1ax$ (人)

よって，今週の入場者数は，$(x+0.1ax)$ 人

これが5000人以上だから，$x+0.1ax\geqq5000$

別解 今週の入場者数は，先週の入場者数x人

の $(1+0.1a)$ 倍で，5000人以上だから，

$(1+0.1a)x\geqq5000$

6 (1)　1枚の色紙を留める画びょうは4個だから，色紙が重なっていないとき，n 枚の色紙を留めるのに必要な画びょうの個数は，
$4 \times n = 4n$（個）である。

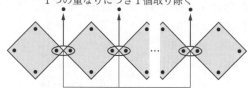

1つの重なりにつき1個取り除く

重なりの数は $n-1$

上の図で，⬭のところの左側の色紙の上に右側の色紙を重ねると，問題の図のようになる。このとき，重なりの数は $n-1$ で，重なり1つにつき画びょう1個を取り除くので，取り除く画びょうの個数は，$1 \times (n-1) = n-1$（個）
画びょうの個数は，$4n - (n-1)$（個）

(2)　$4n - (n-1) = 4n - n + 1 = 3n + 1$（個）

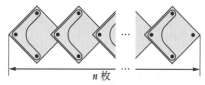

n 枚

上の図のように，それぞれの色紙を3個の画びょうで留めて，最後にいちばん右にある色紙の右側を1個の画びょうで留めると考える。

① (1)　$4(2x-1) - 3(2x-3) = 8x - 4 - 6x + 9$
$\qquad\qquad\qquad\qquad\qquad\qquad = 2x + 5$

(2)　$\dfrac{x-2}{2} + \dfrac{2x+1}{3} = \dfrac{1}{2}(x-2) + \dfrac{1}{3}(2x+1)$

$= \dfrac{1}{2}x - 1 + \dfrac{2}{3}x + \dfrac{1}{3} = \dfrac{1}{2}x + \dfrac{2}{3}x - 1 + \dfrac{1}{3}$

$= \dfrac{7}{6}x - \dfrac{2}{3}$

別解 $\dfrac{x-2}{2} + \dfrac{2x+1}{3} = \dfrac{3(x-2) + 2(2x+1)}{6}$

$\qquad\qquad = \dfrac{3x - 6 + 4x + 2}{6} = \dfrac{7x - 4}{6}$

② 紙 n 枚を1列に並べると，$(n-1)$ か所で1cmずつ重なるから，横の長さは，
$5 \times n - 1 \times (n-1) = 4n + 1$（cm）
よって，面積は，$5 \times (4n+1) = 20n + 5$（cm²）

③ 大人2人と子ども3人の入館料の合計は，
$x \times 2 + y \times 3 = 2x + 3y$（円）
これが4000円以下だから，
$2x + 3y \leqq 4000$

---

p.50～51 ≡ **ステージ３**

① (1)　$5a - 4b$　　　　(2)　$-5b^3c$

(3)　$\dfrac{x-15}{7}$　　　　(4)　$\dfrac{x^2 - 5y}{4}$

② (1)　a^2h cm³　　　(2)　$(6x+80)$ 円

(3)　$(1200 - 200t)$ m　　(4)　$1.08x$ 円

③ (1)　$\dfrac{5}{2}$　　　　　　　(2)　23

④ (1)　$8x$　　　　　　(2)　$\dfrac{3a}{4} - \dfrac{3}{4}$

(3)　$-y - 1$　　　　(4)　$-2x + 1$

⑤ (1)　$63x$　　　　　(2)　$-5m + 15$

(3)　$18y - 9$　　　　(4)　$-12a - 9$

(5)　$9a + 3$　　　　(6)　$4x - 15$

⑥ (1)　右の図のように区切ると，全体の個数は，$(a+1)$ 個の2倍になる。

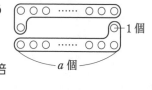

1個

a 個

(2)　右の図のように区切ると，全体の個数は，$(a-2)$ 個の2倍と3個の2倍の和になる。

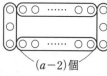

$(a-2)$ 個

⑦ (1)　$5a + 4b = 700$

(2)　$80x < y$

(3)　$4a \geqq 3b + 10$

≡≡≡ 解説 ≡≡≡

② (3)　分速200mで t 分間走って進む道のりは，$200t$ m だから，残りの道のりは，
$(1200 - 200t)$ m

(4)　値上がりした分の値段は，x 円の8％で，8％は0.08だから，$x \times 0.08 = 0.08x$（円）
よって，値上がりしたときの値段は，
$x + 0.08x = 1.08x$（円）

別解 値上がりしたときの値段は，もとの値段の，$1 + 0.08 = 1.08$（倍）になるから，
$x \times 1.08 = 1.08x$（円）

得点アップのコツ
割合の関係をしっかり覚えておこう。
（比べられる量）＝（もとにする量）×（割合）
1％…0.01，10％…0.1

❸ (1) $7-8a^2=7-8\times\left(-\dfrac{3}{4}\right)^2$

$\qquad\qquad =7-8\times\dfrac{9}{16}=7-\dfrac{9}{2}=\dfrac{5}{2}$

(2) $\dfrac{1}{3}x^2-\dfrac{16}{y}=\dfrac{1}{3}\times(-9)^2-\dfrac{16}{4}$

$\qquad\qquad =\dfrac{1}{3}\times81-4=27-4=23$

❹ (2) $\dfrac{a}{2}-\dfrac{7}{6}+\dfrac{a}{4}+\dfrac{5}{12}$ } 文字が同じ項どうし，数の項どうしを集める。

$=\dfrac{a}{2}+\dfrac{a}{4}-\dfrac{7}{6}+\dfrac{5}{12}$ } 通分する。

$=\dfrac{2a}{4}+\dfrac{a}{4}-\dfrac{14}{12}+\dfrac{5}{12}$

$=\dfrac{3a}{4}-\dfrac{9}{12}=\dfrac{3a}{4}-\dfrac{3}{4}$

(4) $\left(\dfrac{x}{3}+\dfrac{1}{4}\right)-\left(\dfrac{7}{3}x-\dfrac{3}{4}\right)=\dfrac{x}{3}+\dfrac{1}{4}-\dfrac{7}{3}x+\dfrac{3}{4}$

$=\dfrac{x}{3}-\dfrac{7}{3}x+\dfrac{1}{4}+\dfrac{3}{4}=-\dfrac{6}{3}x+\dfrac{4}{4}=-2x+1$

❺ (3) $(-54y+27)\div(-3)=(-54y+27)\times\left(-\dfrac{1}{3}\right)$

$=-54y\times\left(-\dfrac{1}{3}\right)+27\times\left(-\dfrac{1}{3}\right)=18y-9$

(4) $(-18)\times\dfrac{4a+3}{6}=(-3)\times(4a+3)$

$=(-3)\times4a+(-3)\times3=-12a-9$

(5) $2(7a-6)-5(-3+a)=14a-12+15-5a$

$=14a-5a-12+15=9a+3$

(6) $-8\left(\dfrac{1}{4}x+3\right)+9\left(\dfrac{2}{3}x+1\right)=-2x-24+6x+9$

$=-2x+6x-24+9=4x-15$

❼ (2) 1時間20分=80分

(3) 正方形の周の長さは，

$\quad a\times4=4a$ (cm)

正三角形の周の長さより10 cm 長い長さは，

$\quad b\times3+10=3b+10$ (cm)

$4a$ cm は，$(3b+10)$ cm 以上の長さだから，

$\quad 4a\geqq3b+10$

別解 $\left(\begin{array}{c}\text{正方形の}\\\text{周の長さ}\end{array}\right)-\left(\begin{array}{c}\text{正三角形の}\\\text{周の長さ}\end{array}\right)\geqq10$ cm

だから，$4a-3b\geqq10$

得点アップの**コツ**

不等式では，まず左辺と右辺の式をそれぞれ考えてから，大きさを比べるとよい。

4章 方程式

p.52~53 ステージ1

❶ (1) -1 (2) 2

❷ 解が 4 … ⑰，⑲ 解が -3 … ⑰，⑭

❸ (1) $x=10$ (2) $x=-5$

(3) $x=-6$ (4) $x=-1$

(5) $x=-6$ (6) $x=6$

(7) $x=16$ (8) $x=-18$

(9) $x=-2$ (10) $x=\dfrac{1}{5}$

(11) $x=-10$ (12) $x=21$

解説

❶ 方程式の x にそれぞれの数を代入し，左辺の値と右辺の値が等しくなるものを調べる。

(1) x に -1 を代入すると，

左辺 $6\times(-1)-1=-7$　右辺 -7

左辺の値と右辺の値が等しくなるから，

-1 は解である。

(2) x に 2 を代入すると，

左辺 $-2\times2+1=-3$

右辺 $5\times2-13=-3$

左辺の値と右辺の値が等しくなるから，

2 は解である。

❷ それぞれの方程式の x に 4，-3 を代入し，左辺の値と右辺の値が等しくなるものを調べる。

x に 4 を代入すると，

⑰ 左辺 $10-3\times4=-2$　右辺 -2

⑲ 左辺 $8+2\times4=16$　右辺 $4+12=16$

左辺の値と右辺の値が等しくなるから，

⑰，⑲の解は 4 である。

x に -3 を代入すると，

⑰ 左辺 $2\times(-3)+1=-5$　右辺$=-5$

⑭ 左辺 $5\times(-3)+6=-9$

右辺 $2\times(-3)-3=-9$

左辺の値と右辺の値が等しくなるから，

⑰，⑭の解は -3 である。

❸ (1) $x-2=8$ } 両辺に 2 を加える。

$\quad x-2+2=8+2$

$\qquad\qquad x=10$　$A=B$ ならば $A+C=B+C$

(2) $x+12=7$ } 両辺から 12 をひく。

$\quad x+12-12=7-12$

$\qquad\qquad x=-5$　$A=B$ ならば $A-C=B-C$

(3) $\quad x+5=-1$

$\quad x+5-5=-1-5$ ⟩ 両辺から 5 をひく。

$\qquad x=-6$

(4) $\quad x-3=-4$

$\quad x-3+3=-4+3$ ⟩ 両辺に 3 を加える。

$\qquad x=-1$

(5) $\quad -4+x=-10$

$\quad -4+x+4=-10+4$ ⟩ 両辺に 4 を加える。

$\qquad x=-6$

(6) $\quad 3+x=9$

$\quad 3+x-3=9-3$ ⟩ 両辺から 3 をひく。

$\qquad x=6$

(7) $\quad \dfrac{1}{8}x=2$

$\quad \dfrac{1}{8}x\times 8=2\times 8$ ⟩ 両辺に 8 をかける。

$\boxed{A=B \text{ ならば } AC=BC}$

$\qquad x=16$

(8) $\quad -\dfrac{x}{3}=6$

$\quad -\dfrac{x}{3}\times(-3)=6\times(-3)$ ⟩ 両辺に -3 をかける。

$\qquad x=-18$

(9) $\quad 3x=-6$

$\quad \dfrac{3x}{3}=\dfrac{-6}{3}$ ⟩ 両辺を 3 でわる。

$\boxed{A=B \text{ ならば } \dfrac{A}{C}=\dfrac{B}{C}\ (C\neq0)}$

$\qquad x=-2$

(10) $\quad -35x=-7$

$\quad \dfrac{-35x}{-35}=\dfrac{-7}{-35}$ ⟩ 両辺を -35 でわる。

$\qquad x=\dfrac{1}{5}$

(11) $\quad \dfrac{4}{5}x=-8$

$\quad \dfrac{4}{5}x\times\dfrac{5}{4}=-8\times\dfrac{5}{4}$ ⟩ 両辺に $\dfrac{5}{4}$ をかける。

$\qquad x=-10$

(12) $\quad \dfrac{3}{7}x=9$

$\quad \dfrac{3}{7}x\times\dfrac{7}{3}=9\times\dfrac{7}{3}$ ⟩ 両辺に $\dfrac{7}{3}$ をかける。

$\qquad x=21$

> 等式の性質を使って左辺を x だけにするんだよ。

---

❶ (1) $x=4$ (2) $x=-2$

(3) $x=-5$ (4) $x=\dfrac{1}{2}$

(5) $x=3$ (6) $x=-8$

❷ (1) $x=11$ (2) $x=4$

(3) $y=-6$ (4) $x=-1$

(5) $x=2$ (6) $x=-2$

(7) $a=1$ (8) $x=\dfrac{5}{4}$

❸ (1) $x=3$ (2) $x=1$

(3) $x=-4$ (4) $x=0$

◖ **解説** ◗

❶ 符号に注意して移項し，左辺を x をふくむ項だけ，右辺を数の項だけにする。

(1) $\quad 3x-8=4$

$\qquad 3x=4+8$ ⟩ -8 を移項する。

$\qquad 3x=12 \qquad x=4$

(5) $\quad 5x-39=-8x$

$\qquad 5x+8x=39$ ⟩ $-8x$，-39 を移項する。

$\qquad 13x=39 \qquad x=3$

❷ x 以外の文字が使われていても，解き方は変わらない。

(3) $\quad -4y+2=-6y-10$

$\qquad -4y+6y=-10-2$ ⟩ $-6y$，2 を移項する。

$\qquad 2y=-12 \qquad y=-6$

(7) $\quad 23-16a=2a+5$

$\qquad -16a-2a=5-23$ ⟩ $2a$，23 を移項する。

$\qquad -18a=-18 \qquad a=1$

(8) $\quad 8x-3=4x+2$

$\qquad 8x-4x=2+3$ ⟩ $4x$，-3 を移項する。

$\qquad 4x=5 \qquad x=\dfrac{5}{4}$

❸ かっこをはずしてから解く。

(2) $\quad 4x+6=-5(x-3)$

$\qquad 4x+6=-5x+15$ ⟩ かっこをはずす。

$\qquad 9x=9 \qquad x=1$

(3) $\quad 7-(2x-5)=-4(x-1)$

$\qquad 7-2x+5=-4x+4$ ⟩ かっこをはずす。

$\qquad 2x=-8 \qquad x=-4$

(4) $\quad 3(2x-5)-(x-6)=-9$

$\qquad 6x-15-x+6=-9$ ⟩ かっこをはずす。

$\qquad 5x=0 \qquad x=0$

❶ (1) $x=-4$ (2) $x=\dfrac{4}{3}$

 (3) $x=-3$ (4) $x=-1$

 (5) $x=5$

❷ (1) $x=12$ (2) $x=3$

 (3) $x=-30$ (4) $x=-12$

 (5) $x=-9$ (6) $x=10$

 (7) $x=-22$ (8) $x=4$

解説

❶ 係数に小数がある方程式は，両辺に 10 や 100 などをかけて，係数を整数にしてから解く。

 (1) $1.5x+0.3=0.9x-2.1$ ⟩両辺に 10 をかける。
  $15x+3=9x-21$
  $6x=-24$ $x=-4$

 (2) $0.8x-0.6=-0.4x+1$ ⟩両辺に 10 をかける。
  $8x-6=-4x+10$
  $12x=16$ $x=\dfrac{4}{3}$

 (4) $0.27x+0.07=0.15x-0.05$ ⟩両辺に 100 をかける。
  $27x+7=15x-5$
  $12x=-12$ $x=-1$

❷ 係数に分数がある方程式は，分母の最小公倍数をかけて，係数を整数にしてから解く。

 (4) $\dfrac{3}{4}x+4=\dfrac{x}{2}+1$ ⟩両辺に 4 をかける。
  $\dfrac{3}{4}x\times4+4\times4=\dfrac{x}{2}\times4+1\times4$
  $3x+16=2x+4$ $x=-12$

 (5) $\dfrac{x-3}{4}=\dfrac{1}{3}x$ ⟩両辺に 12 をかける。
  $(x-3)\times3=4x$ ⟩かっこをはずす。
  $3x-9=4x$
  $-x=9$ $x=-9$

 (6) $\dfrac{2}{5}x-3=\dfrac{x-7}{3}$ ⟩両辺に 15 をかける。
  $\dfrac{2}{5}x\times15-3\times15=(x-7)\times5$ ⟩かっこをはずす。
  $6x-45=5x-35$
  $x=10$

 (8) $\dfrac{-x+6}{2}=x-3$ ⟩両辺に 2 をかける。
  $\dfrac{-x+6}{2}\times2=(x-3)\times2$ ⟩かっこをはずす。
  $-x+6=2x-6$
  $-3x=-12$ $x=4$

❶ ㋑，㋓

❷ (1) （順に）＋，＋，÷，÷

 (2) （順に）−，−，×，×

❸ (1) $x=-4$ (2) $x=3$

 (3) $x=-\dfrac{2}{3}$ (4) $x=-8$

 (5) $x=6$ (6) $x=-\dfrac{7}{6}$

 (7) $x=2$ (8) $x=6$

❹ (1) $x=-18$ (2) $x=-8$

 (3) $x=\dfrac{9}{5}$ (4) $x=-2$

 (5) $x=-6$ (6) $x=\dfrac{1}{3}$

❺ (1) $a=1$ (2) $a=5$

 (3) $a=\dfrac{7}{2}$

• • • • •

① (1) $x=9$ (2) $x=-2$

 (3) $x=3$ (4) $x=-12$

解説

❸ (5) $2(2x-5)-(9x-4)=-36$ ⟩かっこをはずす。
  $4x-10-9x+4=-36$
  $-5x=-30$ $x=6$

 (7) $0.05x-0.3=0.4x-1$ ⟩両辺に 100 をかける。
  $5x-30=40x-100$
  $-35x=-70$ $x=2$

 (8) $0.03(8-3x)=0.2(4.5-x)$ ⟩両辺に 100 をかける。
  $3(8-3x)=2(45-10x)$ ⟩かっこをはずす。
  $24-9x=90-20x$
  $11x=66$ $x=6$

❹ (3) $\dfrac{x-1}{2}+\dfrac{x}{3}=1$ ⟩両辺に 6 をかける。
  $(x-1)\times3+2x=6$ ⟩かっこをはずす。
  $3x-3+2x=6$
  $5x=9$ $x=\dfrac{9}{5}$

 (4) $\dfrac{8}{3}(x+1)-\dfrac{x}{2}=-\dfrac{5}{3}$ ⟩両辺に 6 をかける。
  $8(x+1)\times2-3x=-10$
  $16(x+1)-3x=-10$ ⟩かっこをはずす。
  $16x+16-3x=-10$
  $13x=-26$ $x=-2$

(5) $$\frac{3+2x}{4}-\frac{5-x}{6}=-\frac{49}{12}$$ 〉両辺に12をかける。

$$(3+2x)\times3-(5-x)\times2=-49$$ 〉かっこをはずす。

$$9+6x-10+2x=-49$$

$$8x=-48 \quad x=-6$$

(6) $$2.7x-\frac{3}{2}=\frac{3x-4}{5}$$ 〉両辺に10をかける。

$$27x-15=(3x-4)\times2$$ 〉かっこをはずす。

$$27x-15=6x-8$$

$$21x=7 \quad x=\frac{1}{3}$$

❺ (1) 方程式の x に -2 を代入すると，

$$4\times(-2)+1=6\times(-2)+5a$$ ← a についての方程式とみる。

$$-7=-12+5a$$

$$-5a=-5 \quad a=1$$

(2) 方程式 $7-2x=5$ を解いて，$x=1$

これが $a-3x=2x$ の解だから，x に 1 を代入して，

$$a-3\times1=2\times1$$

$$a-3=2 \quad a=5$$

(3) 方程式の x に $\frac{1}{2}$ を代入すると，

$$\frac{1}{2}\left(\frac{1}{2}+a\right)=1+\frac{1}{3}\left(a-\frac{1}{2}\right)$$ 〉かっこをはずす。

$$\frac{1}{4}+\frac{1}{2}a=1+\frac{1}{3}a-\frac{1}{6}$$ 〉両辺に12をかける。

$$3+6a=12+4a-2$$

$$2a=7 \quad a=\frac{7}{2}$$

ポイント

x についての方程式の解が ●
➡ x に●を代入すると等式が成り立つ。

① (2) $$2(3x+2)=-8$$ 〉かっこをはずす。

$$6x+4=-8$$

$$6x=-12 \quad x=-2$$

(3) $$\frac{2x+9}{5}=x$$ 〉両辺に5をかける。

$$2x+9=5x$$

$$-3x=-9 \quad x=3$$

(4) $$x-7=\frac{4x-9}{3}$$ 〉両辺に3をかける。

$$(x-7)\times3=4x-9$$

$$3x-21=4x-9$$

$$-x=12 \quad x=-12$$

p.60〜61 ステージ1

❶ (1) カレーパン1個の値段

(2) $4x+280=880$ (3) $x=150$

(4) カレーパン1個の値段を150円とすると，代金の合計は880円になるので，カレーパン1個の値段150円は問題に適している。

カレーパン1個の値段 … 150円

❷ 250円

❸ (1) 5人 (2) 33枚

❹ 28人

解説

❶ カレーパン1個の値段を x 円とすると，

代金の合計から，$4x+280=880$

カレーパン4個の値段　フランスパンの値段

これを解くと，$x=150$

❷ ハンカチの値段を x 円とすると，

Aさんの残金 → $(990-x)$ 円 …⑦

Bさんの残金 → $(620-x)$ 円 …⑦

⑦は⑦の2倍だから，$990-x=2(620-x)$

これを解くと，$x=250$

ハンカチの値段250円は問題に適している。

❸ (1) 子どもの人数を x 人として，色紙の枚数を2通りの式で表す。

7枚ずつ配ると2枚足りない

→ $(7x-2)$ 枚 …⑦

5枚ずつ配ると8枚余る

→ $(5x+8)$ 枚 …⑦

⑦と⑦の枚数は等しいから，$7x-2=5x+8$

これを解くと，$x=5$

子どもの人数5人は問題に適している。

(2) 色紙の枚数は⑦の式の x に5を代入して，

$7\times5-2=33$（枚）

❹ 参加希望者数を x 人として，費用を2通りの式で表す。

600円ずつ集めると1500円不足する

→ $(600x+1500)$ 円 …⑦

700円ずつ集めると1300円余る

→ $(700x-1300)$ 円 …⑦

⑦と⑦の金額は等しいから，

$600x+1500=700x-1300$

これを解くと，$x=28$

参加希望者28人は問題に適している。

❶ (1) $\dfrac{x}{40} - \dfrac{x}{60} = 50$　　(2) **6000 m**

❷ 追い着くことができない。

❸ $18:15 = 30:25$

❹ (1) $x = 12$　　　　(2) $x = 6$

　(3) $x = \dfrac{14}{3}$　　　　(4) $x = 4$

　(5) $x = 9$　　　　(6) $x = 40$

❺ 15個

解説

❶ (1) 登りにかかった時間は $\dfrac{x}{40}$ 分 ← （時間）

　　　　　　　　　　　　　$= \dfrac{（道のり）}{（速さ）}$

　　下りにかかった時間は $\dfrac{x}{60}$ 分

　　よって，$\dfrac{x}{40} - \dfrac{x}{60} = 50$

(2) (1)の方程式を解くと，$x = 6000$

　　ふもとから山頂までの道のり 6000 m は問題に
適している。

❷ 兄が家を出発してから x 分後に弟に追い着くと
すると，弟が歩く時間は $(x+7)$ 分となる。

　兄が弟に追い着くとき，2人が進んだ道のりは等
しいから，$\underline{80(x+7)} = \underline{220x}$

　　　　　　　　　弟が歩いた道のり　兄が自転車で走った道のり

　これを解くと，$x = 4$

　兄は出発してから4分後に弟に追い着くことにな
るが，その地点は家から 880 m の地点だから，弟
が 800 m 離れた駅に着くまでに追い着くことが
できない。

❸ 比の値は，それぞれ次のようになる。

　㋐ $\dfrac{4}{3}$　　㋑ $\dfrac{18}{15} = \dfrac{6}{5}$　　㋒ $\dfrac{30}{10} = 3$

　㋓ $\dfrac{30}{25} = \dfrac{6}{5}$

　㋑と㋓が等しいから，$18:15 = 30:25$

　ミス注意！ ㋑=㋓ や，$\dfrac{18}{15} = \dfrac{30}{25}$ は間違い。

　$\underline{a:b=c:d}$ の形で表す。
　　比例式

❹ (1) $\overbrace{x:15}^{外側} = \underbrace{4:5}_{内側}$

　　　$x \times 5 = 15 \times 4$　　　$\begin{smallmatrix} x \times 5 = 15 \times 4 \\ 1 \quad\quad 3 \end{smallmatrix}$

　　　$x = 3 \times 4$

　　　$x = 12$

(2) $14:x = 7:3$

　　$14 \times 3 = x \times 7$　　$\begin{smallmatrix} 14 \times 3 = x \times 7 \\ 2 \quad\quad 1 \end{smallmatrix}$

　　　$x = 2 \times 3$

　　　$x = 6$

(3) $2:3 = x:7$

　　$2 \times 7 = 3 \times x$

　　　$3x = 14$

　　　$x = \dfrac{14}{3}$

(4) $(x-2):4 = 1:2$

　　$(x-2) \times 2 = 4 \times 1$

　　　$2x - 4 = 4$

　　　$2x = 8$　　　$x = 4$

別解 次のように解いてもよい。

　　$(x-2) \times 2 = 4 \times 1$　　$\Big\}$両辺を2でわる。

　　　$x - 2 = 2$

　　　$x = 4$

(5) $4:(x+3) = 1:3$

　　$4 \times 3 = (x+3) \times 1$

　　　$x + 3 = 12$　　　$x = 9$

(6) $x:(x+24) = 5:8$

　　$x \times 8 = (x+24) \times 5$

　　　$8x = 5x + 120$

　　　$3x = 120$　　　$x = 40$

ポイント

$a:b=c:d$ ならば $ad=bc$ を利用して方程式に
する。方程式の解き方はこれまでと変わらない。

> 外側の数どうしの積と
> 内側の数どうしの積は
> 等しいんだね。

❺ Aの箱からBの箱に x 個移したとすると，
Aの箱のビーズは $(100-x)$ 個，
Bの箱のビーズは $(53+x)$ 個になる。

よって，$(100-x):(53+x) = 5:4$

　　$(100-x) \times 4 = (53+x) \times 5$

　　　$400 - 4x = 265 + 5x$

　　　　$-9x = -135$

　　　　　$x = 15$

Aの箱からBの箱に移したビーズの数 15個は問
題に適している。

p.64〜65 ≡ステージ❷≡

❶ (1) 4個　　　　　　(2) 900円

　(3) 8km

❷ (1) A…$40+x$,　B…$10x+4$

　(2) $10x+4=(40+x)+18$　(3) 46

❸ (1) $6(x-1)+4=7(x-3)$

　(2) $\dfrac{x+2}{6}=\dfrac{x}{7}+3$

　(3) 112人

❹ A…750円,　B…1650円,　C…1200円

❺ (1) $x=8$　　　　　(2) $x=\dfrac{21}{5}$

　(3) $x=1$　　　　　(4) $x=27$

❻ 兄…1000円,　弟…700円

・・・・・・

① 14個

② 38人

③ 12個

━━━━━━ 解 説 ━━━━━━

❶ (1) りんごの個数をx個とすると, みかんの個
数は$(x+2)$個と表せる。
代金の合計から, $80(x+2)+140x=1040$
これを解くと, $x=4$
りんごの個数4個は問題に適している。

(2) 姉が最初に持っていたお金をx円とすると,
弟が最初に持っていたお金は$(1400-x)$円で,
姉と弟の残金は, それぞれ
姉…$(x-380)$円
弟…$(1400-x)-240=1160-x$(円)
姉の残金は弟の残金の2倍になるから,
$x-380=2(1160-x)$　これを解くと, $x=900$
姉が最初に持っていたお金900円は問題に適し
ている。

(3) A, B間の道のりを$x$kmとすると,
行きと帰りにかかった時間は, それぞれ
行き…$\dfrac{x}{12}$時間, 帰り…$\dfrac{x}{4}$時間
往復にかかった時間は,
2時間40分$=2\dfrac{40}{60}$時間$=\dfrac{8}{3}$時間 なので,
$\dfrac{x}{12}+\dfrac{x}{4}=\dfrac{8}{3}$ ← 方程式をつくるときは
　　　　　　　　　単位をそろえる。
これを解くと, $x=8$
A, B間の道のり8kmは問題に適している。

❷ (2) $\underset{\text{自然数B}}{10x+4}=\underset{\text{自然数A}}{(40+x)}+\underset{\text{18大きい。}}{18}$

(3) (2)の方程式を解くと, $x=6$
自然数Aは $40+6=46$ で, これは問題に適し
ている。

❸ (1) 生徒の人数を2通りの式で表す。
1室を6人ずつにした場合　6人が入る部屋は
$(x-1)$室で, 最後の部屋は4人だから,
生徒の人数は, $\{6(x-1)+4\}$人
1室を7人ずつにした場合　7人が入る部屋は
$(x-3)$室で, 残りの3室は余るから,
生徒の人数は, $7(x-3)$人
よって, 方程式は, $6(x-1)+4=7(x-3)$

(2) 部屋の数を2通りの式で表す。
1室を6人ずつにした場合　生徒の人数を2人
増やすと, 最後の1室も6人になるから,
部屋の数は$\dfrac{x+2}{6}$室
1室を7人ずつにした場合　x人が使う部屋の
数より3室多いから, 部屋の数は$\left(\dfrac{x}{7}+3\right)$室
よって, 方程式は, $\dfrac{x+2}{6}=\dfrac{x}{7}+3$

(3) (1)の方程式を解くと, $x=19$
生徒の人数は, $6\times(19-1)+4=112$(人)
生徒の人数112人は問題に適している。
別解 (2)の方程式を解いて, 直接生徒の人数を
求めてもよい。

❹ Bの金額をx円とすると, A, Cの金額は,
A…$\left(\dfrac{1}{3}x+200\right)$円
C…$2\left(\dfrac{1}{3}x+200\right)-300=\dfrac{2}{3}x+100$(円)
よって, $\left(\dfrac{1}{3}x+200\right)+x+\left(\dfrac{2}{3}x+100\right)=3600$
これを解くと, $x=1650$　それぞれの金額は,
A…$\dfrac{1}{3}\times1650+200=750$(円),　B…1650円,
C…$\dfrac{2}{3}\times1650+100=1200$(円)
これらは問題に適している。

ポイント

Bの金額をx円とすると計算が簡単になる。

4
章

❺ (3) $8:(x+5)=4:3$
$$8×3=(x+5)×4$$
$$4x+20=24$$
$$4x=4 \qquad x=1$$

(4) $x:(x-12)=9:5$
$$x×5=(x-12)×9$$
$$5x=9x-108$$
$$-4x=-108 \qquad x=27$$

❻ 兄の使ったお金を x 円とすると，弟の使ったお金は $(x-300)$ 円で，兄と弟の残金は，それぞれ
兄…$(1800-x)$ 円
弟…$1300-(x-300)=1600-x$（円）
よって，$(1800-x):(1600-x)=4:3$
これを解くと，$x=1000$
兄の使ったお金は 1000 円，弟の使ったお金は $1000-300=700$（円）で，これらは問題に適している。

① ゼリーを x 個買ったとすると，プリンの個数は $(24-x)$ 個と表されるから，
$$80x+120(24-x)+100=2420$$
これを解くと，$x=14$
買ったゼリーの個数 14 個は問題に適している。

ミス注意！ 箱代の 100 円を忘れないようにする。

② クラスの人数を x 人とすると，材料費は，
300 円ずつ集めるとき → $300x+2600$
400 円ずつ集めるとき → $400x-1200$
の 2 通りに表すことができる。
よって，$300x+2600=400x-1200$
これを解くと，$x=38$
クラスの人数 38 人は問題に適している。

③ Bの箱から取り出した白玉の個数を x 個とすると，Aの箱から取り出した赤玉の個数は $2x$ 個になるから，
$$(45-2x):(27-x)=7:5$$
$$(45-2x)×5=(27-x)×7$$
$$225-10x=189-7x$$
$$-10x+7x=189-225$$
$$-3x=-36$$
$$x=12$$
Bの箱から取り出した白玉の個数 12 個は問題に適している。

---

p.66〜67 ステージ❸

❶ ㋐，㋓

❷ ① 等式の両辺に同じ数 5 を加えても，等式は成り立つから。
② 等式の両辺を同じ数 6 でわっても，等式は成り立つから。

❸ (1) $x=-9$ (2) $x=4$
(3) $x=\dfrac{1}{9}$ (4) $x=-16$

❹ (1) $x=5$ (2) $x=-7$
(3) $x=3$ (4) $x=-6$
(5) $x=21$ (6) $x=2$

❺ (1) $x=12$ (2) $x=30$

❻ $a=25$

❼ (1) $5x-2=4x+8$
(2) 人数… 10 人，画用紙… 48 枚

❽ 1 時間 12 分後

❾ 80 人

❿ 4 L

————— 解説 ‹————

❶ それぞれの方程式の x に -8 を代入し，左辺の値と右辺の値が等しくなるかどうか調べる。
㋐ 左辺 $3×(-8)-2=-26$
右辺 -26
㋓ 左辺 $\dfrac{3×(-8)-4}{4}=-7$
右辺 $\dfrac{5×(-8)-2}{6}=-7$

よって，㋐，㋓の解は -8 である。

❷ ① 等式の性質 $A=B$ ならば $A+C=B+C$ を利用して，左辺を x の項だけの式にしている。
② 等式の性質 $A=B$ ならば $\dfrac{A}{C}=\dfrac{B}{C}$ （$C≠0$）を利用して，x の係数を 1 にしている。

別解 ① 等式の両辺から同じ数 -5 をひいても，等式は成り立つから。
② 等式の両辺に同じ数 $\dfrac{1}{6}$ をかけても，等式は成り立つから。

❸ (4)　　　$-\dfrac{3}{8}x=6$
$$-\dfrac{3}{8}x×\left(-\dfrac{8}{3}\right)=6×\left(-\dfrac{8}{3}\right)$$
両辺に $-\dfrac{8}{3}$ をかける。
$$x=-16$$

❹ (1) $5x-6=3x+4$

$5x-3x=4+6$ ⟩ $3x$, -6 を移項

$2x=10$ 　$x=5$

(2) $-6x-9=-4x+5$

$-6x+4x=5+9$ ⟩ $-4x$, -9 を移項

$-2x=14$ 　$x=-7$

(3) $3(x-1)=-x+9$

$3x-3=-x+9$ ⟩ かっこをはずす。

$4x=12$ 　$x=3$

(4) $1.5+0.3x=0.05x$

$150+30x=5x$ ⟩ 両辺に 100 をかける。

$25x=-150$ 　$x=-6$

(5) $\dfrac{1}{3}x=\dfrac{1}{7}x+4$

$7x=3x+84$ ⟩ 両辺に 21 をかける。

$4x=84$ 　$x=21$

(6) $\dfrac{-x+8}{6}=\dfrac{3x-4}{2}$

⟩ 両辺に 6 をかける。

$-x+8=(3x-4)\times3$

$-x+8=9x-12$

$-10x=-20$ 　$x=2$

❺ (1) $x:42=2:7$

$x\times7=42\times2$

$x=6\times2$ 　$x=12$

(2) $(x-2):32=7:8$

$(x-2)\times8=32\times7$

$x-2=4\times7$ 　$x=30$

> **得点アップのコツ**
> 「比例式の性質 $a:b=c:d$ ならば $ad=bc$」を使うとき,
> 「等式の性質 $A=B$ ならば $\dfrac{A}{C}=\dfrac{B}{C}$ $(C\neq0)$」
> をうまく利用するとよい。
> たとえば, (2)で $(x-2)\times\overset{1}{\cancel{8}}=\overset{4}{\cancel{32}}\times7$ とすると, 計算が簡単になる。

❻ 解が -2 だから, 方程式の x に -2 を代入すると, $5\times(-2)-9=-3\times(-2)-a$

$-10-9=6-a$ 　$a=25$

> **得点アップのコツ**
> ここでは, 方程式の x に, 解を代入すると, a についての等式ができる。
> これを a についての方程式とみて解き, a の値を求める。

❼ (1) 画用紙の枚数は $(5x-2)$ 枚, $(4x+8)$ 枚の2通りに表せる。したがって, $5x-2=4x+8$

(2) (1)の方程式を解くと, $x=10$
グループの人数は 10 人, 画用紙の枚数は, $5\times10-2=48$ (枚) で, これらは問題に適している。

❽ 2 人が同時に出発してから x 時間後に出会うとすると, 2 人が進んだ道のりは, それぞれ
兄…$6x$ km, 弟…$4x$ km
2 人が出会うのは, 2 人の道のりの和が 12 km
となるときだから, $6x+4x=12$
これを解くと, $x=\dfrac{6}{5}=1\dfrac{1}{5}$

$\dfrac{1}{5}$ 時間は $60\times\dfrac{1}{5}=12$ (分) だから, 2 人は同時に出発してから1 時間 12 分後に出会う。
これは問題に適している。

> **得点アップのコツ**
> 時間の単位変換は, スムーズにできるようにしよう。
> 1 時間$=60$ 分 より, a 時間$=(60\times a)$ 分
> 1 分$=\dfrac{1}{60}$ 時間 より, b 分$=\left(\dfrac{1}{60}\times b\right)$ 時間

❾ 女子の人数を x 人とすると,
男子の人数…$(x+20)$ 人
1 年生全体の人数…$(x+20)+x=2x+20$ (人)
めがねをかけている人数の関係から,
$0.31(x+20)+0.4x=0.35(2x+20)$
これを解くと, $x=80$
女子の人数 80 人は問題に適している。

> **得点アップのコツ**
> 1 %…0.01 だから, 31 %, 40 %, 35 % は, それぞれ 0.31, 0.4, 0.35 である。
> また, (比べられる量)＝(もとにする量)×(割合)
> だから, $(x+20)$ 人の 31 %, x 人の 40 %,
> $(2x+20)$ 人の 35 % は, それぞれ
> $0.31(x+20)$ 人, $0.4x$ 人, $0.35(2x+20)$ 人
> となる。

❿ B に加えた水の量を x L とすると, A に加えた水の量は $2x$ L と表せる。
水を加えたあとの A と B の水の量の比から,
$(32+2x):(28+x)=5:4$
これを解くと, $x=4$
B に加えた水の量 4 L は問題に適している。

5章 比例と反比例

p.68〜69 ステージ **1**

❶ (1) いえる。　(2) いえない。
　(3) いえる。　(4) いえる。

❷ (1) 1辺の長さ。
　　ひし形の周の長さは1辺の長さの関数である。
　(2) いえない。

❸ (1) $x \geqq -3$

　(2) $x < 7$

　(3) $-1 \leqq x \leqq 5$

　(4) $-6 \leqq x < -2$

解説

❶ (1)(3)(4) xの値を決めると，それに対応するyの値がただ1つ決まるので，yはxの関数である。
　(2) 気温を決めても，湿度は1つに決まらない。

❷ (1) （ひし形の周の長さ）＝（1辺の長さ）×4 だから，1辺の長さが決まれば，ひし形の周の長さはただ1つ決まる。
　(2) たとえば，ある駅から2つ先の駅までの運賃が140円のとき，1つ先の駅で降りても，2つ先の駅で降りても140円である。よって，運賃が決まっても，乗車距離は1つに決まらない。

❸ その数をふくむときは●，ふくまないときは○を数直線上にとり，変域を太い線で表す。
　(1) 「−3以上」は−3をふくむから，$x \geqq -3$
　(2) 「7未満」は7をふくまないから，$x < 7$
　(3) 「−1以上5以下」は，−1，5をふくむから，$-1 \leqq x \leqq 5$
　(4) 「−6以上−2未満」は，−6をふくみ，−2をふくまないから，$-6 \leqq x < -2$

ポイント

以上，以下 …… ≦ または ≧ で表す。
未満，〜より大きい，〜より小さい
　　　　…… ＜ または ＞ で表す。

p.70〜71 ステージ **1**

❶ (1) $y = 5x$　　○　比例定数 … 5
　(2) $y = 150 - x$　×
　(3) $y = 30x$　　○　比例定数 … 30

❷ (1) いえる。　　　比例定数 … −6
　(2) ① 18　　　　　② 12
　　③ −6　　　　　④ −24
　(3) 2倍，3倍，4倍，…… になる。
　(4) −6

❸ ⑦，比例定数 … $\dfrac{1}{4}$　　②，比例定数 … −2

❹ (1) $y = 5x$，$y = -40$
　(2) $y = -\dfrac{3}{2}x$，$y = 12$

解説

❶ 式の形が $y = ax$ ならば，yはxに比例するといえる。
　このとき，aにあたる数が比例定数である。
　(1) （長方形の面積）＝（縦の長さ）×（横の長さ）だから，$y = 5x$　yはxに比例し，比例定数は5
　(2) （残りの長さ）＝（もとの長さ）−（切り取った長さ）だから，$y = 150 - x$　yはxに比例しない。
　(3) （針金の重さ）＝（1mの重さ）×（長さ）だから，$y = 30x$　yはxに比例し，比例定数は30

❷ (4) 対応するxとyの商 $\dfrac{y}{x}$ の値は一定で，比例定数に等しい。

❸ 式の形が $y = ax$ となっているものを選ぶ。
　⑦の $y = \dfrac{x}{4}$ は，$y = \dfrac{1}{4}x$ と表せる。

❹ yはxに比例するから，比例定数をaとすると，$y = ax$ …① と表すことができる。
　(1) ①に $x = 3$，$y = 15$ を代入して，
　　$15 = a \times 3$　　$a = 5$　　求める式は，$y = 5x$
　　$x = -8$ のときのyの値は，
　　$y = 5 \times (-8) = -40$
　(2) ①に $x = 4$，$y = -6$ を代入して，
　　$-6 = a \times 4$　　$a = -\dfrac{3}{2}$
　　求める式は，$y = -\dfrac{3}{2}x$
　　$x = -8$ のときのyの値は，
　　$y = -\dfrac{3}{2} \times (-8) = 12$

p.72~73 ステージ**1**

❶ A(4, 3)　　　B(−4, 1)　　　C(−2, −2)
　 D(3, −2)　　E(2, 0)　　　　F(0, −4)

❷ (1)　右の図
　 (2)　右の図
　　　① P(5, −3)
　　　② Q(−5, 3)
　　　③ R(−5, −3)

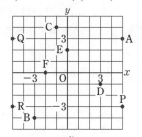

❸ (1)　① 6
　　　② −3
　 (2)　右の図
　 (3)　直線になる。

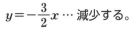

❹ (1)　$y=\dfrac{1}{2}x$

　　　　… 増加する。

　　　$y=-\dfrac{3}{2}x$ … 減少する。

　 (2)　$y=\dfrac{1}{2}x$ … $\dfrac{1}{2}$ ずつ増加する。

　　　$y=-\dfrac{3}{2}x$ … $\dfrac{3}{2}$ ずつ減少する。

━━━ 解 説 ━━━

❷ (2)　A(a, b) のとき,
　① 点Aとx軸について対称な点Pの座標は,
　　P(a, $−b$) ← y座標の符号が変わる。
　② 点Aとy軸について対称な点Qの座標は,
　　Q($−a$, b) ← x座標の符号が変わる。
　③ 点Aと原点について対称な点Rの座標は,
　　R($−a$, $−b$) ← x座標, y座標の符号が変わる。

❸ (3)　xとyの値の組の座標は, (2)でとった点を結ぶ直線上に並ぶから, 点の集まりは原点を通る直線になる。

❹ $y=\dfrac{1}{2}x$ のグラフ, $y=-\dfrac{3}{2}x$ のグラフから,

調べるとよい。

┌─────────────────────────┐
│ 関数 $y=ax$ のxとyの値の増減について, 次のことがいえる。
│ ① $a>0$ のとき, xの値が増加すると,
│ 　yの値も増加する。
│ 　$a<0$ のとき, xの値が増加すると,
│ 　yの値は減少する。
│ ② xの値が1ずつ増加すると,
│ 　yの値はaだけ増加する。
└─────────────────────────┘

p.74~75 ステージ**1**

❶ ㋐, ㋑

❷ 右の図

❸ (1)　$y=4x$

　 (2)　$y=-x$

　 (3)　$y=\dfrac{2}{3}x$

　 (4)　$y=-\dfrac{5}{3}x$

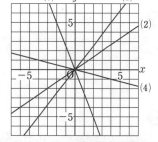

━━━ 解 説 ━━━

❶ 関数 $y=ax$（aは比例定数）で,
比例定数が正の数→グラフは右上がりの直線
比例定数が負の数→グラフは右下がりの直線
となる。よって, グラフが右下がりの直線になっているものを選べばよい。

❷ 関数 $y=ax$ のグラフをかくには, 原点のほかにグラフが通る点を1つとり, その点と原点を通る直線をひけばよい。
たとえば, (1)~(4)は原点以外の点として, 次の点をとればよい。
(1)　点(4, 5)　　　(2)　点(3, 2)
(3)　点(2, −5)　　(4)　点(4, −1)

❸ (1)~(4)は比例のグラフだから, 求める式を
$y=ax$ … ① とする。
(1)　グラフは点(1, 4)を通るから,
　①に $x=1$, $y=4$ を代入すると,
　$4=a×1$　　$a=4$
　したがって, $y=4x$
(2)　グラフは点(1, −1)を通るから,
　①に $x=1$, $y=−1$ を代入すると,
　$−1=a×1$　　$a=−1$
　したがって, $y=−x$
(3)　グラフは点(3, 2)を通るから,
　①に $x=3$, $y=2$ を代入すると,
　$2=a×3$　　$a=\dfrac{2}{3}$

　したがって, $y=\dfrac{2}{3}x$
(4)　グラフは点(3, −5)を通るから,
　①に $x=3$, $y=−5$ を代入すると,
　$−5=a×3$　　$a=-\dfrac{5}{3}$

　したがって, $y=-\dfrac{5}{3}x$

5
章

❶ ⑦, ⑦, ⑦

❷ (1) $0 < x < 2$

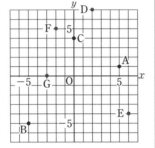

(2) $-3 \leqq x \leqq -1$

❸ (1) $y = 1.2x$

(2) いえる。　比例定数…1.2

(3) x の変域…$-2 \leqq x \leqq 8$
　　y の変域…$-2.4 \leqq y \leqq 9.6$

❹ (1) $y = -7x$

(2) $x = 48$

❺ (1) A(5, 1)
　　B(−5, −5)
　　C(0, 4)

(2) 右の図

❻ 右の図

❼ (1) $y = \dfrac{4}{5}x$

(2) $y = -\dfrac{7}{2}x$

● ● ● ● ● ●

① $y = 10$

② ⑦

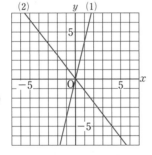

—————— 解説 ——————

❶ ⑦, ⑦, ⑦ は, x の値を決めると, それに対応する y の値がただ1つ決まるので, y は x の関数である。

⑦ 横の長さがわからないので, 縦の長さ x cm を決めても, 長方形の面積 y cm² は1つに決まらない。

㉒ 体重は身長によって決まるものではない。

❸ (1) (進んだ道のり)＝(速さ)×(時間) だから,
　　$y = 1.2x$

(2) $y = 1.2x$ の式で表されるから, y は x に比例し, 比例定数は 1.2 である。

(3) $x = -2$ のとき, $y = 1.2 \times (-2) = -2.4$
　　$x = 8$ のとき, $y = 1.2 \times 8 = 9.6$
　　よって, x の変域が $-2 \leqq x \leqq 8$ のとき, y の変域は $-2.4 \leqq y \leqq 9.6$ となる。

参考 $x = -2$ は北へ向かって走っている車が O地点を通過する2分前であることを表し, これに対応する $y = -2.4$ はO地点より南へ 2.4 km の地点にいることを表す。

❹ y は x に比例するから, 比例定数を a とすると, $y = ax$ …① と表すことができる。

(1) ①に $x = 5$, $y = -35$ を代入すると,
　　$-35 = a \times 5$　　$a = -7$
　　したがって, 求める式は, $y = -7x$

(2) ①に $x = -16$, $y = 4$ を代入すると,
　　$4 = a \times (-16)$　　$a = -\dfrac{1}{4}$
　　$y = -\dfrac{1}{4}x$ に $y = -12$ を代入して,
　　$-12 = -\dfrac{1}{4}x$　　$x = 48$

❻ (1)は原点と点 (1, 4), (2)は原点と点 (4, −5)
　　　　　　$x=1$ のとき $y=4$　　　　$x=4$ のとき $y=-5$
を通る直線をひく。

❼ (1), (2)は比例のグラフだから, 求める式を $y = ax$ とする。

(1) グラフは点 (5, 4) を通るから,
　　x 座標, y 座標がともに整数となる点を読みとる。
　　$4 = a \times 5$　　$a = \dfrac{4}{5}$　　よって, $y = \dfrac{4}{5}x$

(2) グラフは点 (2, −7) を通るから,
　　$-7 = a \times 2$　　$a = -\dfrac{7}{2}$　　よって, $y = -\dfrac{7}{2}x$

ポイント

グラフから比例の式を求める方法

1 原点を通る直線だから, 式を $y = ax$ とする。

2 x 座標と y 座標がともに整数であるグラフ上の点を読みとる。

3 式に x 座標, y 座標の値を代入し, a の値を求める。

① y は x に比例するから, 比例定数を a とすると, $y = ax$ と表すことができる。
　この式に $x = 3$, $y = -6$ を代入すると,
　$-6 = a \times 3$　　$a = -2$　　$y = -2x$ に $x = -5$ を代入して, $y = -2 \times (-5) = 10$

② 比例定数が -2 だから, グラフは右下がりの直線となる。$x = 5$ のとき $y = -2 \times 5 = -10$ だから, x 座標が 5 であるグラフ上の点の y 座標は -5 より小さくなる。
　よって, 求めるグラフは⑦となる。

❶ (1) $y=\dfrac{2}{x}$　○　　比例定数 … 2

(2) $y=50x$　×

(3) $y=\dfrac{15}{x}$　○　　比例定数 … 15

❷ (1) いえる。　　比例定数 … −24

(2) ① 8　　　　　② 12

③ −24　　　④ −6

(3) $\dfrac{1}{2}$ 倍，$\dfrac{1}{3}$ 倍，$\dfrac{1}{4}$ 倍，…… になる。

(4) −24 で一定である。

❸ ⑦，比例定数 … −6　　⑦，比例定数 … 15

❹ (1) $y=\dfrac{36}{x}$，$y=-6$

(2) $y=-\dfrac{30}{x}$，$y=5$

━━━ 解説 ━━━

❶ 式の形が $y=\dfrac{a}{x}$ ならば，y は x に反比例する

といえる。このとき，a にあたる数が比例定数。

(1) （1人分の量）＝（全体の量）÷（人数） だから，

$y=\dfrac{2}{x}$　y は x に反比例し，比例定数は 2

(2) （道のり）＝（速さ）×（時間） だから，

$y=50x$　y は x に反比例しない。

(3) （平行四辺形の面積）＝（底辺）×（高さ） だから，

$xy=15$　よって，$y=\dfrac{15}{x}$

y は x に反比例し，比例定数は 15

❷ (4) 対応する x と y の積 xy の値は一定で，比
例定数に等しい。

❸ ⑦　x と y の積の値が 15 で一定だから，y は
x に反比例する。比例定数は 15 である。

❹ y は x に反比例するから，比例定数を a とする

と，$y=\dfrac{a}{x}$ …① と表すことができる。

(1) ①に $x=9$，$y=4$ を代入して，

$4=\dfrac{a}{9}$　$a=36$　よって，$y=\dfrac{36}{x}$

この式に $x=-6$ を代入して，$y=-6$

(2) ①に $x=10$，$y=-3$ を代入して，

$-3=\dfrac{a}{10}$　$a=-30$　よって，$y=-\dfrac{30}{x}$

この式に $x=-6$ を代入して，$y=5$

❶ (1) ① 2

② 4

③ −2

④ −1

(2) 右の図

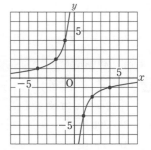

❷ (1) $y=\dfrac{4}{x}$ … 減少する。　$y=-\dfrac{4}{x}$ … 増加する。

(2) $y=\dfrac{4}{x}$ … 減少する。　$y=-\dfrac{4}{x}$ … 増加する。

❸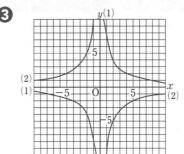

❹ (1) $y=\dfrac{15}{x}$　　　(2) $y=-\dfrac{6}{x}$

━━━ 解説 ━━━

❶ (2) 点 $(-4,\ 1)$，$(-2,\ 2)$，$(-1,\ 4)$，$(1,\ -4)$，
$(2,\ -2)$，$(4,\ -1)$ をとり，これらの点を通るな
めらかな 2 つの曲線をかく。

❷ $y=\dfrac{4}{x}$ のグラフ，$y=-\dfrac{4}{x}$ のグラフから，調べ

るとよい。

❸ グラフが通る点を，できるだけ多くとり，それ
らの点を通るなめらかな曲線をかく。

❹ 反比例のグラフだから，求める式を

$y=\dfrac{a}{x}$ …① とする。

(1) グラフは点 $(5,\ 3)$ を通るから，

　　x 座標，y 座標がともに整数となる点を読みとる。

①に $x=5$，$y=3$ を代入して，

$3=\dfrac{a}{5}$　$a=15$　　よって，$y=\dfrac{15}{x}$

(2) グラフは点 $(2,\ -3)$ を通るから，

①に $x=2$，$y=-3$ を代入して，

$-3=\dfrac{a}{2}$　$a=-6$　　よって，$y=-\dfrac{6}{x}$

5
章

❶ (1) 右の図

(2) $y=\dfrac{6}{5}x$

(3) 42 mm

❷ (1) 兄…8分後

　　 弟…6分後

(2) 300 m

(3) 4分後

❸ (1) $y=\dfrac{360}{x}$

(3) 45

(2) 毎秒20回転

(mm)y

40

30

20

10

O　10　20　30　40(g)　x

━━━ 解説 ━━━

❶ (2) 表より，y は x に比例するといえるから，

$y=ax$ とする。この式に $x=5$，$y=6$ を代入

して，$6=a\times5$　　$a=\dfrac{6}{5}$　　よって，$y=\dfrac{6}{5}x$

(3) (2)で求めた式に $x=35$ を代入して，

$y=\dfrac{6}{5}\times35=42$

別解 (1)でかいたグラフで，x 座標が35とな

る点の y 座標を読みとってもよい。

❷ (1) $\underset{\text{家から図書館までは 1200 m}}{y=1200}$ となるのは，兄のグラフでは

$x=8$，弟のグラフでは $x=6$ のときである。

(2) $x=6$ のとき，兄のグラフでは $y=900$ だか

ら，弟が図書館に着いたとき，兄は図書館まで，

あと $1200-900=300$ (m) のところにいる。

(3) 出発してから x 分後の，

(弟が進んだ道のり)−(兄が進んだ道のり)

が，x 分後の2人の離れている道のりになる。

ここでは，2つのグラフの y 座標の値の差が

200になる x 座標を読みとる。

❸ (1) かみ合っている歯車では，歯車ごとの

(歯数)×(一定時間の回転数) が等しい。

A…$24\times15=\underline{360}$　　B…$x\times y=\underline{xy}$

これらが等しいから，

$\underline{xy}=\underline{360}$　　$y=\dfrac{360}{x}$ ← y は x に反比例している。

(2) (1)で求めた式に，$x=18$ を代入して，

$y=\dfrac{360}{18}=20$　　よって，毎秒20回転する。

(3) (1)で求めた式に，$y=8$ を代入して，

$8=\dfrac{360}{x}$　　$x=45$　　よって，歯数は45

❶ (1) $y=\dfrac{24}{x}$　△　　比例定数…24

(2) $y=1000-x$　×

(3) $y=\dfrac{1}{4}x$　○　　比例定数…$\dfrac{1}{4}$

(4) $y=\dfrac{90}{x}$　△　　比例定数…90

❷ (1) $y=-\dfrac{4}{x}$

(2) $y=-8$

(3) $x=16$

❸ (1) $p=-8$

(2) 右の図

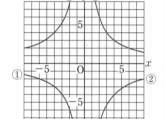

② y ①

5

① −5　O　5　x ②

−5

❹ (1) $y=2x$

(2) x の変域

　　…$0\leqq x\leqq5$

　　y の変域

　　…$0\leqq y\leqq10$

(3) 右の図

(4) 3秒後

❺ (1) 1350個

(2) $y=\dfrac{270}{x}$

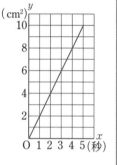

(cm²)y

10

8

6

4

2

O　1　2　3　4　5(秒)　x

● ● ● ● ● ●

① (1) $a=18$，$p=-2$

(2) $\dfrac{18}{5}\leqq y\leqq18$

━━━ 解説 ━━━

❶ (1) (三角形の面積)=(底辺)×(高さ)÷2 だから，

$\dfrac{xy}{2}=12$　　よって，$y=\dfrac{24}{x}$

(2) (残った金額)=(持っていた金額)−(使った金額)

だから，$y=1000-x$

(3) (時間)=(道のり)÷(速さ) だから，

$y=\dfrac{x}{4}$　　すなわち，$y=\dfrac{1}{4}x$

(4) 満水時の水の量は，$6\times15=90$ (L) で，

(満水になるまでにかかる時間)

=(満水時の水の量)÷(1分間に入れる水の量)

だから，$y=\dfrac{90}{x}$

ポイント

式の形が $y=ax$ のとき ➡ 比例

式の形が $y=\dfrac{a}{x}$ のとき ➡ 反比例

❷ (1) y は x に反比例するから，$y=\dfrac{a}{x}$ と表せる。

この式に $x=-6$，$y=\dfrac{2}{3}$ を代入して，

$\dfrac{2}{3}=\dfrac{a}{-6}$　　$a=-4$　　よって，$y=-\dfrac{4}{x}$

(2) (1)で求めた式に $x=\dfrac{1}{2}$ を代入して，

$y=-4\div\dfrac{1}{2}=-8$

<u>右辺を $-4\div x$ としてから代入する。</u>

(3) (1)で求めた式に $y=-\dfrac{1}{4}$ を代入して，

$-\dfrac{1}{4}=-\dfrac{4}{x}$　　$x=16$

別解 反比例では，対応する x と y の積の値は一定で，比例定数に等しくなる。このことを使って，次のように求めてもよい。

(1) 比例定数は $-6\times\dfrac{2}{3}=-4$ だから，

$xy=-4$ …① 　　よって，$y=-\dfrac{4}{x}$

(2) ①に $x=\dfrac{1}{2}$ を代入して，

$\dfrac{1}{2}\times y=-4$　　$y=-8$

(3) ①に $y=-\dfrac{1}{4}$ を代入して，

$x\times\left(-\dfrac{1}{4}\right)=-4$　　$x=16$

❸ (1) 反比例の式は $y=\dfrac{a}{x}$ と表せる。

グラフは点 $(-4,\ 10)$ を通るから，

$10=\dfrac{a}{-4}$　　$a=-40$　　よって，$y=-\dfrac{40}{x}$

グラフは点 $(5,\ p)$ を通るから，

$p=-\dfrac{40}{5}=-8$

別解 反比例のグラフ上の点の x 座標の値と y 座標の値の積は一定になるから，

$-4\times10=5\times p$　　よって，$p=-8$

(2) ①も②も双曲線で，①は右上と左下の部分に，②は右下と左上の部分に現れることに注意する。

❹ (1) 点Pは x 秒間に $1\times x=x\,(\mathrm{cm})$ 動くから，

$y=\dfrac{1}{2}\times x\times4$　　よって，$y=2x$ …①

(2) 点PがBを出発してからCに着くまでの時間は 5 秒だから，x の変域は $0\leqq x\leqq5$ である。

$y=2x$ で，$x=0$ のとき $y=0$，$x=5$ のとき $y=10$ だから，y の変域は $0\leqq y\leqq10$

(3) 原点と点 $(5,\ 10)$ を直線で結ぶ。

(4) ①に $y=6$ を代入して，$6=2x$　　$x=3$

よって，3 秒後

❺ (1) クリップの重さは，個数に比例するから，x 個分のクリップの重さを $y\,\mathrm{g}$ とすると，$y=ax$ と表せる。この式に $x=12$，$y=16$ を代入して，$16=a\times12$　　$a=\dfrac{4}{3}$

よって，$y=\dfrac{4}{3}x$ …①

クリップの入ったびんの重さが $2\,\mathrm{kg}=2000\,\mathrm{g}$ で，びんだけの重さが $200\,\mathrm{g}$ だから，クリップの重さは，$2000-200=1800\,(\mathrm{g})$

①に $y=1800$ を代入して，$1800=\dfrac{4}{3}x$

$x=1350$　　よって，1350 個。

(2) 碁石の総数は，$15\times18=270\,(個)$

270 個の碁石を縦に x 個ずつ並べると，横に y 個ずつ並ぶから，$x\times y=270$　　$y=\dfrac{270}{x}$

❶ (1) 点Aは④のグラフ上の点だから，y 座標は，$y=2\times3=6$　　よって，A$(3,\ 6)$

点Aは⑦のグラフ上の点だから，

$6=\dfrac{a}{3}$　　$a=18$　　⑦の式は $y=\dfrac{18}{x}$

点 B$(-9,\ p)$ は⑦のグラフ上の点だから，

$p=\dfrac{18}{-9}=-2$

(2) $x=1$ のとき $y=\dfrac{18}{1}=18$

$x=5$ のとき $y=\dfrac{18}{5}$

よって，y の変域は，$\dfrac{18}{5}\leqq y\leqq18$

ポイント

・x 座標または y 座標がわかっている点の座標を求めるには，わかっている値をグラフの式に代入するとよい。

・x の値が増加すると，対応する y の値が減少するとき，y の変域の表し方に注意する。

❶ ⑦, ⑦

❷ (1) ⑦, $y=4x$ (2) ⑦, $y=-\dfrac{24}{x}$

❸ (1) ① $y=-3x$ ② $y=24$

(2) ① $y=-\dfrac{30}{x}$ ② $y=5$

❹

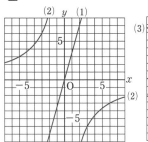 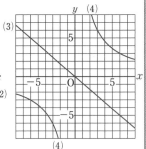

❺ (1) 式 … $y=\dfrac{1}{3}x$, pの値 … -1

(2) 式 … $y=-\dfrac{6}{x}$, pの値 … 1

❻ (1) $y=150x$

(2)

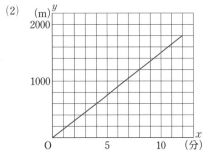

(3) 1200 m の地点

(4) 6分40秒後

━━━━━◆ 解 説 ◆━━━━━

❶ ⑦ 面積 $x\,\text{cm}^2$ を決めても，長方形の縦と横の長さは1つに決まらないから，周の長さ $y\,\text{cm}$ も1つに決まらない。
よって，y は x の関数ではない。

㋔ 自然数の倍数は限りなくたくさんあるので，自然数 x を決めても，倍数 y は1つに決まらない。
よって，y は x の関数ではない。

❷ それぞれ次のものを選べばよい。また，y を x の式で表すとき，$x=1$ に対応する y の値が比例定数になることに着目する。

(1) x の値が2倍，3倍，… になると，y の値も2倍，3倍，… になるもの。

(2) x の値が2倍，3倍，… になると，y の値が $\dfrac{1}{2}$ 倍，$\dfrac{1}{3}$ 倍，… になるもの。

❸ (1) ① y は x に比例するから，$y=ax$ と表せる。
この式に $x=5$, $y=-15$ を代入して，
$-15=a\times5$ $a=-3$ よって，$y=-3x$

② $y=-3x$ に $x=-8$ を代入して，
$y=-3\times(-8)=24$

(2) ① y は x に反比例するから，$y=\dfrac{a}{x}$ と表せる。
この式に $x=-2$, $y=15$ を代入して，
$15=\dfrac{a}{-2}$ $a=-30$ よって，$y=-\dfrac{30}{x}$

② $y=-\dfrac{30}{x}$ に $x=-6$ を代入して，
$y=-\dfrac{30}{-6}=5$

❺ (1) 比例の式は $y=ax$ と表せる。
グラフが点 $(6,\ 2)$ を通るから，
$2=a\times6$ $a=\dfrac{1}{3}$ よって，$y=\dfrac{1}{3}x$
グラフは点 $(-3,\ p)$ を通るから，
$p=\dfrac{1}{3}\times(-3)=-1$

(2) 反比例の式は $y=\dfrac{a}{x}$ と表せる。
グラフが点 $(-2,\ 3)$ を通るから，
$3=\dfrac{a}{-2}$ $a=-6$ よって，$y=-\dfrac{6}{x}$
グラフは点 $(p,\ -6)$ を通るから，
$-6=-\dfrac{6}{p}$ $p=1$

❻ (1) 速さは，$\underset{\text{道のり}}{1800}\div\underset{\text{時間}}{12}=\underset{\text{速さ}}{150}\,(\text{m/min})$
よって，$\underset{\text{(道のり)}}{y}=\underset{\text{(速さ)×(時間)}}{150x}$

(3) (1)で求めた式に $x=8$ を代入して，$y=1200$
別解 (2)でかいたグラフで，x 座標が8のときの y 座標を読みとってもよい。

(4) (1)で求めた式に，$y=1000$ を代入して，
$1000=150x$ $x=\dfrac{20}{3}=6\dfrac{2}{3}\ \to\ 6$分40秒後

┌─ **得点アップのコツ** ─────────────┐
ある点の x 座標または y 座標が，グラフから正確に読みとれないときは，比例の式に値を代入して，計算で求める。
└────────────────────────┘

6章　平面図形

❶ 右の図

❷ (1) ∠ABC

(2) CP＝PD

(3) ① AD⊥DC

② AD∥BC

❸ (1) 3 cm

(2) 7 cm

❹ 右の図

❺ 130°

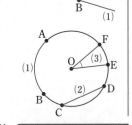

━━━━ 解説 ━━━━

❶ (3) 線分 AD を点Dの方向に限りなくのばした
ものが半直線 AD である。

❷ (1) ∠CBA でもよい。

(2) 点Pは辺 CD の真ん中の点だから，線分 CP
と線分 PD の長さは等しい。

(3) ① 辺 AD と辺 DC が交わってできる角が
直角だから，辺 AD と辺 DC は垂直である。

参考 2直線が垂直であるとき，その一方の
直線を，他方の直線の垂線という。

② 台形は，向かい合う1組の辺が平行だから，
辺 AD と辺 BC は平行である。

参考 平行な2直線は平行線ともいう。

ポイント

次の印の意味を覚えておこう。

❸ (1) 辺 AD の長さが，頂点Aと辺 DC との距離
となる。

(2) 辺 DC の長さが，辺 AD，辺 BC 間の距離とな
る。

❺ ⌢AB に対する中心角は ∠AOB である。
円の接線は接点を通る半径に垂直だから，
∠OAP＝90°，∠OBP＝90°
四角形の4つの角の大きさの和は360°だから，
∠AOB＝360°−90°−90°−50°＝130°

⌢AB は2つあるがふつうは小さいほうをさす。この
問題では，四角形 OAPB の内部にある弧を考える。

❶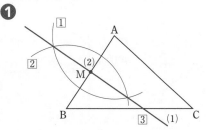

❷ (1)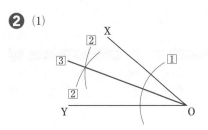

(2)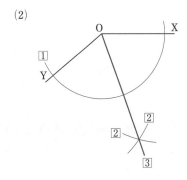

❸ (1) ①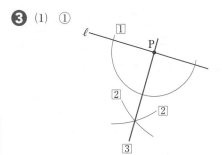

②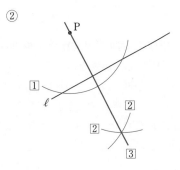

6章

(2)

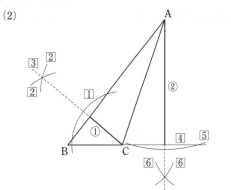

❶ (1)

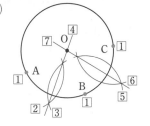

(2)

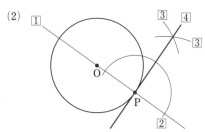

(3)

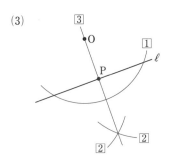

❷ (1)

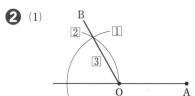

(2)

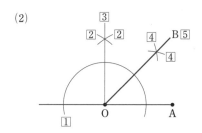

(3)

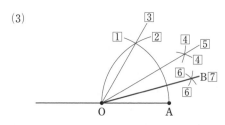

─── 解 説 ───

❶ (1) 垂直二等分線の作図

　　 1, 2 　線分の両端の点を中心として，等しい半径の円をかく。

　　 3 　1, 2の円の2つの交点を通る直線をひく。

　(2) 辺ABの垂直二等分線と辺ABの交点が，辺ABの中点Mである。

❷ 角の二等分線の作図

　 1 　角の頂点を中心とする円をかく。

　 2 　角の2辺と1の円の2つの交点を中心とする等しい半径の円をかく。

　 3 　2の2つの円の交点と角の頂点を通る直線をひく。

❸ (1) ① 　直線上の点を通る垂線の作図

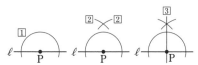

　　② 　直線外の点を通る垂線の作図

　　〔その1〕

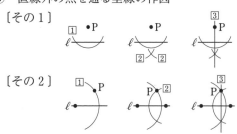

　　〔その2〕

　(2) ① 　頂点Cを通る辺ABの垂線を1〜3の順に作図して，高さを求める。

　　② 　頂点Aを通る辺BCの垂線を4〜7の順に作図して，高さを求める。高さは△ABCの外側にあるので，作図するとき，まず辺BCを頂点Cの方向にのばした線(4)をひいておく。

(4)

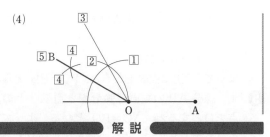

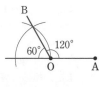

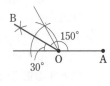

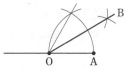

解説

❶ (1) 円の中心の作図

　□1　円周上に適当な3点A, B, Cをとる。

　□2〜□7　線分ABの垂直二等分線と
　　　<small>2点A, Bからの距離が等しい。</small>

　　線分BCの垂直二等分線をそれぞれ作図し，
　　<small>2点B, Cからの距離が等しい。</small>

　　交点をOとする。
　　<small>3点からの距離が等しい。</small>

(2) 接線は半径OPに垂直だから，点Pを通る直
　線OPの垂線を作図する。

(3) 点Oを通る直線 ℓ の垂線を作図し，ℓ との交
　点をPとする。

❷ (1) $120° = 180° - 60°$

　点Oを頂点として，点A
　の反対側に正三角形をか
　く方法で，60°の角を作
　図する。

(2) $45° = 180° ÷ 2 ÷ 2$

　□1〜□3　点Oを通る直線OAの垂線で90°の角
　　を作図する。

　□4□5　角の二等分線で45°の角を作図する。

(3) $15° = 60° ÷ 2 ÷ 2$

　□1〜□3　OAを1辺とする正三角形をかく方法
　　で，60°の角を作図する。

　□4〜□7　角の二等分線で30°の角，さらに角の
　　二等分線で15°の角を作図する。

(4) $150° = 180° - 30°$

　60°の角を2等分する方
　法で，点Oを中心とする
　30°の角を点Aの反対側
　に作図する。

ミス注意！ Bがどの
　位置にくるかを考
　えて作図する。右
　のように作図する
　と，∠AOBが30°になってしまう。

---

p.94〜95 ステージ**2**

❶ (1) AB＝DC，AB∥DC

(2) AC⊥BD

(3) OA＝OC，BD＝2OD

❷ (1) 4 cm　　　　　(2) 7 cm

(3) 6 cm

❸ (1)

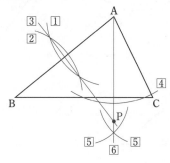

(2)

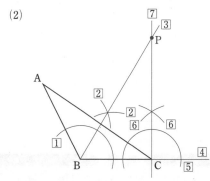

❹ (1) 90°　　　　　(2) PO＝PB

❺ (1)

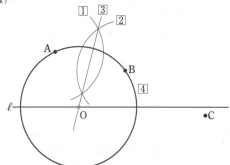

(2)

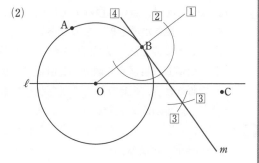

(3)

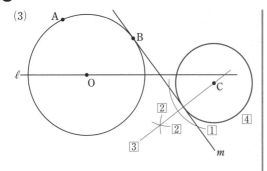

①

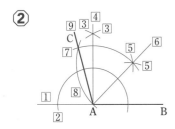

②

━━━━━━━ 解説 ━━━━━━━

❶ (1) ひし形の4つの辺の長さは等しいから，辺AB と辺 DC の長さは等しい。また，ひし形の向かい合う辺は平行だから，辺 AB と辺 DC は平行である。

(2)(3) ひし形の2つの対角線はそれぞれの中点で垂直に交わる。

対角線 BD と OD の長さの関係は，

$OD = \frac{1}{2}BD$ と表してもよい。

❷ (1) 線分 AB の長さで，目盛り4個分。

(2) 点Cから直線 ℓ に垂線をひき，ℓ との交点をHとしたときの線分 CH の長さで，目盛り7個分。線分 CH は，点Cと直線 ℓ 上の点を結ぶ線分のうち，長さが最も短いものである。

(3) 直線 ℓ 上に点をとったときのその点と直線 m との距離で，目盛り6個分。2直線 ℓ，m が平行であるとき，ℓ 上のどこに点をとっても，その点と直線 m との距離は一定である。

❹ (1) 円の接線は，接点を通る半径に垂直だから，$\angle PAO = 90°$ となる。

(2) AO＝AB より，点Aは線分 OB の中点であり，$\angle PAO = 90°$ だから，直線 ℓ は線分 OB の垂直二等分線である。

よって，ℓ 上に点Pをとると，PO＝PB となる。

❺ (1) 線分 AB の垂直二等分線と直線 ℓ との交点をOとすると，AO＝BO となる。よって，点Oを中心として，点Aを通る円は点Bも通る。この円が求める円Oになる。

(2) 点Bを通る直線 OB の垂線が，求める接線 m（円の接線は，接点を通る半径に垂直）となる。

(3) 点Cを通る直線 m の垂線をひく。この垂線（直線外の点を通る垂線の作図）と直線 m の交点が接点となる。点Cを中心として，接点を通る円が求める円となる。

ポイント

・線分の両端から等しい距離にある点は，その線分の垂直二等分線上にある。
また，線分の垂直二等分線上にある点は，その線分の両端から等しい距離にある。
・角の内部にあって角の2辺までの距離が等しい点は，その角の二等分線上にある。
また，角の二等分線上にある点は，その角の2辺までの距離が等しい。

❶ 線分 AB，CD をそれぞれ延長し，その交点をOとすると，2つの線分からの距離が等しくなる点は，$\angle BOD$ の二等分線上にある。

∠BOD の二等分線と線分 MN の交点が点Pだね。

❷ $105° = 45° + 60°$

①～④ 点Aを通る直線 AB の垂線で 90° の角を作図する。

⑤⑥ 90° の角の二等分線で 45° の角を作図する。

⑦～⑨ ⑥の直線上に適当な点をとり，点Aを頂点とする正三角形をかく方法で 60° の角を作図する。

別解 右のように，60° の角を先に作図してもよい。

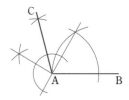

p.96〜97 ステージ**1**

❶ (1)　AA′ ∥ BB′,　AA′=BB′
　　　 AB ∥ A′B′,　AB=A′B′

　(2)
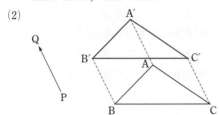

❷ (1)　① OA′ … 7.5 cm,　OB′ … 12.5 cm
　　　 ② ∠AOA′ … 80°,　∠BOB′ … 80°

　(2)
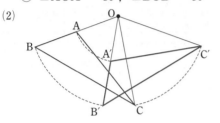

❸
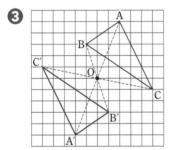

━━━━━━━ 解説 ━━━━━

❶ (2)　AA′, BB′, CC′ が PQ と平行で,
AA′=BB′=CC′=PQ となる点 A′, B′, C′ を
とり, △A′B′C′ をかく。

❷ (2)　OA=OA′, OB=OB′, OC=OC′ で, OA
に対して OA′, OB に対して OB′, OC に対し
て OC′ が時計の針の回転と反対の向きに,
∠AOA′=∠BOB′=∠COC′=60° となるよう
に点 A′, B′, C′ をとり, △A′B′C′ をかく。

❸ 点Oに対して, 点Aの反対側の直線 OA 上に
OA=OA′ となる点 A′ をとる。点 B′, C′ も同
じようにとり, △A′B′C′ をかく。

┌─────────────────┐
│ ここでは,
│ 平行な直線は1組の
│ 三角定規を使って,
│ 角は分度器を使って
│ かこう。
└─────────────────┘

p.98〜99 ステージ**1**

❶ (1)　90°,　⊥　　　(2)　9 cm

❷ (1)　　　　　　　　　(2)
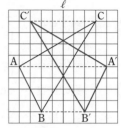

❸ (1)　△ACE を, 線分 AE を対称の軸として
　　　 対称移動したもの。
　(2)　∠CAE

❹ (1)　例 平行移動と回転移動
　(2)　例 平行移動と対称移動

━━━━━━━ 解説 ━━━━━

❶ 対称の軸は, 対応する2点
を結ぶ線分 AA′, BB′ の垂
直二等分線である。
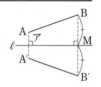

　(2)　BM=$\frac{1}{2}$BB′=9 (cm)

❷ 点Aから直線 ℓ に垂線をひき, ℓ からの距離が
等しくなる点 A′ をとる。同様にして, 点 B′, C′
をそれぞれとる。

❸ (1)　1つの直線を折り目として折り返す移動を
対称移動という。
　(2)　折り返した図形だから, △AED と △AEC
は合同である。合同な図形の対応する角だから,
∠DAE=∠CAE

❹ (1)　⑦を平行移動して①に重ね, ①を回転移動
して①に重ねる。または, ⑦を回転移動して①
に重ね, ①を平行移動して①に重ねる。
　別解 対称移動と対称移動
　⑦を対称移動して⑦に重ね, ⑦を対称移動し
て①に重ねる。または, ⑦を対称移動して①
に重ね, ①を対称移動して①に重ねる。
　(2)　⑦を平行移動して①に重ね, ①を対称移動し
て⑦に重ねる。または, ⑦を対称移動して①に
重ね, ①を平行移動して⑦に重ねる。
　別解 回転移動と対称移動
　⑦を回転移動して①に重ね, ①を対称移動し
て⑦に重ねる。または, ⑦を対称移動して⑦
に重ね, ⑦を回転移動して⑦に重ねる。

6
章

❶ (1) 周の長さ … 18π cm　面積 … 81π cm²

　(2) 周の長さ … 7π cm　面積 … $\dfrac{49}{4}\pi$ cm²

❷ (1) 弧の長さ … $\dfrac{7}{18}$　　面積 … $\dfrac{7}{18}$

　(2) 弧の長さ … $\dfrac{8}{15}$　　面積 … $\dfrac{8}{15}$

❸ (1) 弧の長さ … π cm　　面積 … 2π cm²

　(2) 弧の長さ … $\dfrac{48}{5}\pi$ cm　面積 … $\dfrac{144}{5}\pi$ cm²

❹ (1) 72°　　(2) 288°　　(3) 160°

❺ 48π cm²

解説

❶ (2) 周の長さ … $\pi\times7=7\pi$ (cm)

　面積 … $\pi\times\left(\dfrac{7}{2}\right)^2=\dfrac{49}{4}\pi$ (cm²)

❷ おうぎ形の弧の長さも，面積も中心角の大きさに比例するから，それぞれ，同じ半径の円の周の長さ，面積の $\dfrac{\text{おうぎ形の中心角}}{360°}$ 倍となる。

❸ (2) 弧の長さ … $2\pi\times6\times\dfrac{288}{360}=\dfrac{48}{5}\pi$ (cm)

　面積 … $\pi\times6^2\times\dfrac{288}{360}=\dfrac{144}{5}\pi$ (cm²)

❹ 中心角を $a°$ として方程式をつくって求める。

　(1) $4\pi=2\pi\times10\times\dfrac{a}{360}$　　$a=72$

　(3) $64\pi=\pi\times12^2\times\dfrac{a}{360}$　　$a=160$

❺ 中心角を $a°$ とすると，弧の長さから，

$8\pi=2\pi\times12\times\dfrac{a}{360}$　　$a=120$

よって，面積は，$\pi\times12^2\times\dfrac{120}{360}=48\pi$ (cm²)

参考 半径が r，弧の長さが ℓ のおうぎ形を細かく等分して，並べかえると，縦が r，横が $\dfrac{1}{2}\ell$ の長方形に近づく。このことから，半径が r，弧の長さが ℓ のおうぎ形の面積 S は，

$S=\dfrac{1}{2}\ell r$ …⑦　と表される。

⑦を使って，おうぎ形の面積を求めると，

$\dfrac{1}{2}\times8\pi\times12=48\pi$ (cm²)

❶ (1) △CGF

　(2) △DHG，△CGF，△BFE

　(3) △OEH　　対称の軸 … EH

　　　△DGH　　対称の軸 … HF

　　　△CFG　　対称の軸 … DB

　　　△BEF　　対称の軸 … EG

❷ A → P，B → R，C → Q

❸

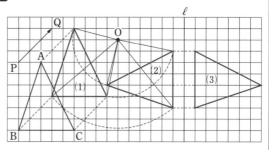

❹

❺ 周の長さ … 60π cm

　面積 … 180π cm²

❻ (1) 弧の長さ … $\dfrac{6}{5}\pi$ cm

　　　面積 … $\dfrac{6}{5}\pi$ cm²

　(2) 40°

❼ 周の長さ … $(20+20\pi)$ cm

　面積 … 50π cm²

● ● ● ● ● ●

① 65°

解説

❸ (1) 目盛りを読みとると，点Qは点Pから右へ3，上へ3移した点となっている。頂点 A，B，C をそれぞれ同じように移す。

　(2) (1)でかいた三角形の各頂点と点Oを結ぶ線分を，時計の針の回転と反対の向きに90°回転させる。

　(3) (2)でかいた三角形の各頂点と対応する点を結ぶ線分の垂直二等分線が，直線 ℓ になるようにする。

❹ 点Aを直線 ℓ を対称の軸として対称移動した点を A′ とする。

AP＝A′P だから，AP＋PB＝A′P＋PB

AP＋PB の長さが最短になるのは，A′P＋PB が最短になるとき，つまり，P を線分 A′B と直線 ℓ の交点にしたときである。

❺ 左の内側の円の半径は，

$12 \times 2 - 16 = 8$ (cm)

右側の円の半径は，

$18 - 8 = 10$ (cm)

求める周の長さは，

$\underset{\substack{\text{左の外側}\\\text{の円の周}}}{\underline{2\pi \times 12}} + \underset{\substack{\text{左の内側}\\\text{の円の周}}}{\underline{2\pi \times 8}} + \underset{\substack{\text{右側の円の周}}}{\underline{2\pi \times 10}} = 60\pi$ (cm)

求める面積は，

$\underset{\substack{\text{左の外側}\\\text{の円の面積}}}{\underline{\pi \times 12^2}} - \underset{\substack{\text{左の内側}\\\text{の円の面積}}}{\underline{\pi \times 8^2}} + \underset{\substack{\text{右側の円の面積}}}{\underline{\pi \times 10^2}} = 180\pi$ (cm²)

❻ (1) 弧の長さ…$2\pi \times 2 \times \dfrac{108}{360} = \dfrac{6}{5}\pi$ (cm)

面積…$\pi \times 2^2 \times \dfrac{108}{360} = \dfrac{6}{5}\pi$ (cm²)

(2) おうぎ形の中心角を $a°$ とすると，

$\pi \times 9^2 \times \dfrac{a}{360} = \pi \times 3^2$　　$a = 40$

❼ 半円の半径は，$20 \div 2 = 10$ (cm)

求める周の長さは，

$20 + \underset{\text{おうぎ形の弧の長さ}}{\underline{2\pi \times 20 \times \dfrac{90}{360}}} + \underset{\text{半円の弧の長さ}}{\underline{2\pi \times 10 \times \dfrac{1}{2}}}$

$= 20 + 20\pi$ (cm)

求める面積は，

$\underset{\text{おうぎ形の面積}}{\underline{\pi \times 20^2 \times \dfrac{90}{360}}} - \underset{\text{半円の面積}}{\underline{\pi \times 10^2 \times \dfrac{1}{2}}} = 50\pi$ (cm²)

① 折り紙を折ることは，線分 EF を対称の軸として四角形 AEFD を対称移動することだから，

∠FEP＝∠FEA

また，△EBP で，

$\underset{\substack{\text{三角形の3つの角の}\\\text{大きさの和は180°}}}{\underline{\angle BEP = 180° - (90° + 40°) = 50°}}$

したがって，

∠FEP＝(180° − 50°) ÷ 2 = 65°

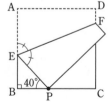

---

p.104〜105 ■ ステージ❸

❶ (1) AD＝CE＝DB

(2) 点A，点B

(3) 線分 AB，線分 CE

❷ (1)

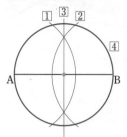

(2)

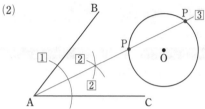

(3)

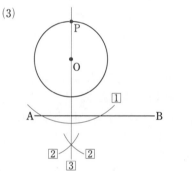

(4)

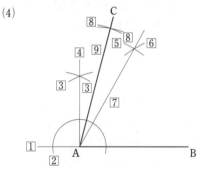

(5)

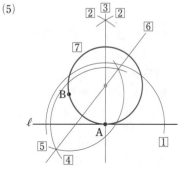

6
章

(6)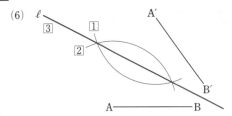

❸ (1) ㋘

　(2) ㋐, ㋒, ㋔, ㋗

　(3) ㋖, ㋙

❹ (1) 周の長さ … 16π cm

　　　面積 … $(256-64\pi)$ cm^2

　(2) 周の長さ … $(16\pi+6)$ cm

　　　面積 … 66π cm^2

❺ 7π cm

◀━━━━━━ **解説** ━━━━━━▶

❶ (1) 線分 AB を 4 等分するので，線分 AB の

$\dfrac{1}{4}$, $\dfrac{2}{4}=\dfrac{1}{2}$, $\dfrac{3}{4}$ の長さの線分がそれぞれできる。

　(2) 線分 CE は，直線上の点 C と点 E ではさまれた部分で，点 A と点 B は線分 CE 上にはない。

　(3) 線分 AB を点対称な図形と考えると，点 D がその対称の中心で，点 A と点 B，点 C と点 E がそれぞれ対応する点である。

❷ (1) 円の中心は線分 AB の中点だから，線分 AB の垂直二等分線と線分 AB の交点が求める円の中心となる。

　(2) 角の 2 辺 AB, AC までの距離が等しい点は，∠BAC の二等分線上にある。

　　点 P は ∠BAC の二等分線と円 O の周との交点となる。

　(3) 面積が最大 → 底辺 AB は決まっているので，高さが最大となればよい。円 O の周上にあって，線分 AB からの距離が最も長い点が点 P である。点 O を通る線分 AB の垂線と円 O の周との交点のうち，線分 AB から遠いほうが点 P となる。

　(4) ①～④ 点 A を通る辺 AB の垂線をひき，90° の角をつくる。

　　　⑤～⑦ 辺 AB を 1 辺とする正三角形の残りの頂点を見つけ，60° の角をつくる。

　　　⑧⑨ $75°=60°+\underbrace{30°}_{90°-60°}\div2$ であることに着目して，30° の角の二等分線をかく。

　　この角の二等分線が ∠BAC=75° となる直線

AC である。

　(5) 点 A を通る直線 ℓ の垂線と，線分 AB の垂直二等分線の交点が求める円の中心となる。

　(6) 線分 AA′ の垂直二等分線が対称の軸 ℓ となる。線分 BB′ の垂直二等分線をひいてもよい。

❸ (3) 三角形㋐を，点 A を回転の中心として，時計の針の回転と同じ向きに 120° 回転すると，三角形㋖にぴったりと重なり，240° 回転すると，三角形㋙にぴったりと重なる。

❹ (1) 周の長さは，

半径が 8 cm の円の周の長さと等しくなる。

よって，$2\pi\times8=16\pi$ (cm)

面積は，1 辺が 16 cm の正方形から半径が 8 cm の円を除いた図形の面積と等しくなる。

よって，$16^2-\pi\times8^2=256-64\pi$ (cm^2)

　(2) 周の長さは，

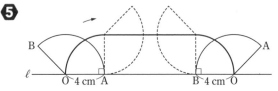

$\overbrace{2\pi\times9\times\dfrac{240}{360}}^{\text{大きいおうぎ形の弧の長さ}}+\overbrace{2\pi\times6\times\dfrac{120}{360}}^{\text{小さいおうぎ形の弧の長さ}}+6$

$=16\pi+6$ (cm)

面積は，

$\underbrace{\pi\times9^2\times\dfrac{240}{360}}_{\text{大きいおうぎ形の面積}}+\underbrace{\pi\times6^2\times\dfrac{120}{360}}_{\text{小さいおうぎ形の面積}}=66\pi$ (cm^2)

❺

中心 O のえがく線は，上の図の太線のようになる。

曲線部分の長さは，

$\left(2\pi\times4\times\dfrac{90}{360}\right)\times2=4\pi$ (cm)

直線部分の長さは，おうぎ形 OAB の弧の長さに等しいから，

$2\pi\times4\times\dfrac{135}{360}=3\pi$ (cm)

よって，求める長さは，$4\pi+3\pi=7\pi$ (cm)

> 直線 ℓ と中心 O のえがく線でできる図形は，2 つのおうぎ形と長方形を組み合わせた形だね。

7章　空間図形

p.106〜107 ステージ**1**

❶ (1)　正六角形　　(2)　正九角錐

❷
	正四面体	正六面体	正八面体	正十二面体	正二十面体
面の形	正三角形	正方形	正三角形	正五角形	正三角形
面の数	4	6	8	12	20
頂点の数	4	8	6	20	12
辺の数	6	12	12	30	30
1つの頂点に集まる面の数	3	3	4	3	5

❸ 点Pが直線ℓ上にないとき。

❹ 直線 FG，直線 GH

━━━━ ● 解 説 ● ━━━━

❶ (2) 底面の形が<u>正九角形</u>のときは，<u>正九角錐</u>となる。

ポイント

正●角錐…底面の形は正●角形，側面はすべて合同な二等辺三角形。

❷ いくつかの平面だけで囲まれた立体を多面体という。また，次の性質をもち，へこみのない多面体を正多面体という。

1⃞ どの面も合同な正多角形である。

2⃞ どの頂点にも同じ数だけ面が集まっている。

参考 右の図の多面体は，どの面も合同な正三角形でできているが，面が3つ集まっている頂点と面が4つ集まっている頂点があるので，正多面体とはいえない。

❸ 1直線上にない3点をふくむ平面は1つに決まるから，3点が1直線上にないときと同じ状況を考えればよい。

❹ 直線 AE，直線 BD のどちらとも同じ平面上にない直線を答える。

直線 AE とねじれの位置にある直線は，
直線 BD，BG，DG，<u>FG</u>，<u>GH</u>
直線 BD とねじれの位置にある直線は，
直線 AE，EF，EH，<u>FG</u>，<u>GH</u>

ポイント

ねじれの位置にある2直線
　…平行ではなく交わらない。
　　（同じ平面上にない）

p.108〜109 ステージ**1**

❶ (1)　① 面 AFJE，面 EJID，面 CHID
　　　② 面 FGHIJ

　(2)　BC⊥CD …⑦
　　　面 BGHC は長方形だから，
　　　BC⊥CH …⑦
　　　⑦，⑦より，辺 BC は面 CHID に垂直である。

　(3)　⑦，⑦

❷ (1)　AF⊥FG，AF⊥FJ より，
　　　AF⊥面 FGHIJ である。
　　　面 AFGB は辺 AF をふくんでいるから，
　　　面 AFGB⊥面 FGHIJ である。

　(2)　❶の(2)より，BC⊥面 CHID である。
　　　面 BGHC は辺 BC をふくんでいるから，
　　　面 BGHC⊥面 CHID である。

❸ (1)　2 cm　　　(2)　6 cm
　(3)　5 cm

━━━━ ● 解 説 ● ━━━━

❶ (1)　① 辺 BG と交わらない面を答える。

直線と平面の位置関係
平面上にある	1点で交わる	交わらない ℓ//P

　　② 角柱の2つの底面は平行だから，もう一方の底面を答える。

　(2)　辺 BC が点 C を通る面 CHID 上の2つの辺と垂直であることをいえばよい。

　(3)　⑦ (2)より，辺 BC⊥面 CHID であるから，辺 BC は点 C を通る面 CHID 上のどの線分とも垂直である。
　　　よって，BC⊥CI
　　　すなわち，∠BCI＝90°

　　　⑦ AF⊥AB，AF⊥AE より，
　　　AF⊥面 ABCDE
　　　よって，AF⊥AC
　　　すなわち，∠CAF＝90°

⑦と⑦は 90° であるとはいえないね。

7章

ポイント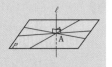

$\ell \perp P$…直線 ℓ と平面Pは**垂直**
　（直線 ℓ は平面Pの**垂線**）

➡ 直線 ℓ が平面Pと交わり，
その交点Aを通る平面P上
のどの直線とも垂直。

直線 ℓ が平面Pと点Aで交わるとき，$\ell \perp P$ を示す
には，直線 ℓ が点Aを通る平面P上の２つの直線と
垂直であることをいえばよい。

❷ 直線 ℓ と平面Pが垂直であるとき，直線 ℓ をふ
くむ平面は平面Pと垂直になることに着目する。

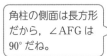
角柱の側面は長方形
だから，∠AFG は
90°だね。

別解 (1)は辺 BG，(2)は辺 GH を使って説明して
もよい。

❸ (1) 点Aと平面 BEFC 上の点を結ぶ線分のう
ち，長さが最も短いものは辺 AC である。この
辺の長さが求める距離である。

(2) 角柱では，底面上の点と，もう一方の底面と
の距離が高さとなる。ここでは，三角柱の底面
ABC 上の点Bと底面 DEF との距離が求める
高さで，辺 BE の長さとなる。

(3) 角錐では，頂点と底面との距離が高さとなる。
ここでは，三角錐の頂点Bと底面 ACF との距
離が求める高さで，辺 BC の長さとなる。

参考 面 ABC を底面としたときの高さは，
辺 CF の６cm となる。
面 CBF を底面としたときの高さは，
辺 AC の２cm となる。

ポイント

角柱や円柱の高さ
…底面上の点と，もう一方の底面との距離
底面上のどの点をとっても，この距離はすべて等しい。

角錐や円錐の高さ
…頂点と底面との距離

高さ
高さ
角柱　　円柱　　角錐　　円錐

三角錐では，底面をどの面にするかによって，高さ
が変わることに注意しよう。

---

p.110〜111 ◆ステージ❷

❶ (1) ① ⑦，⑩　　　　② ⑩
　　　③ ⑦，⑨
(2) ⑦ 五面体　　辺の数…8
　　 ⑨ 十面体　　辺の数…24

❷ (1) ① 正五角形　　② 3
(2) ① 5　　　　　　② 2
　　③ 30　　　　　④ 3
　　⑤ 20

❸ ⑦，⑨，⑩

❹ ⑦，⑨，⑩

❺ ⑩

❻ (1) 辺 CD　　　(2) 辺 BD

● ● ● ● ● ●

① ⑦

解説

❶ (1) ① ⑦は底面が正五角形，⑩は底面が正六
角形。

❷ (2) 正多面体の頂点の数は，１つの頂点に面が
いくつ集まっているかを覚えていると，計算で
求めることができる。

参考 正二十面体の辺の数は，$(3 \times 20) \div 2 = 30$
である。
また，正二十面体の１つの頂点に集まる面の
数は５だから，頂点の数は，$(3 \times 20) \div 5 = 12$
である。

❸ 次の平面は１つに決まる。
〈1〉 １直線上にない３点をふくむ平面
〈2〉 １直線とその直線上にない１点をふくむ
平面
〈3〉 平行な２直線をふくむ平面
〈4〉 交わる２直線をふくむ平面

❹ ⑦ ２直線 AE，FC はねじれの位置にある。
⑨ 直線 EF は，２平面 ABFE，EFCD の交線
（２平面が交わってできる線）とみることができ，
AB∥EF である。
AB は２平面の交線 EF と交わらないから，
AB∥平面 EFCD となる。
⑨ 四角形 ABFE は長方形だから，EF⊥BF
四角形 EFCD は長方形だから，EF⊥FC
よって，EF⊥平面 P
⑩ ⑨と同様に考えると，DE∥平面 P となる。

㋔　直線 BF は平面P上にある。

㋕　AE⊥ED，AE⊥EF より，
AE⊥平面 EFCD となる。
平面 ABFE は直線 AE をふくんでいるから，
平面 ABFE⊥平面 EFCD となる。

❺ ㋐　直線 AB と直線 CG
は交わらないが平行では
ない。

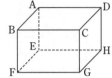

㋑　平面 AEFB と平面
BFGC は，平面 ABCD
と垂直であるが，この2平面は平行ではない。

㋒　平面 ABCD と平面 EFGH は平行であるが，
それぞれの平面上にある直線 BC と直線 GH
は平行ではない。

㋓　平面 AEFB と平面 BFGC は，直線 DH と
平行であるが，この2平面は平行ではない。

㋔　直線 FG と直線 GH は，平面 ABCD と平行
であるが，この2直線は平行でない。

㋕　平面 ABCD と直線 AE，直線 BF，直線 CG，
直線 DH は垂直であり，この4つの直線はすべ
て平行である。ほかの5つの平面についても，
同じことがいえるので，1つの平面に垂直な2
つの直線は平行であるといえる。

❻ (1)　辺 AB と交わらないのは辺 CD だけであ
り，辺 AB と辺 CD は平行でない。

(2)　辺 BD は面 ABC と垂直であるから，辺 BD
の長さは，頂点Dと面 ABC との距離である。
よって，辺 BD が面 ABC を底面としたときの
高さを表す辺となる。

① 辺 AB と交わらず，辺 AB と平行でない辺を選
ぶ。
辺 BC，辺 BF は，辺 AB と交わる。
辺 GH は，辺 AB と平行である。
したがって，辺 FG が辺 AB とねじれの位置にあ
る。

参考 辺 AB とねじれの位置にある辺は，
辺 FG，EH，CG，DH の4つである。

> 直線や平面の位置関係を
> しっかりつかんでおこう。

p.112～113 ステージ**1**

❶ (1)　三角柱　　(2)　正六角柱　　(3)　円柱

❷ (1)　五角形　　(2)　正方形　　(3)　円

❸ (1)　　　　　　　(2)

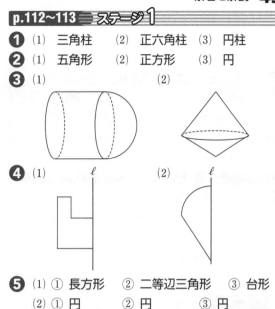

❹ (1)　　ℓ　　　　(2)　　ℓ

❺ (1) ①　長方形　②　二等辺三角形　③　台形
　　(2) ①　円　　②　円　　③　円

━━━━━━━━ 解　説 ━━━━━━━━

❷ 角柱や円柱は，底面をそれと垂直な方向に動か
してできた立体とみることができるから，底面の
形を答えればよい。

❸ (1)　直線 ℓ を軸として1回転させたとき，左側
の長方形は円柱になり，右側の中心角が 90° の
おうぎ形は球を半分にした形 (半球) となる。
よって，できる回転体は円柱と半球を組み合わ
せた立体になる。

(2)　直線 ℓ 上にない三角形の頂点から直線 ℓ に垂
線をひくと，三角形は2つの直角三角形に分け
られる。直線 ℓ を軸として1回転させたとき，
どちらの直角三角形も円錐になる。
よって，できる回転体は2つの円錐を組み合わ
せた立体になる。

❹ 回転体を正面から見たときの形は回転の軸を対
称の軸とする線対称な図形となる。1回転させた
平面図形は，線対称な図形の片側半分になる。

❺ (1)　回転体を回転の軸をふくむ平面で切ると，
その切り口は回転の軸について線対称な図形に
なる。

①　　　　　②　　　　　③

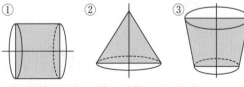

(2)　回転体を回転の軸に垂直な平面で切ると，そ
の切り口はつねに円になる。

❶ (1) **4 cm** (2) **16 cm**

(3) **8π cm**

❷ (1) **辺 AC，辺 AE，辺 BC，辺 CD**

(2) ① **点H** ② **点F，点G**

③ **辺 DC** ④ **辺 AF**

❸ (1) **16 cm** (2) **12π cm**

(3) **135°**

━━━━━━ 解 説 ━━━━━━

❶ (1) 底面の半径だから，見取図より読みとる。

(2) 円柱の高さに等しいから，見取図より読みとる。

(3) 底面の円Ｏの周の長さに等しいから，

$2\pi \times 4 = 8\pi$ (cm)

ポイント

円柱の展開図で，側面は長方形になる。

縦の長さ … 円柱の高さ

横の長さ … 底面の円の周の長さ

❷ 右の展開図で，
←─→で示した２つ
の辺は，正四角錐
を切り開く前は同
じ辺である。
←┈→で示した点は，
正四角錐を切り開
く前は同じ点である。

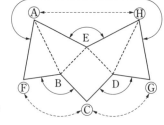

❸ (1) 円錐の展開図で，側面はおうぎ形となり，その半径は円錐の母線の長さに等しい。

(2) おうぎ形の弧の長さは，底面の円の周の長さに等しいから，$2\pi \times 6 = 12\pi$ (cm)

(3) おうぎ形の中心角を $a°$ とすると，

$$12\pi = 2\pi \times 16 \times \frac{a}{360}$$

<u>おうぎ形の弧の長さを a を使って表す。</u>

$a = 135$

別解 おうぎ形の弧の長さは，中心角の大きさに比例するから，

$$360° \times \frac{2\pi \times 6}{2\pi \times 16} = 135°$$

$$360° \times \frac{(底面の円の周)}{(母線の長さを半径とする円の周)}$$

また，$360° \times \dfrac{6}{16} = 135°$ ← $360° \times \dfrac{(底面の円の半径)}{(母線の長さ)}$

と求めることもできる。

❶ (1) **三角錐**

(2) **四角柱**

(3) **球**

❷ (1) 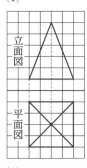 (2)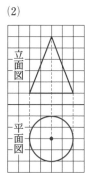

(3) 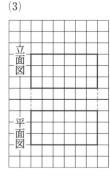 (4)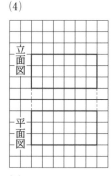

❸ (1) 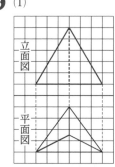 (2)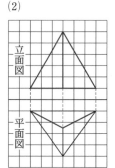

━━━━━━ 解 説 ━━━━━━

❶ (3) 球は，どの方向から見ても円に見える。

❷ (1) 正四角錐を正面から見ると，底辺が４cm，高さが５cm の二等辺三角形になる。立面図として，この二等辺三角形をかく。

正四角錐を真上から見ると，底面の正方形が，４つの合同な側面の三角形で分けられるように見えるから，平面図として，対角線を加えた１辺が４cm の正方形をかく。

また，正四角錐の頂点を表す立面図の二等辺三角形の先端と平面図の正方形の対角線の交点を破線で結ぶ。

(2)　円錐を正面から見ると，底辺が 4 cm，高さが 5 cm の二等辺三角形になり，真上から見ると，半径が 2 cm の円になる。それぞれを立面図，平面図にかく。

平面図には，円錐の頂点を表す円の中心をかき入れ，円錐の頂点を表す立面図の二等辺三角形の先端と破線で結ぶ。

参考　(3)と(4)の答えからわかるように，異なる立体であっても，立面図と平面図をあわせた投影図では，同じになる場合がある。

つまり，立面図と平面図だけでは，立体が 1 つに決まらない場合がある。

このような場合には，真横から見た図を加えて表すことがある。

ポイント
・投影図では，立面図と平面図で対応する頂点を破線で結ぶ。
・同じ立体でも，置き方によって投影図は異なる。

❸　それぞれの場合の正面は，下の図の方向となる。投影図での，平面図の三角形の向きから正面の方向を判断し，見える辺は実線で示し，見えない辺は破線で示すことに注意する。

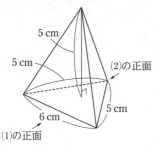

5 cm
5 cm
(2)の正面
5 cm
6 cm
5 cm
(1)の正面

ポイント
投影図では，平面図から，どちらの方向を正面とした投影図かを判断することができる。
正面の方向がわかれば，立面図をかくことができる。

正面の方向がわかれば，見える辺，見えない辺もわかるね。

---

p.118〜119 **ステージ2**

❶ (1)　⑦，⑦，⑤
　 (2)　⑦，⑦，⑤

❷ (1)　直線 AO
　 (2)　① 正三角形　　② 円

❸
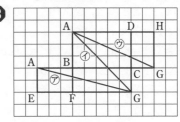

最も短いコース … ⑦

❹ 例
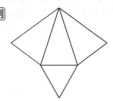

❺ (1)　10π cm　　(2)　150°

❻ (1)　五面体　　(2)　五面体

❼ (1)
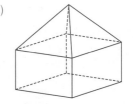

　 (2)　面の数 … 9　　辺の数 … 16
　 (3)　線分 AG

・・・・・・

① F

解説

❶ (1)　円柱，円錐，球は，それぞれ長方形，直角三角形，半円をある直線のまわりに 1 回転させてできた立体とみることができるので，⑦，⑦，⑤があてはまる。
　 (2)　角柱や円柱は，底面をそれと垂直な方向に動かしてできた立体とみることができるので，⑦，⑦，⑤があてはまる。

ポイント
円柱は回転体でもあり，平面図形をそれと垂直な方向に動かしてできる立体でもある。

❷ (1)　直角三角形 ABO を直線 AO を軸として 1 回転させてできる立体が，図の円錐である。回転の軸 AO は円錐の高さとなる。

(2) ① 回転体を，回転の軸をふくむ平面で切ると，その切り口は回転の軸について線対称な図形となる。

問題の円錐を，回転の軸 AO をふくむ平面で切るとき，底面の円の周と2点で交わり，その交点を P，P′ とすると，△APP′ が切り口で，AP＝AP′＝10 cm となる。

また，OP＝OP′＝5 cm より，PP′＝10 cm だから，△APP′ は正三角形となる。

② 回転体を，回転の軸に垂直な平面で切ると，その切り口はつねに円となる。

❸ 立体の表面上をたるまないように点Aから点Gまでひもをかけたようすを表す図は，展開図では線分 AG になる。それぞれのコースは，展開図の次の線分で表される。

㋐のコース　辺 BF を共有する長方形 AEFB と長方形 BFGC がつくる長方形の対角線 AG

㋑のコース　辺 BC を共有する長方形 ABCD と長方形 BFGC がつくる長方形の対角線 AG

㋒のコース　辺 DC を共有する長方形 ABCD と長方形 DCGH がつくる長方形の対角線 AG

3つの対角線の長さを比べるときは，コンパスを使って比べる。

> ひもがかかっている面，辺に着目して，3つのコースを考えよう。

❹ 展開図を組み立てたときに重なる辺を考える。

別解

❺ (1) おうぎ形の弧の長さは底面の円の周の長さに等しいから，

$2\pi \times 5 = 10\pi$ (cm)

(2) おうぎ形の中心角を $a°$ とすると，

$10\pi = 2\pi \times 12 \times \dfrac{a}{360}$

　おうぎ形の弧の長さを a を使って表す。

$a = 150$

❻ (1) 立面図…直角三角形，平面図…長方形

だから，見取図をかくと，下の図のような三角柱を横に倒して置いた立体であることがわかる。

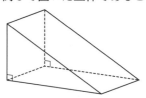

三角柱の面の数は5つだから，五面体である。

(2) (1)の投影図と比べると，違いは平面図に対角線がかき入れられていることだけである。また，立面図が(1)と同じなので，(1)の立体から正面から見えない部分を切りとった立体であることがわかる。

見取図をかくと，下の図のようになる。これは四角錐であり，四角錐の面の数は5なので，五面体である。

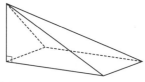

ポイント

立体は置き方によって立面図と平面図が変わる。また，異なる立体でも，投影図が同じになることもあるから注意しよう。

❼ (2) 見取図をかくと，面の数，辺の数が数えやすい。

正四角錐の側面が4つ，正四角柱の側面が4つ，底面が1つで，面の数は全部で9になる。

辺の数は，下の正四角柱の辺の数が12である。これに，上に重ねた正四角錐の8本の辺のうち，底面をつくる4つの辺を除いた4本をあわせて，

下の正四角柱の辺と重なっている。

$12 + 4 = 16$ となる。

(3) 立体の高さは，正四角錐の高さと正四角柱の高さの和で，頂点Aと底面との距離となる。

投影図では，立面図の線分 AG に現れる。

① 展開図に頂点を書きこむと，右のようになる。したがって，点アに対応する点はFである。

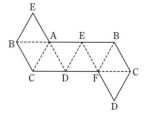

❶ (1) **360 cm³**　　(2) **300π cm³**
　 (3) **108 cm³**
❷ (1) $V = \pi r^2 h$　　(2) **320π cm³**
❸ (1) **60 cm³**　　(2) **392π cm³**
　 (3) **60 cm³**
❹ (1) $V = \dfrac{1}{3}\pi r^2 h$　　(2) **825π cm³**
❺ (1) **75π cm³**　　(2) **32π cm³**

━━━━━━━━ 解 説 ━━━━━━━━

❶ (1) 底面積　$\dfrac{1}{2}\times 8\times 7 + \dfrac{1}{2}\times 8\times 3 = 40$ (cm²)

　 体積　$40\times 9 = 360$ (cm³)
　 参考 底面積の計算を工夫すると，

　 $\dfrac{1}{2}\times 8\times 7 + \dfrac{1}{2}\times 8\times 3$

　 $= \dfrac{1}{2}\times 8\times (7+3) = 40$ (cm²)

　 (2) 底面積　$\pi\times 5^2 = 25\pi$ (cm²)
　 体積　$25\pi\times 12 = 300\pi$ (cm³)

　 (3) 底面積　$\dfrac{1}{2}\times (2+6)\times 3 = 12$ (cm²)

　 体積　$12\times 9 = 108$ (cm³)

❷ (1) 底面積は πr^2 だから，
　 円柱の体積は，$V = \pi r^2 \times h$
　 すなわち，$V = \pi r^2 h$ ← 公式として覚える。

　 (2) $\underset{\text{底面積}}{\underline{\pi\times 8^2}} \times \underset{\text{高さ}}{\underline{5}} = 320\pi$ (cm³)

❸ (1) $\dfrac{1}{3}\times 4\times 5\times 9 = 60$ (cm³)

　 (2) $\dfrac{1}{3}\times\pi\times 7^2\times 24 = 392\pi$ (cm³)

　 (3) $\dfrac{1}{3}\times\dfrac{1}{2}\times 8\times 9\times 5 = 60$ (cm³)

❹ (1) 底面積は πr^2 だから，

　 円錐の体積は，$V = \dfrac{1}{3}\times\pi r^2\times h$

　 すなわち，$V = \dfrac{1}{3}\pi r^2 h$ ← 公式として覚える。

　 (2) $\dfrac{1}{3}\times\pi\times 15^2\times 11 = 825\pi$ (cm³)

❺ (1) 底面の円の半径が 5 cm，高さが 3 cm の円
　 柱ができるから，$\pi\times 5^2\times 3 = 75\pi$ (cm³)
　 (2) 底面の円の半径が 4 cm，高さが 6 cm の円錐
　 ができるから，$\dfrac{1}{3}\times\pi\times 4^2\times 6 = 32\pi$ (cm³)

❶ (1) **36π cm³**　　(2) **54π cm³**

　 (3) $\dfrac{2}{3}$ **倍**

❷ **3114π cm³**
❸ 底面積… **6 cm²**　　側面積… **48 cm²**
　 表面積… **60 cm²**
❹ (1) **300 cm²**　　(2) **168π cm²**
❺ **256π cm²**

━━━━━━━━ 解 説 ━━━━━━━━

❶ (1) $\dfrac{4}{3}\pi\times 3^3 = 36\pi$ (cm³)

　 (2) 円柱の高さは球の直径 6 cm と等しいから，
　 円柱の体積は，$\pi\times 3^2\times 6 = 54\pi$ (cm³)

　 (3) $36\pi\div 54\pi = \dfrac{2}{3}$ だから，球の体積は，その球

　 がちょうど入る円柱の体積の $\dfrac{2}{3}$ 倍である。

❷ 底面の円の半径が 20 cm，高さが 9 cm の円柱
　 から，半径 9 cm の球の半分を取り除いた立体が
　 できる。　　　　　　　　半球ともいう。
　 円柱の体積は，$\pi\times 20^2\times 9 = 3600\pi$ (cm³)

　 球の体積の半分は，$\dfrac{4}{3}\pi\times 9^3\times\dfrac{1}{2} = 486\pi$ (cm³)

　 求める体積は，$3600\pi - 486\pi = 3114\pi$ (cm³)

❸ 底面積… $\dfrac{1}{2}\times 3\times 4 = 6$ (cm²)

　 側面積… $4\times (3+4+5) = 48$ (cm²)

　 表面積… $\underset{\text{(底面積)}\times 2}{\underline{6\times 2}} + \underset{\text{側面積}}{\underline{48}} = 60$ (cm²)

❹ (1) 底面積… $\dfrac{1}{2}\times 5\times 12 = 30$ (cm²)

　 側面積… $8\times (5+12+13) = 240$ (cm²)
　 表面積… $30\times 2 + 240 = 300$ (cm²)
　 (2) 底面積… $\pi\times 7^2 = 49\pi$ (cm²)
　 側面積… $\underset{\text{円柱の高さ}}{\underline{5}}\times (\underset{\text{円柱の底面の円の周の長さ}}{\underline{2\pi\times 7}}) = 70\pi$ (cm²)
　 表面積… $\underset{\text{(底面積)}\times 2}{\underline{49\pi\times 2}} + \underset{\text{側面積}}{\underline{70\pi}} = 168\pi$ (cm²)

ポイント
(角柱，円柱の表面積)＝(底面積)×2＋(側面積)

❺ 底面の円の半径が 8 cm，高さが 8 cm の円柱が
　 できるから，
　 $\underset{\text{(底面積)}\times 2}{\underline{\pi\times 8^2\times 2}} + \underset{\text{側面積}}{\underline{8\times (2\pi\times 8)}} = 256\pi$ (cm²)

7 章

p.124〜125 **ステージ1**

❶ **56 cm²**

❷ **85π cm²**

❸ **56π cm²**

❹ (1) **256π cm²**　　(2) **1 倍**

❺ (1) **65π cm²**　　(2) **147π cm²**

━━━ **解 説** ━━━

❶ $4^2 + \dfrac{1}{2} \times 4 \times 5 \times 4 = 56$ (cm²)

　　　　　$\underbrace{\qquad\qquad}_{1つの側面の面積}$

❷ 円錐の展開図で, 側面を
表すおうぎ形の中心角を $a°$
とすると,

$2\pi \times 5 = 2\pi \times 12 \times \dfrac{a}{360}$

これを解いて,

$a = 150$

側面積は,

$\pi \times 12^2 \times \dfrac{150}{360} = 60\pi$ (cm²)

表面積は,

$\pi \times 5^2 + 60\pi = 85\pi$ (cm²)

別解 側面積は, 次の式で求めることもできる。

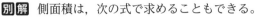

$\underbrace{\pi \times 12^2 \times \dfrac{5}{12}}_{(円周率)\times(母線の長さ)^2 \times \frac{(底面の円の半径)}{(母線の長さ)}} = 60\pi$ (cm²)

また, 半径が r, 弧の長さが ℓ のおうぎ形の面
積 S は, $S = \dfrac{1}{2}\ell r$ の式で求められることを使
うと,

$\dfrac{1}{2} \times \underbrace{(2\pi \times 5)}_{\ell} \times \underbrace{12}_{r}$

$= 60\pi$ (cm²)

参考 底面の円の半径が r, 母線の長さが R の
円錐の側面積は, πRr で求めることもできる。
これを使って求めると,

$\underbrace{\pi \times 12 \times 5}_{(円周率)\times(母線の長さ)\times(底面の円の半径)} = 60\pi$ (cm²)

中心角を求めないで,
側面積を求める方法も
覚えておこう。

❸ 表面積は, 2つの円錐の側面積の和になる。
左右の円錐の展開図で, 側面を表すおうぎ形の中
心角をそれぞれ $a°$, $b°$ とする。
左側の円錐で,

$2\pi \times 4 = 2\pi \times 8 \times \dfrac{a}{360}$

$a = 180$

右側の円錐で,

$2\pi \times 4 = 2\pi \times 6 \times \dfrac{b}{360}$

$b = 240$

よって, 表面積は,

$\underbrace{\pi \times 8^2 \times \dfrac{180}{360}}_{左側の円錐の側面積} + \underbrace{\pi \times 6^2 \times \dfrac{240}{360}}_{右側の円錐の側面積}$

$= 56\pi$ (cm²)

別解 $\underbrace{\pi \times 8^2 \times \dfrac{4}{8}}_{左側の円錐の側面積} + \underbrace{\pi \times 6^2 \times \dfrac{4}{6}}_{右側の円錐の側面積} = 56\pi$ (cm²)

❹ (1) $4\pi \times 8^2 = 256\pi$ (cm²)

(2) 円柱の側面積は,

$16 \times (2\pi \times 8) = 256\pi$ (cm²)

よって, 球の表面積は, 円柱の側面積に等しい
から, 1 倍になる。

❺ (1) 底面の円の半径が 5 cm, 母線の長さが
8 cm の円錐ができる。
円錐の展開図で, 側面を表すおうぎ形の中心角
を $a°$ とすると,

$2\pi \times 5 = 2\pi \times 8 \times \dfrac{a}{360}$

$a = 225$

表面積は,

$\pi \times 5^2 + \pi \times 8^2 \times \dfrac{225}{360} = 65\pi$ (cm²)

(2) 半径が 7 cm の半球ができる。
求める表面積は, 半径が 7 cm の球の表面積の
半分に, 半径が 7 cm の円の面積を加えたもの
になる。

よって, $4\pi \times 7^2 \times \dfrac{1}{2} + \pi \times 7^2 = 147\pi$ (cm²)

ミス注意! 半径が 7 cm の円の面積を加える
ことを忘れないようにすること。

参考 半径 r の半球の表面積は $3\pi r^2$ になる。

$4\pi r^2 \times \dfrac{1}{2} + \pi r^2 = 3\pi r^2$

p.126〜127 ステージ2

❶ (1) **504 cm³** (2) **420 cm²**

❷ (1) 体積 … **960π cm³**
　　表面積 … **368π cm²**

　(2) 体積 … **432π cm³**
　　表面積 … **324π cm²**

❸ (1) **1008π cm³** (2) **468π cm²**

❹ **7.5 cm**

❺ (1) **36 cm³** (2) **2 cm** (3) **72 cm³**

• • • • • •

① **6 cm**

② **144π cm³**

③ **⑦**

━━━ 解説 ━━━

❶ (1) 底面積 … $\dfrac{1}{2} \times 14 \times 12 = 84$ (cm²)

　　体積 … $84 \times 6 = 504$ (cm³)

　(2) 側面積 … $6 \times (15 + 14 + 13) = 252$ (cm²)

　　表面積 … $84 \times 2 + 252 = 420$ (cm²)

❷ (1) 底面積 … $\pi \times 8^2 = 64\pi$ (cm²)

　　体積 … $64\pi \times 15 = 960\pi$ (cm³)

　　側面積 … $15 \times (2\pi \times 8) = 240\pi$ (cm²)

　　表面積 … $64\pi \times 2 + 240\pi = 368\pi$ (cm²)

　(2) 底面積 … $\pi \times 12^2 = 144\pi$ (cm²)

　　体積 … $\dfrac{1}{3} \times 144\pi \times 9 = 432\pi$ (cm³)

　　円錐の展開図で，側面を表すおうぎ形の中心角
　　を $a°$ とすると，$2\pi \times 12 = 2\pi \times 15 \times \dfrac{a}{360}$

　　よって，$a = 288$　　したがって，表面積は，

　　$144\pi + \pi \times 15^2 \times \dfrac{288}{360} = 324\pi$ (cm²)

❸ 底面の円の半径が 12 cm，高さが 6 cm の円柱
　と半径が 6 cm の半球をあわせた立体ができる。

　(1) $\pi \times 12^2 \times 6 + \dfrac{4}{3}\pi \times 6^3 \times \dfrac{1}{2} = 1008\pi$ (cm³)

　(2) 「球の表面積の半分」…① と，「円柱の表面積」
　　　…② の和から，「半径 6 cm の円の面積」…③
　　　をひけばよい。　<ins>半径と円柱が重なっている部分の面積</ins>

　　　① は 72π cm²，② は 432π cm²，③ は 36π cm²
　　　だから，$72\pi + 432\pi - 36\pi = 468\pi$ (cm²)

❹ A の容積は，$\dfrac{1}{3} \times \pi \times 6^2 \times 10 = 120\pi$ (cm³)

　だから，求める水の深さは，
　$120\pi \div (\pi \times 4^2) = 7.5$ (cm)

❺ (1) 4 点 C，F，G，H を頂点とする立体は，
　　△FGH を底面，辺 CG を高さとする三角錐と
　　みることができる。

　　よって，$\dfrac{1}{3} \times \left(\dfrac{1}{2} \times 6^2\right) \times 6 = 36$ (cm³)

　(2)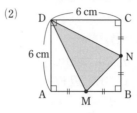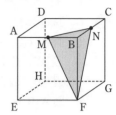

　　△MNF の面積は，△MND の面積と等しいか
　　ら，$6^2 - \left(\dfrac{1}{2} \times 6 \times 3\right) \times 2 - \dfrac{1}{2} \times 3^2 = \dfrac{27}{2}$ (cm²)

　　求める高さを h cm とすると，4 点 M，B，N，
　　F を頂点とする立体の体積から，

　　$\dfrac{1}{3} \times \underbrace{\dfrac{27}{2}}_{\text{△MNFの面積}} \times h = \underbrace{\dfrac{1}{3} \times \left(\dfrac{1}{2} \times 3^2\right) \times 6}_{\substack{\text{△BNMを底面，辺BFを}\\\text{高さとする三角錐の体積}}}$

　　これを解くと，$h = 2$

　(3) 四角錐 P-ABGH は，
　　立方体の半分から三角
　　錐 G-BCP と三角錐
　　H-ADP を除いた立体
　　と考えればよい。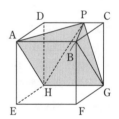

　　CP = a cm とすると，
　　除いた 2 つの三角錐の体積の和は，

　　$\dfrac{1}{3} \times \left(\dfrac{1}{2} \times a \times 6\right) \times 6 + \dfrac{1}{3} \times \left\{\dfrac{1}{2} \times (6-a) \times 6\right\} \times 6$
　　$= 6a + 36 - 6a = 36$ (cm³)

　　求める体積は，$6^3 \times \dfrac{1}{2} - 36 = 72$ (cm³)

① この円柱の高さを h cm とすると，
　$\pi \times 2^2 \times h = 24\pi$
　これを解くと，$h = 6$

② $\underbrace{\dfrac{4}{3}\pi \times 6^3 \times \dfrac{1}{2}}_{\text{半径 6 cm の球の体積}} = 144\pi$ (cm³)

③ この円錐の底面積は，$\pi \times 4^2 = 16\pi$ (cm²)
　側面積を S cm² とすると，
　$\underline{S : (\pi \times 6^2) = (2\pi \times 4) : (2\pi \times 6)}$
　<small>(おうぎ形の面積):(円の面積)=(おうぎ形の弧の長さ):(円の周の長さ)</small>
　これを解くと，$S = 24\pi$
　したがって，表面積は，$16\pi + 24\pi = 40\pi$ (cm²)

7 章

❶ (1) ㋐, ㋒, ㋔

(2) ㋐, ㋓, ㋕

(3) ㋐, ㋓

(4) ㋑, ㋒, ㋔

❷ (1) 面 EFGH

(2) 面 BFGC, 面 EFGH

(3) 辺 BF, 辺 FG, 辺 CG, 辺 BC

(4) 辺 CG, 辺 DH, 辺 EH, 辺 FG

(5) 面 ABCD, 面 EFGH

❸ (1) 半径 … $\dfrac{7}{2}$ cm

表面積 … $\dfrac{133}{4}\pi$ cm²

(2) 半径 … 3 cm

表面積 … 36π cm²

❹ (1) 体積 … 90 cm³

表面積 … 126 cm²

(2) 体積 … 54π cm³

表面積 … 54π cm²

❺ (1) 体積 … 1280 cm³

表面積 … 800 cm²

(2) 体積 … 168π cm³

表面積 … 120π cm²

❻ (1) 24 cm

(2) 81π cm²

❼ 体積 … 2304π cm³

表面積 … 576π cm²

◆━━━━━━━━━━━▶ 解説 ◀━━━━━━━━━━━

❸ (1) 円錐の底面の円の半径を r cm とすると,
おうぎ形の弧の長さは底面の円の周の長さに等
しいから, $2\pi r = 2\pi \times 6 \times \dfrac{210}{360}$　　$r = \dfrac{7}{2}$

よって, 円錐の表面積は,
$\pi \times \left(\dfrac{7}{2}\right)^2 + \pi \times 6^2 \times \dfrac{210}{360} = \dfrac{133}{4}\pi$ (cm²)

(2) 円錐の底面の円の半径を r cm とすると,
$6\pi = 2\pi r$　　$r = 3$
おうぎ形の中心角を $a°$ とすると,
$6\pi = 2\pi \times 9 \times \dfrac{a}{360}$　　$a = 120$

よって, 円錐の表面積は,
$\pi \times 3^2 + \pi \times 9^2 \times \dfrac{120}{360} = 36\pi$ (cm²)

別解 おうぎ形の面積 S は, 半径を r, 弧の長
さを ℓ とすると, $S = \dfrac{1}{2}\ell r$ だから, 側面積は
$\dfrac{1}{2} \times 6\pi \times 9 = 27\pi$ (cm²) と求めてもよい。

❹ (1) 底面積 … $\dfrac{1}{2} \times (3+6) \times 4 = 18$ (cm²)

体積 … $18 \times 5 = 90$ (cm³)

側面積 … $5 \times (3+4+6+5) = 90$ (cm²)

表面積 … $18 \times 2 + 90 = 126$ (cm²)

(2) 底面積 … $\pi \times 3^2 = 9\pi$ (cm²)

体積 … $9\pi \times 6 = 54\pi$ (cm³)

側面積 … $6 \times (2\pi \times 3) = 36\pi$ (cm²)

表面積 … $9\pi \times 2 + 36\pi = 54\pi$ (cm²)

❺ (1) 底面積 … $16^2 = 256$ (cm²)

体積 … $\dfrac{1}{3} \times 256 \times 15 = 1280$ (cm³)

側面積 … $\dfrac{1}{2} \times 16 \times 17 \times 4 = 544$ (cm²)

表面積 … $256 + 544 = 800$ (cm²)

(2) 円錐と円柱の底面積は, $\pi \times 6^2 = 36\pi$ (cm²)
立体の体積は,
$\underset{\text{円錐の体積}}{\underline{\dfrac{1}{3} \times 36\pi \times 8}} + \underset{\text{円柱の体積}}{\underline{36\pi \times 2}} = 168\pi$ (cm³)

円錐の展開図で, 側面を表すおうぎ形の中心角
を $a°$ とすると,
$2\pi \times 6 = 2\pi \times 10 \times \dfrac{a}{360}$　　$a = 216$

立体の表面積は,
$36\pi + \underset{\text{円錐の側面積}}{\underline{\pi \times 10^2 \times \dfrac{216}{360}}} + \underset{\text{円柱の側面積}}{\underline{2 \times (2\pi \times 6)}}$
$= 120\pi$ (cm²)

❻ (1) 円錐の母線の長さは, 円Oの半径と等しい。
円錐の母線の長さを r cm とすると, 円Oの周
の長さから,
$2\pi r = \underset{\text{円錐の底面の円の周の長さの8倍}}{\underline{(2\pi \times 3) \times 8}}$　　$r = 24$

(2) 円錐の側面積の8倍が円Oの面積に等しいか
ら, 円錐の側面積は, $\pi \times 24^2 \div 8 = 72\pi$ (cm²)
表面積は, $\pi \times 3^2 + 72\pi = 81\pi$ (cm²)

❼ できる立体は, 半径が 12 cm の球である。

体積 … $\dfrac{4}{3}\pi \times 12^3 = 2304\pi$ (cm³)

表面積 … $4\pi \times 12^2 = 576\pi$ (cm²)

8章　データの分析

p.130～131 ステージ**1**

① (1)　**5 g**

(2)　**105 g 以上 110 g 未満の階級**

(3)

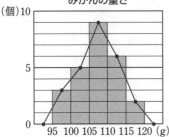

みかんの重さ

② (1)　**23.4 g**

(2)　平均値 … **107.68 g**，中央値 … **108.4 g**

(3)

みかんの重さ

階級(g)	階級値(g)	度数(個)
以上　　未満		
95～100	97.5	3
100～105	102.5	5
105～110	107.5	9
110～115	112.5	6
115～120	117.5	2
合計		25

最頻値 … **107.5 g**

━━━ 解　説 ━━━

① (2)　110 g 以上の個数は，2＋6＝8 (個)

105 g 以上の個数は，8＋9＝17 (個)

よって，105 g 以上 110 g 未満の階級には，重い

ほうから数えて，9 番目から 17 番目のみかんが

入っている。

(3)　度数折れ線をかくときは，左右両端に度数 0

の階級があるものと考えることに注意する。

② (1)　(範囲)＝(最大値)−(最小値)

最大値は 118.8 g，最小値は 95.4 g だから，

範囲は　118.8−95.4＝23.4 (g)

(2)　データは 25 個で奇数だから，データの値を

小さい順に並べたときの中央，すなわち 13 番

目の値が中央値である。

(3)　各階級の真ん中の値を求める。

95 g 以上 100 g 未満の階級の階級値は，

$\dfrac{95+100}{2}=97.5$ (g)

p.132～133 ステージ**1**

① (1)

1年生の英語のテスト の得点

階級(点)	度数(人)	累積度数(人)	相対度数	累積相対度数
以上　未満				
40～ 50	4	4	0.050	0.050
50～ 60	18	22	0.225	0.275
60～ 70	22	44	0.275	0.550
70～ 80	12	56	0.150	0.700
80～ 90	16	72	0.200	0.900
90～100	8	80	0.100	1.000
合計	80		1.000	

(2)　**0.450**

(3)　**80 点未満**

(4)

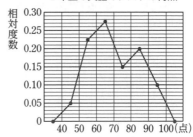

1年生の英語のテストの得点

② (1)　⑦ **0.44**　　④ **0.45**　　⑦ **0.45**

(2)

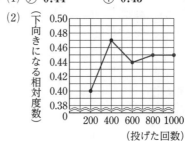

(投げた回数)

(3)　**0.45**

━━━ 解　説 ━━━

① (1)　$(相対度数)=\dfrac{(階級の度数)}{(度数の合計)}$

60 点以上 70 点未満の階級までの累積度数は，

4＋18＋22＝44 (人)，累積相対度数は，

0.050＋0.225＋0.275＝0.550

(2)　70 点未満の生徒の割合が 0.550 だから，70

点以上の生徒の割合は，1.000−0.550＝0.450

(3)　累積相対度数が 0.700 になるのは，80 点未満

である。

② (3)　画びょうを投げる回数が多くなるにつれて，

下向きになる相対度数は 0.45 に近づいていく。

❶ (1) 30人

(2) 150 cm 以上 155 cm 未満の階級

(3)
1年1組の生徒の身長

（人）

❷ (1) 20分

(2) A中学校 … 20分以上40分未満の階級

B中学校 … 20分以上40分未満の階級

(3) ㋐ 33 ㋑ 47 ㋒ 0.080

㋓ 0.120 ㋔ 0.940 ㋕ 39

㋖ 0.475 ㋗ 0.975 ㋘ 1.000

(4) B中学校

❸ (1)
A中学校の1年生の体重

階級 (kg)		階級値 (kg)	度数 (人)
以上	未満		
35	～ 40	37.5	4
40	～ 45	42.5	15
45	～ 50	47.5	16
50	～ 55	52.5	10
55	～ 60	57.5	5
合計			50

(2) 47.5 kg

❹ およそ700回

・・・・・・

① (1) 6人 (2) 7人

━━━━ 解 説 ━━━━

❶ (1) 4＋7＋9＋8＋2＝30（人）

(2) 150 cm 未満の人数は11人，155 cm 未満の人数は20人だから，身長の低いほうから数えて15番目の生徒は 150 cm 以上 155 cm 未満の階級に入っている。

❷ (2) A中学校 … 50人の中央値は，25番目と26番目の値の合計を2でわった値である。25番目と26番目は，どちらも20分以上40分未満の階級にふくまれている。

B中学校 … 40人の中央値だから，20番目と21番目の生徒に着目する。

(3) ㋐ 6＋27＝33 ㋑ 43＋4＝47
6＋27＋10

㋒ $\frac{4}{50}=0.080$ ㋓ $\frac{6}{50}=0.120$

㋔ $\underset{0.120+0.540+0.200}{0.860+0.080}=0.940$

㋕ $\underset{7+19+8}{34+5}=39$ ㋖ $\frac{19}{40}=0.475$

㋗ $\underset{0.175+0.475+0.200}{0.850+0.125}=0.975$

㋘ $\underset{0.175+0.475+0.200+0.125}{0.975+0.025}=1.000$

累積相対度数は，$\frac{（累積度数）}{（度数の合計）}$ で求めてもいいよ。たとえば，㋔は，$\frac{㋑}{50}=\frac{47}{50}=0.940$ でもいいんだ。

(4) 1日あたり60分以上読書している1年生の割合は，A中学校が $\underset{60分未満の累積相対度数}{1.000-0.860}=0.140$，

B中学校が $1.000-0.850=0.150$ だから，B中学校のほうが多い。

ミス注意! 全体の人数が異なるので，60分以上読書した度数を比べて判断してはいけない。

❸ (1) 35 kg 以上 40 kg 未満の階級の階級値は，$\frac{35+40}{2}=37.5$（kg）

(2) 度数が最も多い階級の階級値を最頻値とする。度数が最も多いのは，45 kg 以上 50 kg 未満の階級だから，最頻値は 47.5 kg

❹ グラフから，ふたを投げたときに表向きになる相対度数は，およそ0.14であると考えられる。したがって，このふたを5000回投げたとき，表向きになる回数は，およそ $5000×0.14=700$（回）

$（相対度数）=\frac{（階級の度数）}{（度数の合計）}$
↓
$（階級の度数）=（度数の合計）×（相対度数）$

① (1) 7.2，7.1，7.5，7.4，7.8，7.2 の6人。

(2) 男子の9.0秒以上10.0秒未満の階級の人数は，9.4，9.6の2人。この階級の男女合わせた人数は，30×0.3＝9（人）だから，女子の人数は，9−2＝7（人）

p.136 ━ ステージ**3** ━

❶ (1) **50 cm**

(2) **425 cm**

(3)
走り幅とび

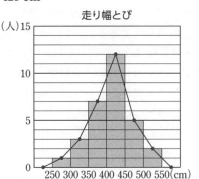

❷ (1) **0.456**

(2) **25 人**

(3) **いえない。**

❸ (1) ㋐ **0.485**

㋑ **0.527**

㋒ **0.520**

(2) **およそ 1560 回**

━━━ 解 説 ━━━

❶ (1) 250 cm 以上 300 cm 未満の階級で考えると，
$300-250=50$ (cm)

参考 階級の幅は，どの階級で考えてもよい。
$350-300=50$ (cm)
$400-350=50$ (cm)
　　　　⋮

(2) 度数が最も多いのは，400 cm 以上 450 cm 未満の階級だから，その階級の階級値が最頻値である。
$$\frac{400+450}{2}=425 \,(cm)$$

❷ (1) $\dfrac{57}{125}=0.456$

(2) 最も小さい階級から各階級までの度数の合計が累積度数だから，
$2+5+18=25$ (人)

(3) あきなさんのクラス，学年全体について，
140 cm 以上 150 cm 未満の階級までの累積相対度数をそれぞれ求めて比べる。
あきなさんのクラスの 150 cm 未満の割合は，
$$\frac{2+5}{32}=0.21875$$

学年全体の 150 cm 未満の割合は，
$$\frac{10+25}{125}=0.28$$

したがって，身長が 150 cm 未満の人の割合は学年全体のほうが大きい。

得点アップのコツ
┌─────────────────────────
2 つのデータにおいて，全体の度数が異なる場合は，それぞれの階級の相対度数を求めて比較する。
└─────────────────────────

❸ (1) 次の式から求める。
$$(表向きになる相対度数)=\frac{(表向きになった回数)}{(投げた回数)}$$

㋐ $\dfrac{97}{200}=0.485$

㋑ $\dfrac{316}{600}=0.5266\cdots\cdots \to 0.527$

㋒ $\dfrac{520}{1000}=0.520$

(2) ボタンを投げたときに表向きになる相対度数は，およそ 0.52 であると考えられる。
したがって，このボタンを 3000 回投げたとき，表向きになる回数は，およそ
$3000\times0.52=1560$ (回)

┌─────────────────────
このボタンを投げるとき，表向きになる確率はおよそ 0.52 だね。
└─────────────────────

得点アップのコツ
┌─────────────────────────
あることがらの起こりやすさの程度を表す値を，そのことがらの起こる**確率**という。
多数回の実験の結果，あることがらの起こる相対度数がある一定の値に近づくとき，その値を確率として考える。
└─────────────────────────

8章

定期テスト対策 得点アップ！予想問題

p.138〜139 第1回

1　(1)　13，43

　(2)　$96=2^5×3$

　(3)　西に 9 m 移動すること

　(4)　-2，-1，0，1

　(5)　$-8<-1<7$

2　A … $+4$　　B … -1.5　　C … -3.5

3　(1)　-4　　　(2)　4.2　　　(3)　$\dfrac{2}{5}$

　(4)　0　　　　(5)　42　　　　(6)　0

　(7)　-130　　(8)　-6　　　(9)　$\dfrac{15}{8}$

　(10)　-8　　(11)　-14　　(12)　-18

4　エ

5　(1)　-3

　(2)　-5238

6　(1)　18

　(2)　-3，0，18，-25

7　(1)　7

　(2)　14

8　(1)　$+3$

　(2)　2 回とも 5 の目が出たとき

9　(1)　17.1 cm

　(2)　158.2 cm

◆ 解 説 ◆

1　(1)　1 とその数自身の積の形でしか表せないものを選ぶ。

　(2)
```
2 ) 96
2 ) 48
2 ) 24      →  96＝2×2×2×2×2×3
2 ) 12           ＝2⁵×3
2 )  6
     3
```
$96=2×2×2×2×2×3=2^5×3$

　(3)　「東」の反対は「西」だから，「東」へ移動することを「＋」を使って表すとき，「西」へ移動することは「－」を使って表す。

　(4)　$-\dfrac{9}{4}=-2\dfrac{1}{4}$ より，$-\dfrac{9}{4}$ は -2 と -3 の間にある数である。

　(5)　$8>1$ で，負の数はその絶対値が大きいほど小さいから，$-8<-1$

また，（負の数）$<0<$（正の数）だから，$-8<-1<7$ である。

2　ミス注意！ 数直線の目盛りは，0.5 の間隔になっている。点Bに対応する数は，-1 と -2 の真ん中の -1.5 である。

3　(1)　$(+4)-(+8)=4-8=-4$

　(2)　$1.6-(-2.6)=1.6+2.6=4.2$

　(3)　$\left(+\dfrac{3}{5}\right)+\left(-\dfrac{1}{5}\right)=\dfrac{3}{5}-\dfrac{1}{5}=\dfrac{2}{5}$

　(4)　$-6-9+15=-15+15=0$

　(5)　$(-7)×(-6)=+(7×6)=42$

　(6)　どんな数に 0 をかけても積は 0 になる。

　(7)　$(-5)×(-13)×(-2)=-(5×13×2)$
$$=-(5×2×13)$$
$$=-(10×13)=-130$$

　(8)　$24÷(-4)=-(24÷4)=-6$

　(9)　$\left(-\dfrac{5}{6}\right)÷\left(-\dfrac{4}{9}\right)=+\left(\dfrac{5}{6}×\dfrac{9}{4}\right)=\dfrac{15}{8}$

　(10)　$12÷(-3)×2=12×\left(-\dfrac{1}{3}\right)×2$
$$=-\left(12×\dfrac{1}{3}×2\right)=-8$$

　(11)　$2-(-4)^2=2-16=-14$

　(12)　$\left(\dfrac{1}{3}-\dfrac{5}{6}\right)÷\left(-\dfrac{1}{6}\right)^2=\left(\dfrac{2}{6}-\dfrac{5}{6}\right)÷\dfrac{1}{36}$
$$=-\dfrac{3}{6}×36=-18$$

ポイント

四則の混じった計算は，次の順序で計算する。
・かっこをふくむ式は，かっこの中を先に計算する。
・累乗のある式は，累乗を先に計算する。
・乗法や除法は，加法や減法よりも先に計算する。

4　累乗の指数は，かけ合わせた個数を示しているから，$(-3)^2=(-3)×(-3)$ となる。

5　(1)　$(-0.3)×16-(-0.3)×6$
$$=(-0.3)×(16-6)$$
$$=(-0.3)×10$$
$$=-3$$

　(2)　$97×(-54)=(100-3)×(-54)$
$$=100×(-54)+(-3)×(-54)$$
$$=-5400+162$$
$$=-5238$$

得点アップのコツ

分配法則を利用すると，計算が簡単になることがある。

【分配法則】　$a\times(b+c)=a\times b+a\times c$

$(b+c)\times a=b\times a+c\times a$

6 (1)　正の整数を自然数という。

(2)　整数には，負の整数，0，正の整数がふくまれる。

7 (1)　63 を素因数分解すると，

$63=3^2\times7$

したがって，これに 7 をかければ，

$3^2\times7\times7=3^2\times7^2=(3\times7)^2=21^2$

になる。

$\begin{array}{r}3\,)\,63\\ \hline 3\,)\,21\\ \hline 7\end{array}$

(2)　686 を素因数分解すると，

$686=2\times7^3$

したがって，これを 2×7 でわれば，

$2\times7^3\div(2\times7)=7^2$

になる。

$\begin{array}{r}2\,)\,686\\ \hline 7\,)\,343\\ \hline 7\,)\,49\\ \hline 7\end{array}$

8 (1)　1 回目に正の方向へ 4，2 回目に負の方向へ 1 移動するから，

$(+4)+(-1)=+3$

(2)　負の方向へ移動するのは，1，3，5 の目が出たときで，それに対応する数はそれぞれ -1，-3，-5 となる。

$-10=(-5)+(-5)$ だから，-10 に対応する点に移動するのは，2 回とも 5 の目が出たときである。

9 (1)　5 人の中で，身長がいちばん高いのはA，いちばん低いのはBだから，その差は，

$(+11.3)-(-5.8)=11.3+5.8=17.1\,(\text{cm})$

(2)　基準との差の平均は，

$\{(+11.3)+(-5.8)+0+(+6.9)+(-2.4)\}\div5$

$=2\,(\text{cm})$ だから，

5 人の身長の平均は，

$2+156.2=158.2\,(\text{cm})$

ポイント

基準との差の平均を使って平均を求めることができる。

（身長の平均）

＝（基準の身長との差の平均）＋（基準の身長）

---

p.140〜141　第2回

1 (1)　$4\times p$

(2)　$-2\times a+3\times b$

(3)　$8\times x\times x\times x$

(4)　$a\div5$

(5)　$(y+7)\div2$

(6)　$x\div6-9\times(y-1)$

2 (1)　$(350x+120)$ 円　　(2)　$(a+10b)$ dL

(3)　$\dfrac{x}{2}$ 秒　　(4)　$0.04x$ 円

3 (1)　$12x$　　(2)　b

(3)　$2y$　　(4)　$-\dfrac{1}{3}a$

(5)　$-32x$　　(6)　$4a$

(7)　$12a-6$　　(8)　$-y+2$

(9)　$\dfrac{2}{3}x-12$　　(10)　$-9x+3$

(11)　$-a-12$　　(12)　$-2x-17$

(13)　$3y$　　(14)　$-2m+1$

4 (1)　20　　(2)　$-\dfrac{2}{9}$

5 和…-6　　差…$16x-8$

6 (1)　$-7x-3$　　(2)　$\dfrac{8}{3}x-2$

7 (1)　$a=bc+3$　　(2)　$180-xy\geqq10$

(3)　$x<3y$

(4)　$1.3x+y=300$

8 (1)　三角形…㋐，$\dfrac{2a}{3}$ cm

(2)　三角形…㋑，$\dfrac{b}{3}$ cm

(3)　8 cm²

解説

2 (1)　（代金の合計）

＝（ケーキの代金）＋（ジュースの代金）

(2)　**ミス注意!** 単位が異なるので，単位をそろえる。

$b\,\text{L}=10b\,\text{dL}$ より，$(a+10b)$ dL

別解 単位をLとして表すと，$(0.1a+b)$ L

(3)　（時間）＝（道のり）÷（速さ）

(4)　（全体の金額）×（割合）で求められるから，

$x\times0.04=0.04x$ (円)

別解 4% は $\dfrac{1}{25}$ だから，$x\times\dfrac{1}{25}=\dfrac{x}{25}$ (円)

3 (4) $\dfrac{5}{6}a-\dfrac{2}{3}a-\dfrac{1}{2}a=\left(\dfrac{5}{6}-\dfrac{2}{3}-\dfrac{1}{2}\right)a$

$\qquad\qquad=\left(\dfrac{5}{6}-\dfrac{4}{6}-\dfrac{3}{6}\right)a$

$\qquad\qquad=-\dfrac{2}{6}a=-\dfrac{1}{3}a$

(5) $4x\times(-8)=4\times(-8)\times x$

$\qquad\qquad=-32x$

(6) $(-12a)\div(-3)=\dfrac{-12a}{-3}=4a$

(7) $6(2a-1)=6\times2a+6\times(-1)$

$\qquad\qquad=12a-6$

(8) $(5y-10)\div(-5)=(5y-10)\times\left(-\dfrac{1}{5}\right)$

$\qquad\qquad=5y\times\left(-\dfrac{1}{5}\right)-10\times\left(-\dfrac{1}{5}\right)$

$\qquad\qquad=-y+2$

(9) $x-9-\dfrac{1}{3}x-3=x-\dfrac{1}{3}x-9-3$

$\qquad\qquad=\dfrac{2}{3}x-12$

(10) $-18\times\dfrac{3x-1}{6}=-3\times(3x-1)$

$\qquad\qquad=-9x+3$

(11) $3(a-6)-2(2a-3)=3a-18-4a+6$

$\qquad\qquad=3a-4a-18+6$

$\qquad\qquad=-a-12$

(12) $x+4-3(x+7)=x+4-3x-21$

$\qquad\qquad=x-3x+4-21$

$\qquad\qquad=-2x-17$

(13) $2(3y-3)-3(y-2)=6y-6-3y+6$

$\qquad\qquad=6y-3y-6+6$

$\qquad\qquad=3y$

(14) $\dfrac{1}{5}(10m-5)-\dfrac{2}{3}(6m-3)=2m-1-4m+2$

$\qquad\qquad=2m-4m-1+2$

$\qquad\qquad=-2m+1$

4 (1) $-5x-10=-5\times x-10$ だから, x に -6 を代入すると, $-5\times(-6)-10=30-10=20$

(2) a に $\dfrac{1}{3}$ を代入すると,

$a^2-\dfrac{1}{3}=\left(\dfrac{1}{3}\right)^2-\dfrac{1}{3}=\dfrac{1}{9}-\dfrac{1}{3}$

$\qquad\qquad=\dfrac{1}{9}-\dfrac{3}{9}=-\dfrac{2}{9}$

5 和 $(8x-7)+(-8x+1)=8x-7-8x+1$

$\qquad\qquad=8x-8x-7+1$

$\qquad\qquad=-6$

差 $(8x-7)-(-8x+1)=8x-7+8x-1$

$\qquad\qquad=8x+8x-7-1$

$\qquad\qquad=16x-8$

6 (1) $3A-2B=3(-3x+5)-2(9-x)$

$\qquad\qquad=-9x+15-18+2x$

$\qquad\qquad=-9x+2x+15-18=-7x-3$

(2) $-A+\dfrac{B}{3}=-(-3x+5)+\dfrac{1}{3}(9-x)$

$\qquad\qquad=3x-5+3-\dfrac{1}{3}x$

$\qquad\qquad=3x-\dfrac{1}{3}x-5+3=\dfrac{8}{3}x-2$

7 (1) (わられる数)＝(わる数)×(商)＋(余り) より,
$a=b\times c+3$ 　よって, $a=bc+3$

(2) $180\,\mathrm{km}-$(走った道のり)＝(残りの道のり) で,
(残りの道のり)$\geqq10\,\mathrm{km}$

(3) x 個は, y 人の子どもに 3 個ずつ配るのに必要ななしの個数 $3\times y=3y$（個）より少ないことを式に表すので, 不等式になる。

(4) 3 割は 0.3 で, 3 割増えたときのもとの量に対する割合は, $1+0.3=1.3$
3 割増えた人数は,
(予定していた参加者数)×1.3 だから,
$x\times1.3=1.3x$（人）となる。
実際に参加した人数は, これより y 人多い 300 人であることから等式をつくる。

ポイント

$a<b\cdots a$ は b より小さい（a は b 未満）
$a>b\cdots a$ は b より大きい
$a\geqq b\cdots a$ は b 以上
$a\leqq b\cdots a$ は b 以下

8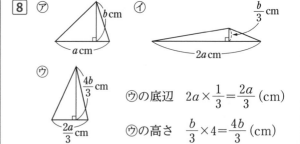

⑰の底辺 $2a\times\dfrac{1}{3}=\dfrac{2a}{3}$（cm）

⑰の高さ $\dfrac{b}{3}\times4=\dfrac{4b}{3}$（cm）

(3) $a=6$ のとき, 三角形⑰の底辺は, $\dfrac{2\times6}{3}=4$（cm）

$b=3$ のとき, 高さは, $\dfrac{4\times3}{3}=4$（cm）

よって, 求める面積は, $\dfrac{1}{2}\times4\times4=8$（cm²）

p.142～143 第 **3** 回

1 (1) ⑦　　　$C=9$　　(2) ④　　　$C=3$

　 (3) ㊂　　　$C=-2$

2 (1) $x=11$　　　　(2) $x=16$

　 (3) $x=14$　　　　(4) $x=\dfrac{1}{10}$

　 (5) $x=0$　　　　 (6) $x=-7$

3 (1) $x=-2$　　　　(2) $x=20$

　 (3) $x=6$　　　　 (4) $x=-\dfrac{1}{4}$

4 (1) $x=\dfrac{1}{4}$　　　　(2) $x=-4$

5 $a=-\dfrac{10}{3}$

6 (1) $(6-x)$ 個

　 (2) $230x+120(6-x)=940$

　 (3) もも…2個　　オレンジ…4個

7 53 枚

8 780 m

9 (1) 225 cm　　(2) 28 個

◢ **解 説** ◣

1 (2) ⑦, $C=-3$ でもよい。

　 (3) ⑦, $C=-\dfrac{1}{2}$ でもよい。

2 (3) $-4x-11=-5x+3$ ⎫ xの項を左辺に，数の項
　　　 $-4x+5x=3+11$ ⎭ を右辺に移項する。
　　　　　　　 $x=14$

　 (4) $9x+2=-x+3$
　　　 $9x+x=3-2$
　　　　 $10x=1$ ⎫ 両辺を 10 でわる。
　　　　　　$x=\dfrac{1}{10}$ ⎭

　 (5) $-4(2+3x)+1=-7$ ⎫ かっこをはずす。
　　　　 $-8-12x+1=-7$ ⎭
　　　　　　 $-12x=0$
　　　　　　　　$x=0$

　 (6) $5(x+3)=2(x-3)$ ⎫ かっこをはずす。
　　　 $5x+15=2x-6$ ⎭
　　　　　 $3x=-21$ ⎫ 両辺を 3 でわる。
　　　　　　$x=-7$ ⎭

3 (1) $3.7x+1.2=-6.2$ ⎫ 両辺に 10 をかける。
　　　 $37x+12=-62$ ⎭
　　　　 $37x=-74$
　　　　　 $x=-2$

(2) $0.05x+4.8=0.19x+2$ ⎫ 両辺に 100 をかける。
　 $5x+480=19x+200$ ⎭
　　　 $-14x=-280$
　　　　　$x=20$

(3) $\dfrac{1}{5}+\dfrac{x}{3}=1+\dfrac{x}{5}$ ⎫ 両辺に 15 をかける。
　　 $3+5x=15+3x$ ⎭
　　　　 $2x=12$
　　　　　$x=6$

(4) $\dfrac{2x-1}{2}=\dfrac{x-2}{3}$ ⎫ 両辺に 6 をかける。
　　 $(2x-1)\times3=(x-2)\times2$ ⎭
　　　　 $6x-3=2x-4$
　　　　　 $4x=-1$
　　　　　　$x=-\dfrac{1}{4}$

4 比例式の性質 $a:b=c:d$ ならば $ad=bc$
を使う。

(1) $x:8=2:64$
　 $x\times64=8\times2$
　 $x\times4=1\times1$ ⎫ $x\times\overset{8}{\cancel{64}}=\overset{1}{\cancel{8}}\times\overset{1}{\cancel{2}}$
　　　　　　　　　　 4
　 $4x=1$　　$x=\dfrac{1}{4}$

(2) $10:12=5:(2-x)$
　 $10\times(2-x)=12\times5$
　 $2-x=6\times1$ ⎫ $\overset{5}{\cancel{10}}\times(2-x)=\overset{6}{\cancel{12}}\times\overset{1}{\cancel{5}}$
　　　　　　　　　 1
　 $2-x=6$
　 $-x=4$　　$x=-4$

5 $5x-4a=10(x-a)$ の x に -4 を代入すると，
　 $5\times(-4)-4a=10(-4-a)$
　　 $-20-4a=-40-10a$
　　　　　$6a=-20$　　$a=-\dfrac{10}{3}$

6 (1) (ももの個数)＋(オレンジの個数) が 6 個より，
　 ももを x 個とすると，オレンジの個数は $(6-x)$
　 個となる。

(2) ももの代金が $230x$ 円，オレンジの代金が
　 $120(6-x)$ 円，代金の合計が 940 円から方程式
　 をつくる。

(3) $230x+120(6-x)=940$
　 $230x+720-120x=940$
　　　　　　 $110x=220$　　$x=2$
　 ももの個数は 2 個，オレンジの個数は
　 $6-2=4$(個) で，これらは問題に適している。

7 子どもの人数を x 人として，画用紙の枚数を 2
通りに表して方程式をつくると，

$$6x-13=4x+9$$
$$2x=22 \qquad x=11$$

子どもの人数は 11 人，画用紙の枚数は
$6\times11-13=53$（枚）で，これらは問題に適している。

別解 画用紙の枚数を x 枚として，子どもの人数
を 2 通りに表して方程式をつくると，

$$\frac{x+13}{6}=\frac{x-9}{4}$$

両辺に 12 をかける。

$$(x+13)\times2=(x-9)\times3$$
$$2x+26=3x-27$$
$$-x=-53 \qquad x=53$$

画用紙の枚数 53 枚は問題に適している。

8 家から学校までの道のりを x m とすると，

歩いた時間は，兄が $\dfrac{x}{80}$ 分，妹が $\dfrac{x}{60}$ 分となる。

3 分 15 秒 $=3\dfrac{15}{60}$ 分 $=\dfrac{13}{4}$ 分より，

（兄が歩いた時間）$+\dfrac{13}{4}$ 分 $=$（妹が歩いた時間）

だから，$\dfrac{x}{80}+\dfrac{13}{4}=\dfrac{x}{60}$

両辺に 240 をかける。

$$3x+780=4x$$
$$-x=-780 \qquad x=780$$

家から学校までの道のり 780 m は問題に適している。

9 (1) 縦と横の長さの比が 2：3 だから，横の長
さを x cm として比例式をつくると，

$$150:x=2:3$$
$$150\times3=x\times2 \qquad x=225$$

横の長さ 225 cm は問題に適している。

(2) 2 つの箱 A，B のクッキーの個数の比が 4：5
だから，箱 A と全体のクッキーの個数の比は
4：9 となる。箱 A のクッキーの個数を x 個とし
て比例式をつくると，

$$x:63=4:9$$
$$x\times9=63\times4 \qquad x=28$$

箱 A のクッキーの個数 28 個は問題に適している。

別解 箱 A のクッキーの個数を x 個とすると，
箱 B のクッキーの個数は $(63-x)$ 個と表せ
るから，$x:(63-x)=4:5$
この比例式から，x の値を求めてもよい。

---

p.144～145 **第 4 回**

1 (1) $y=4x$ 　　　　比例定数 … 4

(2) $y=\dfrac{20}{x}$ 　　　　比例定数 … 20

(3) $y=80-x$

(4) $y=\dfrac{2000}{x}$ 　　　比例定数 … 2000

(5) $y=5x$ 　　　　比例定数 … 5

2 (1) $y=-3x$ 　　　(2) $y=15$

3 (1) $y=-\dfrac{8}{x}$ 　　　(2) $y=-1$

4 A(6, 5) 　　　　　　B(−4, 0)
C(−2, −3)

5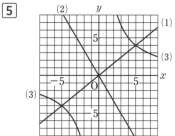

6 (1) ① $y=2x$ 　　　② $y=\dfrac{1}{3}x$

③ $y=-\dfrac{5}{2}x$

(2) $b=-4$ 　　　(3) ③

7 12 個

8 (1) $y=3x$ 　　　(2) $0\leqq x\leqq10$

(3) $\dfrac{20}{3}$ cm

▶ **解 説** ◀

1 比例や反比例の関係かどうかは，式の形で判断
することができる。

ポイント

比例
・比例を表す式 … $y=ax$
　　　　（a は 0 でない定数で，比例定数）
・y が x に比例するとき，x の値が 2 倍，3 倍，… に
なると，対応する y の値も 2 倍，3 倍，… になる。

反比例
・反比例を表す式 … $y=\dfrac{a}{x}$ または $xy=a$
　　　　（a は 0 でない定数で，比例定数）
・y が x に反比例するとき，x の値が 2 倍，3 倍，…
になると，対応する y の値は $\dfrac{1}{2}$ 倍，$\dfrac{1}{3}$ 倍，… に
なる。

2 (1) y は x に比例するから，$y=ax$ とおいて，
$x=2$，$y=-6$ を代入して，$a=-3$
よって，$y=-3x$

3 (1) y は x に反比例するから，$y=\dfrac{a}{x}$ とおいて，
$x=-4$，$y=2$ を代入して，$a=-8$
よって，$y=-\dfrac{8}{x}$

5 (1)(2) 原点ともう 1 つの点をとり，これら 2 点
を通る直線をひく。

(3) x，y の値の組を座標とする点 $(4,5)$，$(5,4)$，
$(-5,-4)$，$(-4,-5)$ などをとって，それらの
点を通るなめらかな 2 つの曲線をかく。

6 (1) グラフは原点を通る直線だから，y は x に
比例する。比例定数を a とすると，$y=ax$ と
表せるので，グラフが通る原点以外の点を読み
とって，x 座標，y 座標の値を代入し，a の値を
求める。

(2) 点 $(-12,b)$ は直線②上にあるから，
$y=\dfrac{1}{3}x$ に，$x=-12$，$y=b$ を代入すると，
$b=\dfrac{1}{3}\times(-12)=-4$

得点アップのコツ
比例のグラフから式を求めるときは，グラフが通る
点のうち，x 座標，y 座標がともに整数である点を
読みとる。

7 グラフの式は，$y=-\dfrac{12}{x}$ である。x 座標，y 座

標の値がともに整数になる点の座標は，
$(-12,1)$，$(-6,2)$，$(-4,3)$，$(-3,4)$，
$(-2,6)$，$(-1,12)$，$(1,-12)$，$(2,-6)$，
$(3,-4)$，$(4,-3)$，$(6,-2)$，$(12,-1)$
よって，全部で 12 個ある。

8 (1) $y=\dfrac{1}{2}\times x\times6$ より，$y=3x$

(2) 点 P は辺 BC 上を B から C まで動くので，
x の変域は，$0\leqq x\leqq10$

(3) 長方形 ABCD の面積は $6\times10=60\,(\text{cm}^2)$ で，
その $\dfrac{1}{3}$ は $60\times\dfrac{1}{3}=20\,(\text{cm}^2)$ だから，(1)で求
めた式の y に 20 を代入する。
$20=3x$　　$x=\dfrac{20}{3}$

---

p.146〜147 ◀ 第 **5** 回 ▶

1 (1) 線分　　(2) 中点
(3) 垂線　　(4) 垂直

2 (1) 弧 AB　　(2) BC∥FE
(3) CD＝AF　　(4) △OCD，△FOE

3 (1) △HGO　　(2) △CDO

4 $\ell\perp$AB，AM＝BM

5 (1)
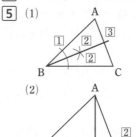

(2)
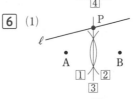

6 (1)
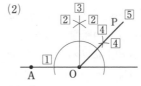

(2)
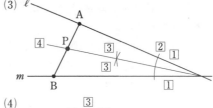

(3)
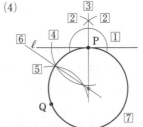

(4)

7 $60\pi\,\text{cm}^2$

◀ 解説 ▶

2 (1) 弦と弧の違いに注意する。

(2) 円周を 6 等分した点を結んだ図形は正六角形
だから，向かい合う辺 BC と FE は平行である。
記号 ∥ を使って表す。

(3) 線分 CD, AF の長さが等しいことは, 等号
＝を使って表す。

(4) 6つの三角形は合同な正三角形だから, 点A
を点Oに移す平行移動によって, 点Bは点Cに,
点Oは点Dに移動するので, △ABO は △OCD
とぴったりと重なる。同様にして, △ABO は
△FOE ともぴったりと重なる。

③ (1) 線分 AE を対称の軸として対称移動させ
ると, 点Bは点Hに, 点Cは点Gにそれぞれ移
動する。

(2) 点Oを中心として矢印の方向に 90° 回転移動
させると, 点Aは点Cに, 点Bは点Dにそれぞ
れ移動する。

④ 線分の中点を通り, その線分に垂直な直線を,
その線分の垂直二等分線という。長さの関係は,
$AM=\dfrac{1}{2}AB$ や $BM=\dfrac{1}{2}AB$ と表すこともできる。

⑤ (1) 1つの角を2等分する直線を, その角の二
等分線という。

(2) 頂点Aから辺 BC に垂線を作図する。
その垂線と辺 BC との交点を, たとえばHとする
と, AH が辺 BC を底辺とみたときの高さになる。

⑥ (1) 2点A, B から等しい距離にある点は, 線
分 AB の垂直二等分線上にあるから, 線分 AB
の垂直二等分線と直線 ℓ との交点がPである。

(2) □〜③ 点Oを通る直線 AO の垂線をひい
て 90° の角をつくる。
④〜⑤ 右側の 90° の角の二等分線をひく。
$90°+45°=135°$ だから, ⑤で作図した角の二
等分線が求める半直線 OP である。

(3) はじめに, 直線 ℓ, m をそれぞれ延長して交
わるようにする(その交点を, たとえばOとす
る)。角の内部にあって, その角の2辺までの
距離が等しい点は, その角の二等分線上にある
ことから, 次に, ∠AOB の二等分線をひく。
その二等分線と線分 AB との交点がPである。

(4) □〜③ 点Pを通る直線 ℓ の垂線をひく。
④〜⑥ 線分 PQ の垂直二等分線をひく。
③と⑥の交点が求める円の中心である。

⑦ おうぎ形の半径を r とすると,
$2\pi r\times\dfrac{216}{360}=12\pi$ より, $r=10$
面積は, $\pi\times10^2\times\dfrac{216}{360}=60\pi$ (cm²)

---

p.148〜149 ◀ 第**6**回 ▶

① (1) 辺 AB, 辺 BE, 辺 CF
(2) 辺 EF
(3) 面 BEFC
(4) 面 BEFC
(5) 辺 AD, 辺 BE, 辺 CF
(6) 面 ABC, 面 DEF, 面 ADEB
(7) 辺 AB, 辺 AC, 辺 AD

② (1) ⑦, ⑨, ⑤, ⑦, ⑨
(2) ⑤, ⑦
(3) ⑨, ⑨, ⑨
(4) ⑨, ⑨, ⑤
(5) ⑨
(6) ⑨

③ (1) ×   (2) ○   (3) ×
(4) ○   (5) ×

④ (1)   (2)

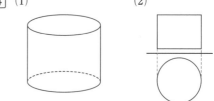

(3) 12π cm³   (4) 20π cm²

⑤ (1) 324π cm³   (2) $216°$
(3) 216π cm²

⑥ 体積 … 2304π cm³
表面積 … 576π cm²

▶ 解説 ◀

① 三角柱には辺が9本, 面が5つある。
問題で辺をきかれているときは, 9本の辺それぞ
れが問題にあてはまるか確認していく。
面の場合も同様にする。

(2) 角柱の側面は長方形だから, 辺 BC と辺 EF
は平行である。

(4) 直線 AD と交わらない面が, 辺 AD と平行な
面である。

(7) 空間では, 平行でなく, 交わらない2つの直
線はねじれの位置にあるという。
辺 EF に対して,
平行…辺 BC
交わる…辺 BE, 辺 CF, 辺 DE, 辺 DF
ねじれの位置…辺 AB, 辺 AC, 辺 AD

2 (1) いくつかの平面だけで囲まれた立体を多面体といい，その面の数によって，四面体，五面体，…などという。

(3) 円柱…長方形を，その辺を軸として1回転させてできる。

円錐…直角三角形を，直角をはさむ辺を軸として，1回転させてできる。

球…半円を，その直径を軸として1回転させてできる。

(4) 円柱…底面は円

正六角柱…底面は正六角形

正四角柱…底面は正方形

(5) どの面も合同な正多角形で，どの頂点にも同じ数だけ面が集まっていて，へこみのない多面体を正多面体という。

正四面体，正六面体，正八面体，正十二面体，正二十面体の5種類がある。

(6) 球はどこから見ても円になる。

3 直方体の辺を直線に，面を平面におきかえてみると考えやすい。

(1) 右の上の図で，
$\ell \perp m$，$\ell /\!/ P$ であるが，
$m /\!/ P$ である。

(3) 右の上の図で，
$\ell /\!/ P$，$m /\!/ P$ であるが，
$\ell \perp m$ である。

(5) 右の下の図で，
$\ell /\!/ P$，$P \perp Q$ であるが，
$\ell /\!/ Q$ である。

4 1回転させてできる立体は，底面の円の半径が2cmで，高さが3cmの円柱である。

(3) 底面積　$\pi \times 2^2 = 4\pi \,(\text{cm}^2)$

体積　$4\pi \times 3 = 12\pi \,(\text{cm}^3)$

(4) 側面積　$3 \times (2\pi \times 2) = 12\pi \,(\text{cm}^2)$

表面積　$4\pi \times 2 + 12\pi = 20\pi \,(\text{cm}^2)$

ポイント

円柱の体積

円柱の底面の円の半径を r，高さを h，体積を V とすると，$V = \pi r^2 h$

円柱の表面積

(円柱の表面積)＝(底面積)×2＋(側面積)

↑　　　　↑　　　　↑
円　底面は2つ　長方形

5 1回転させてできる立体は，右の図のような底面の円の半径が9cm，高さが12cm，母線の長さが15cmの円錐である。

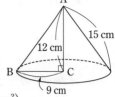

(1) 底面積　$\pi \times 9^2 = 81\pi \,(\text{cm}^2)$

体積　$\dfrac{1}{3} \times 81\pi \times 12 = 324\pi \,(\text{cm}^3)$

(2) 円錐の展開図で，側面を表すおうぎ形の中心角を $a°$ とすると，$2\pi \times 15 \times \dfrac{a}{360} = 2\pi \times 9$

これを解くと，$a = 216$

別解 おうぎ形の弧の長さは，中心角の大きさに比例するので，中心角は，

$360° \times \dfrac{2\pi \times 9}{2\pi \times 15} = 216°$

(3) 側面積　$\pi \times 15^2 \times \dfrac{216}{360} = 135\pi \,(\text{cm}^2)$

表面積　$81\pi + 135\pi = 216\pi \,(\text{cm}^2)$

別解 側面積は，$\pi \times 15^2 \times \dfrac{2\pi \times 9}{2\pi \times 15}$ として計算してもよい。

ポイント

円錐の体積

円錐の底面の円の半径を r，高さを h，体積を V とすると，$V = \dfrac{1}{3}\pi r^2 h$

円錐の表面積

(円錐の表面積)＝(底面積)＋(側面積)

↑　　　　　↑
円　　　おうぎ形

6 体積　$\dfrac{4}{3}\pi \times 12^3 = 2304\pi \,(\text{cm}^3)$

表面積　$4\pi \times 12^2 = 576\pi \,(\text{cm}^2)$

ポイント

球の体積

半径が r の球の体積を V とすると，$V = \dfrac{4}{3}\pi r^3$

球の表面積

半径が r の球の表面積を S とすると，$S = 4\pi r^2$

球の体積や表面積の公式をきちんと覚えておこう。

p.150~151　第7回

1 (1) **10 cm**

(2) **140 cm 以上 150 cm 未満の階級**

(3) **150 cm 以上 160 cm 未満の階級**

(4) **39 人**

(5) **0.35**

(6) **累積度数 … 42 人　累積相対度数 … 0.7**

(7) **上の図**

身長測定

2 (1) ㋐ **240**　㋑ **320**　㋒ **400**

㋓ **23**

(2) **320 cm**

3 (1) **23 点**　(2) **19.3 点**　(3) **18.5 点**

4 (1) **P中学校 … 105 分　Q中学校 … 75 分**

(2) **Q中学校**

5 (1) ① **0.525**　② **0.501**　③ **0.499**

(2) ㋓

解　説

1 (4)　$21+12+6=39$（人）　(5)　$\dfrac{21}{60}=0.35$

(6)　累積度数 … $3+18+21=42$（人）

累積相対度数 … $\dfrac{42}{60}=0.7$

2 (1)　㋓　$65-(4+22+9+7)=23$

(2)　度数が最も多い 300 cm 以上 340 cm 未満の階級の階級値を答える。

3 (1)　最大値は 30 点, 最小値は 7 点だから, 得点の範囲は, $30-7=23$（点）

(3)　得点を低い順に並べたとき, 15 番目の値は 18 点, 16 番目の値は 19 点だから, 中央値は, $\dfrac{18+19}{2}=18.5$（点）

4 (1)　P中学校 … 75 番目と 76 番目がどの階級にふくまれるかを調べる。

Q中学校 … 累積相対度数が 0.5 になるのは, どの階級かを調べる。

(2)　120 分以上の生徒の割合は, P中学校が $\dfrac{18+12}{150}=0.2$, Q中学校が $0.13+0.11=0.24$

5 (2)　表向きになる相対度数は, 投げる回数が多くなるにつれて, 0.50 に近づいていく。

p.152　第8回

1 (1) **4**　(2) **−4.7**　(3) **$-\dfrac{7}{12}$**

(4) **0**　(5) **$\dfrac{5}{18}$**　(6) **−15**

(7) **$\dfrac{3}{2}$**　(8) **−80**　(9) **$\dfrac{25}{2}$**

(10) **$\dfrac{3}{4}$**

2 (1) **$-13x$**　(2) **$10a-1$**

(3) **$12y-10$**　(4) **$-32x$**

(5) **$-5a+4$**　(6) **$-10x+16$**

(7) **$5a+1$**　(8) **$6x-9$**

3 (1) **$x=-3$**　(2) **$x=8$**

(3) **$x=-11$**　(4) **$x=\dfrac{9}{8}$**

4 (1) **$x=6$**　(2) **$x=16$**

解　説

3 (1)　$8x-3(6x+5)=15$　）かっこをはずす。

$8x-18x-15=15$

$-10x=30$

$x=-3$

(2)　$1.8x-2=1.5x+0.4$　）両辺に 10 をかける。

$18x-20=15x+4$

$3x=24$

$x=8$

(3)　$\dfrac{3}{8}(x-1)=\dfrac{1}{4}(x-7)$　）両辺に 8 をかける。

$3(x-1)=2(x-7)$

$3x-3=2x-14$

$x=-11$

(4)　$\dfrac{2x+3}{4}=\dfrac{-x+9}{6}$　）両辺に 12 をかける。

$3(2x+3)=2(-x+9)$

$6x+9=-2x+18$

$8x=9$

$x=\dfrac{9}{8}$

4 (1)　$9:x=15:10$

$9\times10=x\times15$

$3\times2=x\times1$

$6=x$

$x=6$

(2)　$(x-4):8=9:6$

$(x-4)\times6=8\times9$

$x-4=4\times3$

$x-4=12$

$x=16$

教科書ワーク 数学 特別ふろく②

1 実力テスト

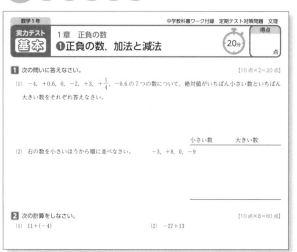

基本・標準・発展の3段階構成で無理なくレベルアップできる！

2 観点別評価テスト

観点別評価にも対応。苦手なところを克服しよう！

解答用紙が別だから，テストの練習になるよ。